Flutter 项目开发实例精解

[美] 西蒙·亚历山德里亚　著

李　垚　译

清华大学出版社
北　京

内 容 简 介

本书详细阐述了多个 Flutter 项目开发的基本解决方案，主要包括使用有状态微件、监听数据流、2D 动画和手势、从 Web 中获取数据、使用 Sq(F)Lite 并在本地数据库中存储数据、将 Firebase 集成至 Flutter 应用程序中、集成地图并使用设备相机、利用 Flare 创建动画、使用 BLoC 模式和 Sembast、构建 Flutter Web 应用程序等内容。此外，本书还提供了相应的示例、代码，以帮助读者进一步理解相关方案的实现过程。

本书适合作为高等院校计算机及相关专业的教材和教学参考书，也可作为相关开发人员的自学用书和参考手册。

北京市版权局著作权合同登记号 图字：01-2020-6558

Copyright © Packt Publishing 2020.First published in the English language under the title Flutter Projects.
Simplified Chinese-language edition © 2025 by Tsinghua University Press.All rights reserved.
本书中文简体字版由 Packt Publishing 授权清华大学出版社独家出版。未经出版者书面许可，不得以任何方式复制或抄袭本书内容。

本书封面贴有清华大学出版社防伪标签，无标签者不得销售。
版权所有，侵权必究。举报：010-62782989，beiqinquan@tup.tsinghua.edu.cn。

图书在版编目（CIP）数据

Flutter 项目开发实例精解 / (美) 西蒙·亚历山德里亚著；李垚译. -- 北京：清华大学出版社，2025. 1.
ISBN 978-7-302-67723-9

Ⅰ. TN929.53
中国国家版本馆 CIP 数据核字第 2024FF9425 号

责任编辑：贾小红
封面设计：刘 超
版式设计：楠竹文化
责任校对：范文芳
责任印制：刘海龙

出版发行：清华大学出版社
 网　　址：https://www.tup.com.cn，https://www.wqxuetang.com
 地　　址：北京清华大学学研大厦 A 座　　　邮　　编：100084
 社 总 机：010-83470000　　　　　　　　　邮　　购：010-62786544
 投稿与读者服务：010-62776969，c-service@tup.tsinghua.edu.cn
 质量反馈：010-62772015，zhiliang@tup.tsinghua.edu.cn
印 装 者：北京鑫海金澳胶印有限公司
经　　销：全国新华书店
开　　本：185mm×230mm　　　印　　张：23.75　　　字　　数：456 千字
版　　次：2025 年 1 月第 1 版　　　　　　　印　　次：2025 年 1 月第 1 次印刷
定　　价：129.00 元

产品编号：088046-01

译 者 序

在当今这个数字化时代，移动应用和 Web 应用的需求量日益增长，而 Flutter，作为 Google 推出的开源 UI 工具包，凭借其高效的性能和跨平台的能力，已经成为开发者们的新宠。本书正是为了帮助那些希望快速上手 Flutter 开发，通过实践来掌握这一强大工具的读者。

本书通过精心设计的项目，覆盖了从基础到高级的 Flutter 开发技能。每个项目都从零开始构建，逐步引导读者深入了解 Flutter 的核心概念，如微件、状态管理、异步编程、使用 Web 服务、数据持久化、动画制作、Firebase 全栈应用开发，以及响应式设计等。通过这些项目，读者不仅能够学习到 Flutter 的特性，更能通过实际操作来加深理解，提升开发技能。

在翻译本书的过程中，我们努力保持原书的实用性和易读性，同时尽量适应中文读者的阅读习惯。我们希望这本书能够成为 Flutter 开发者的良师益友，无论是初学者还是有一定基础的开发者，都能在本书中找到适合自己的内容。

本书的目标读者是具有面向对象编程语言经验的开发者。无论您熟悉 Java、C#、Kotlin、Swift 还是 JavaScript，这些基础知识都将帮助您轻松理解 Dart 语言，进而掌握 Flutter 开发。即使之前没有接触过 Dart，本书第 1 章的介绍也足以让您快速入门。

本书的每一章都精心设计，从基础的 Hello Flutter 应用开始，逐步深入到更复杂的项目，如状态管理、异步编程、动画制作、Firebase 应用开发等。每个项目都提供了丰富的代码实例和实践操作，让读者能够在动手实践中学习和掌握 Flutter 开发。

为了充分利用本书，我们建议读者至少具备一种面向对象编程语言的经验。同时，我们鼓励读者尝试对书中的代码进行修改和优化，以加深对概念的理解，并提高在未来项目中的重用能力。此外，本书的示例代码托管在 GitHub 上，方便读者下载和参考。

最后，愿本书能够成为您在 Flutter 开发道路上的得力助手，助您高效构建出功能丰富、用户体验优异的应用。让我们一起探索 Flutter 的无限可能，开启一段精彩的编程旅程。

在本书的翻译过程中，除李垚外，张博也参与了部分翻译工作，在此一并表示感谢。由于译者水平有限，错漏之处在所难免，在此诚挚欢迎读者提出任何意见和建议。

译 者

前　　言

在任何一种语言或框架中,学习程序设计的最快方法是动手编程,这也是本书的目标,即通过实际操作帮助读者学习 Flutter。

Flutter 是一个与开发者友好的开源工具包,由 Google 创建,用户可以使用它为 Android 和 iOS 移动设备创建应用程序,现在也可以用它开发 Web 和桌面应用程序。

本书包含 11 个项目,涉及使用 Flutter 开发真实应用程序的主要概念。在每个项目中,我们将学习和使用一些 Flutter 特性,即微件、状态管理、异步编程、使用 Web 服务、持久化数据、动画,以及使用 Firebase 创建全栈应用程序,甚至开发可与不同形式因素(包括 Web)协同工作的响应式应用程序。

其间,每个项目都从头开始构建应用程序。如果读者对前几章介绍的概念胸有成竹,则可选择跟随本书的流程或跳过任何项目。

Flutter 使用 Dart 作为编程语言。在第 1 章中,读者将看到有关 Dart 的介绍,并提供必要的知识以帮助读者提高学习效率,然后创建第一个 Flutter 应用程序。

在后续章节中,我们将在基础示例之上介绍 Flutter 项目,读者将有机会使用代码并获得构建应用程序的实践经验。在阅读本书的过程中,读者将看到前面章节中介绍的一些概念在后面的项目中以不同的方式再次使用,从而对相关主题有更深入的了解。

适用读者

本书是为开发人员编写的,读者应熟悉任何一种面向对象编程语言:如果您了解变量、函数、类和对象的概念,那么本书就是为您量身定制的。

Dart 是 Flutter 中使用的编程语言。如果读者之前并不了解 Dart,那么也不必过于担心。具有 Java、C#、Kotlin、Swift 或 JavaScript 等语言的基础知识足以使读者能够理解本书中的项目。Dart 对于开发人员来说是一种非常直观的语言,具有平滑的学习曲线。

本书并非是一本 Dart 教程,但在整本书中,特别是第 1 章,读者将获得全部所需的入门知识。

总而言之,如果读者对任何面向对象的编程语言有一定的了解,并且打算使用 Flutter 构建移动或 Web 应用程序,那么本书就是为你准备的。

本书内容

第 1 章是一个介绍性章节，读者将在其中构建 Hello Flutter 应用程序，这是一个显示虚拟旅行社演示屏幕的应用程序。该项目专注于如何利用 Dart 和 Flutter 创建一个非常基本的应用程序，并介绍后续章节所需的基础知识。

第 2 章考察如何构建一个 Measures Conversion App，这一章的目标是将状态（State）引入 Flutter 应用程序，进而使其具有交互性。在项目中，我们将使用 TextField、DropDownButton 和 setState()方法更新有状态微件的状态。

第 3 章将展示一种更高级的状态处理方法，即监听数据流。在项目中，我们将创建一个计时器，该计时器包含一个基于流的动画。本章将介绍 Flutter 中的异步编程和几个核心概念，如导航、使用库和存储数据。

第 4 章将讨论如何生成一个简单的二维动画游戏。其中，球体在屏幕间移动，玩家需要防止球体"落入"屏幕之外。这一章的主要话题涉及动画的使用、利用 GestureDetector 检测手势，以及生成随机数字。

第 5 章将讨论如何创建一个应用程序显示从 Web 服务获取的电影列表，其中包括使用 ListView、解析 JSON 数据、通过 HTTP 协议连接远程服务，以及构建 GET 请求并在 API 上执行搜索。其间，Dart 中的异步编程贯穿了整个章节。

第 6 章将展示如何创建一个购物列表。该项目的主要概念包括在 Flutter 中使用 SQLite，创建模型类，执行创建、读取、更新和删除（CRUD）操作，以及使用单例模式。

第 7 章将介绍如何创建一个全栈应用程序，并利用 Firebase 设计前端 UI 和后端。

第 8 章将构建一个应用程序，使用户可在地图上标记地点，并在其上添加某些数据和一幅图像。另外，还可使用相机创建图像。该项目涵盖移动编程的两个重要特性，即地理位置和设备相机的使用。

第 9 章将通过 Flare（一个在线工具，可简化动画的生成，并将其直接纳入 Flutter）在 Flutter 中构建一个骰子游戏。

第 10 章将展示如何利用 BLoC（业务逻辑组件）模式管理应用程序状态。此外，本章还将考察如何使用简单的嵌入式应用程序存储数据库在设备中存储数据。

第 11 章将介绍如何构建一个运行在浏览器上的 Flutter 应用程序，以及如何创建响应式用户界面。

充分利用本书

建议读者至少有一种使用面向对象编程语言的经验。

建议对代码进行不断的尝试，并询问自己是否可以使用不同的方法实现一个项目。这将使概念更清晰，更容易在未来的项目中实现重用。在每个项目结束时回答问题也会帮助读者对本章中构建的应用程序有不同的看法。

本书使用 Flutter 1.12.13 版本和 Dart 2.7.2 版本。因此，读者需要一台 Windows PC、Mac、Linux 或 Chrome OS 机器连接到网络，并具有安装新软件的权限。建议使用 Android 或 iOS 设备（但不是必需的），因为存在相应的模拟器/仿真器可以在机器上运行。另外，本书中使用的所有软件都是开源或免费的。

如果读者喜欢本书或者想分享你的想法，可以在相关平台上发表评论。这将有助于我们把这本书做得更好，对此我们深表感谢。

下载示例代码文件

读者可访问 www.packt.com 并通过账户下载本书的示例代码文件。除此之外，还可以访问 www.packtpub.com/support，注册后，我们将把相关文件以电子邮件的方式直接发送与你。

下载代码文件需要执行下列步骤。

（1）访问 www.packt.com，登录或注册。

（2）选择 Support 选项卡。

（3）单击 Code Downloads。

（4）在 Search 框中输入书籍的名称并遵循后续指令。

在文件下载完毕后，确保利用下列软件的最新版本解压或提取文件夹。

- WinRAR/7-Zip（Windows 环境下）。
- Zipeg/iZip/UnRarX（Mac 环境下）。
- 7-Zip/PeaZip（Linux 环境下）。

此外，本书的代码包还托管于 GitHub，对应网址为 https://github.com/PacktPublishing/Flutter-Projects。若代码更新，现有 GitHub 储存库中的内容也会随之更新。

读者还可访问 https://github.com/PacktPublishing/查看其他图书的代码包和视频。

本书约定

代码如下。

```
void main() {
```

```
var name = "Dart";
print("Hello $name!");
}
```

对于想要强调或突出的代码，将以粗体形式进行显示。

```
return Stack(
    children: <Widget>[
        Positioned(
            child: Ball(),
            top: posY,
            left: posX,
),
```

任何命令行的输入或输出都采用如下的粗体代码形式。

```
cd hello_world
flutter run
```

本书还使用了以下两个图标。

☑ 表示警告或重要的注意事项。

💡 表示提示信息或操作技巧。

读者反馈和客户支持

欢迎读者对本书提出建议或意见。

对此，读者可向 customercare@packtpub.com 发送邮件，并以书名作为邮件标题。

勘误表

尽管我们希望做到尽善尽美，但疏漏依然在所难免。如果读者发现欠妥之处，无论是文字错误抑或是代码错误，还望不吝赐教。对此，读者可访问 http://www.packtpub.com/submit-errata，选取对应书籍，输入并提交相关问题的详细描述。

版权须知

一直以来，互联网上的版权问题从未间断，Packt 出版社对此类问题非常重视。若读者在互联网上发现本书任意形式的副本，请告知网络地址或网站名称，我们将对此予以处理。关于盗版问题，读者可发送邮件至 copyright@packtpub.com。

若读者针对某项技术具有专家级的见解，抑或计划撰写书籍或完善某部著作的出版工作，则可访问 authors.packtpub.com。

问题解答

读者对本书有任何疑问，均可发送邮件至 questions@packtpub.com，我们将竭诚为您服务。

目 录

第 1 章　Hello Flutter

欢迎来到 Flutter 的学习乐园。

在本书中，我们将遵循的方法是边做边学。在本书的
每一章中，读者将从头开始创建一个项目。在每个项目中，
将学习一些新的知识，随后将构建一个应用程序，并能够
立即在 Android 或 iOS 设备上使用。

在学习一门新语言或框架时，大多数开发人员遇到的
第一个项目是 Hello World 应用程序，本书也不例外。该
Hello World 项目假设读者对 Flutter 或 Dart 一无所知。如
果读者之前已经通过 Flutter 创建了应用程序，则可跳过本
章内容直接进入下一章。在本章结束时，读者将能够构建
Hello World Travel 公司的演示屏幕，如图 1.1 所示。

图 1.1

为了创建该应用程序，我们需要完成下列步骤。

● 了解 Dart 语言的基础知识。
● 创建第一个 Flutter 应用程序。
 ➢ 使用基本的微件：Scaffold、AppBar、RaisedButton
  和 Text。
 ➢ 下载一幅图像并将其显示给用户。
 ➢ 单击响应按钮操作并显示一个对话框。

完成当前项目应该不超过两个小时。如果读者尚未完成附录 A 中描述的设置过程，
则可能需要再增加两个小时完成相应的设置操作，具体时间取决于读者的系统。

1.1　技术需求

为了启动 Flutter 项目，读者需要准备下列工具。

● 安装最新版本 Windows 操作系统的个人计算机，或安装最新版本 MacOS 或 Linux
 操作系统的 Mac 计算机。此外，读者也可以使用 Chrome 操作系统的计算机设备，
 只需稍作调整即可。目前，开发面向 iOS 设备的应用程序的唯一方法就是使用

Mac，除非使用第三方服务。当然，可以在任何操作系统上编写代码，但是.ipa 文件即 iOS 安装文件，只能在 Mac 上创建。

- GitHub 账户。
- Android/iOS 设置。需要设置 Android 和 iOS 环境以构建应用程序。
- Flutter SDK，它是免费、轻量级和开源的。
- 物理设备/模拟器/仿真器。当尝试编写代码时，需要使用 Android 或 iOS 设备。另外，也可以安装 Android 或 iOS 仿真器。
- 编辑器。Flutter 项目支持的编辑器包括：
  - ➢ Android Studio/IntelliJ IDEA。
  - ➢ Visual Studio Code。

实际上，结合 Flutter CLI，可以使用任何其他文本编辑器，但采用所支持的编辑器将简化操作，包括代码补全、调试支持等优点。

本书附录 A 部分提供了构建 Flutter 项目时所需的详细的环境设置步骤。

读者可访问 https://github.com/PacktPublishing/Google-Flutter-Projects 查看本章的代码文件。

下面将讨论一些基本的 Dart 概念。

1.2 Dart 语言的基础知识

在编写 Flutter 应用程序时，开发人员将使用 Dart 语言，这是一种由谷歌开发的语言。Dart 语言相对较新，它的第一个版本于 2013 年 11 月 14 日发布，2.0 版本则于 2018 年 8 月发布。

Dart 语言现在也是 ECMA 的官方标准，具有开源、面向对象、强类型、类定义等特征，并使用 C 语言风格的语法。也就是说，它与许多其他现代编程语言（包括 Java 或 C#）十分类似。在某种程度上甚至更像 JavaScript。

因此，读者可能想知道：为什么要再学一种新的编程语言？这个问题没有唯一的答案。即使不涉及 Flutter，Dart 的如下功能也会引起我们的注意。

- 易于学习：如果读者具有一些 Java、C#或 JavaScript 方面的知识，那么 Dart 将非常容易学习。
- 能提高生产力：Dart 语言的语法非常简洁，易于阅读和调试。
- 可以转译成 JavaScript，以最大限度地兼容 Web 开发。

- 具有通用性：可以将 Dart 用于客户端、服务器端和移动开发。
- 技术支持，谷歌深入参与了这个项目，并为 Dart 制订了一些庞大的计划，包括一个名为 Google Fuchsia 的新操作系统。

下面将通过一些代码示例考察 Dart，这将简化本章稍后第一个 Flutter 项目的构建过程。

本节的目标是为使用 Dart 而助力。这样，当编写第一个 Flutter 应用程序时，读者将能够专注于 Flutter，而不是过多地关注 Dart 自身。本节内容并不是一个综合指南，但对于开始使用 Dart 已然足够。

1.2.1　Hello Dart

本小节示例将使用 DartPad，这是一个在线工具，允许读者在浏览器中尝试编写 Dart 代码，而无须在系统上安装任何内容。对此，可访问 https://dartpad.dartlang.org/ 来使用它。

在这个 Hello Dart 的例子中，我们将看到如何使用 DartPad 编写最简单的 Dart 应用、声明变量和连接字符串。具体步骤如下。

（1）当首次打开时，DartPad 如图 1.2 所示。其中，工具左侧是代码，当单击 RUN 按钮时，将在工具右侧看到代码的结果。

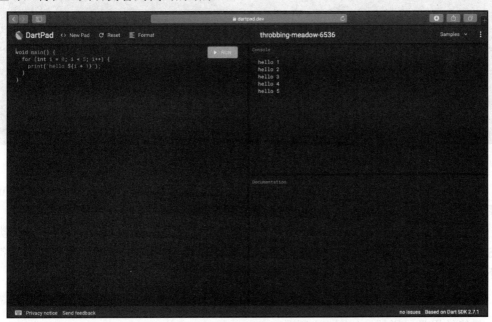

图 1.2

（2）对于第一个示例，删除默认的代码，并编写下列内容。

```
void main() {
  String name = "Dart";
  print ("Hello $name!");
}
```

当运行代码时，将在屏幕右侧看到 Hello Dart!，如图 1.3 所示。

图 1.3

（3）main()函数是每个 Dart 应用程序的开始点。该函数不可或缺，并可在每个 Flutter 应用程序中看到它的身影。一切都是从 main()函数开始的。

（4）String name = "Dart";行表示一个变量声明。根据该指令，我们将声明一个类型为 String、名为 name 的变量，其值为"Dart"。这里，可采用单引号或双引号包含字符串如下。

```
String name = 'Dart';
```

最终结果是一样的，如图 1.4 所示。

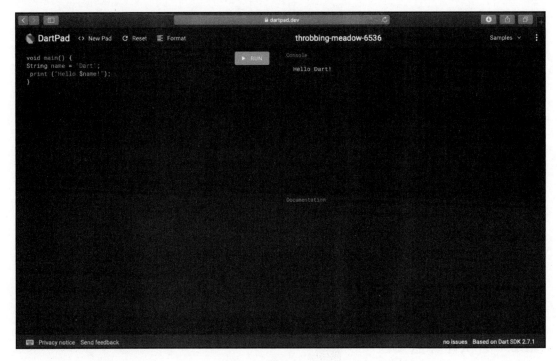

图 1.4

（5）print ("Hello $name!");这行代码调用了 print()方法并传递一个字符串。这里有趣的部分是没有使用字符串拼接的方法，通过使用$符号，将一个变量插入字符串中，同时也不使用"+"连接操作符。因此，这类似于编写下列代码。

```
print ("Hello " + name + "!");
```

此外，还存在泛型变量声明。其中，并不指定任何类型，对应代码如下。

```
void main() {
  var name = "Dart";
  print ("Hello $name!");
}
```

（6）这里，读者可能认为 name 是一个动态变量，但事实并非如此。下面尝试修改变量类型并查看结果。

```
void main() {
  var name = "Dart";
  name = 42;
```

```
  print ("Hello $name!");
}
```

当尝试运行上述代码时，将得到一个编译错误如下。

```
Error: A value of type 'int' can't be assigned to a variable of
type 'String'. name = 42; Error: Compilation failed.
```

实际上，可按照下列方式声明一个动态类型（尽管在大多数情况下应尽量避免使用）。

```
void main() {
  dynamic name = "Dart";
  name = 42;
  print ("Hello $name!");
}
```

当运行上述代码时，将在控制台中看到 Hello 42。

因此，首次声明的 name 字符串变量现在变为一个整数。当讨论数字时，我们还将再次对此加以研究。

1.2.2　面积计算器

本示例将考察 Dart 中数字、函数和参数的应用。

Dart 中存在如下两种数字类型。

● int：包含整数（不超过 64 位）。

● double：包含 64 位双精度浮点数。

此外，还包含 num 类型，int 和 double 均为 num。

考察下列代码。

```
void main() {
  double result = calculateArea(12, 5);
  print ('The result is ' + result.toString());
}
```

上述代码声明了一个名为 result 的 double 类型变量，该变量接收 calculateArea()函数的返回值。稍后，需要定义 calculateArea()函数。此处针对该函数传递了两个数字，即 12和 5。

在将函数返回值转换为字符串后，将显示结果。

calculateArea()函数如下。

```
double calculateArea(double width, double height) {
  double area = width * height;
  return area;
}
```

☀ 提示：

从 Dart2.1 开始，int 字面值自动转换为双精度值。例如，可以编写 double value = 2，而不必编写 double value = 2.0。

其中，width 和 height 参数不可或缺。除此之外，还可向函数添加可选参数。下面向 calculateArea()函数插入一个可选参数，以便函数能够计算三角形面积。

```
double calculateArea(double width, double height, [bool isTriangle])
{
  double area;
  if (isTriangle) {
  area = width * height / 2;
  }
  else {
  area = width * height;
  }
  return area;
}
```

当前，在 main()函数中，可调用该函数两次，分别包含/不包含可选参数。

```
void main() {
  double result = calculateArea(12,5,false);
  print ('The result for a rectangle is ' + result.toString());
  result = calculateArea(12,5,true);
  print ('The result for a triangle is ' + result.toString());
}
```

包含预期结果的完整函数如图 1.5 所示。

Dart 中不支持函数重载。

图 1.5

注意：

重载是一些 OOP 语言（如 Java 和 C#）的一个特性，它允许一个类拥有多个具有相同名称的方法，前提是它们的参数列表在数量或类型上不同。例如，可以使用一个名为 calculateArea(double side)的方法来计算正方形的面积，使用另一个名为 calculateArea(double width, double height)的方法来计算矩形的面积。这在 Dart 中目前是不支持的。

1.2.3　for 循环和字符串

Dart 支持与受 C 影响的语言相同的循环，即 for、while 和 do while 循环。在当前示例中，我们将看到一个 for 循环，并以此反转字符串。

字符串可包围在单引号（'Dart'）或双引号（"Dart"）中。相应地，转义字符是\。例如，编写示例字符串的代码如下。

```
String myString = 'Throw your \'Dart\'';
```

myString 变量包含 Throw your 'Dart'。对于如下示例，可从 main()方法开始。

```
void main() {
    String myString = 'Throw your Dart';
    String result = reverse(myString);
    print (result);
}
```

这里，我们设置了一个字符串，随后调用 reverse()方法，该方法将反转字符串，最后输出相应的结果。

接下来编写 reverse()方法如下。

```
String reverse(String old) {
    int length = old.length;
    String res = '';
    for (int i = length-1; i>=0; i--) {
        res += old.substring(i,i + 1);
    }
    return res;
}
```

字符串实际上是对象，因此也包含属性，如 length。可以预见，字符串的 length 属性包含字符串本身的字符数。

字符串中的每个字符包含一个位置且始于 0。在 for 循环中，首先声明一个 i 变量，并将其设置为一个初始值，即字符串初始长度减 1。接下来的两个步骤是设置条件（或退出条件）和增量。循环将重复执行，直至 i 等于或大于 0。在每次循环中，i 减 1。

这意味着从字符串的末尾开始，将循环直到到达字符串的开头。

+=运算符是一个连接运算符，即 res = res + old.substring(i,i + 1);的简化语法。

substring()方法返回部分字符串，该字符串始于第一个参数指定的位置，包含并结束于第二个参数指定的位置。例如下列代码将输出 Wo。

```
String text = "Hello World";
String subText = text.substring(5,8);
print(subText);
```

实际上，还存在另一种从字符串中提取单一字符的方法，即在字符串中使用字符自身的位置，而非 substring()方法。例如，可以不使用下列方法：

```
res += old.substring(i,i + 1);
```

而编写下列代码：

```
res += old[i];
```

代码最终的结果如图 1.6 所示。

图 1.6

在真实的应用程序中，一般不会编写此类代码，通过下列更简洁的代码可实现相同的结果。

```
String result = myString.split('').reversed.join();
```

接下来将考察本书广泛使用的两个特性，即箭头语法和三元运算符。

1.2.4　箭头语法和三元运算符

箭头语法是在函数中返回值的一种简洁而优雅的方式。

以下面的函数为例，该函数接收一个整数（value）作为参数，如果 value 为 0，则返回 false，否则返回 true。所以传递的每个数字，除了 0，都会返回 true。

```
bool convertToBoolLong(int value) {
```

```
  if (value == 0) {
    return false;
  }
  else {
    return true;
  }
}
```

当采用=>符号和三元运算符时,可在一行代码中实现相同的功能。

```
bool convertToBool(int value) => (value == 0) ? false : true;
```

这种语法在 Dart 和 Flutter 中十分常见。

=>箭头操作符是一种简化方法编写的快捷方式,特别是当方法只有一条返回语句时。在图 1.7 中,可以看到一个箭头语法的例子。

```
String sayHello(String name) {
    return "Hello " + name;
}


String sayHello(String name) => "Hello " + name;
```

图 1.7

简而言之,使用箭头语法可以省略花括号和返回语句,并将所有内容写在一行中。

三元操作符是编写 if 语句的简洁方式。考察图 1.8 所示的代码。

使用三元操作符,可以省略 if 语句、花括号和 else 语句。在可选的括号中,可放入布尔控制表达式 value == 0。

综上所述,箭头语法和三元操作符是一个强大而优雅的组合。

```
if (value == 0) {
    i = false;
}
else {
    i = true;
}

i = (value == 0) ? false : true;
```

图 1.8

1.2.5　while 循环、List 和泛型

当学习一门新语言时,通常遇到的第一个特性就是数组。在 Dart 中,当需要定义集合时,可以使用 List 对象。

考察下列代码。

```
void main() {
  String mySongs = sing();
  print(mySongs);
}

String sing() {
  var songs = List<String>();
  var songString = '';
  songs.add('We will Rock You');
  songs.add('One');
  songs.add('Sultans of Swing');
  int i=0;
  while (i < songs.length) {
  songString += '${songs[i]} - ';
  i++;
  }

  return songString;
}
```

在 main()方法中，我们调用了 sing()方法并输出其结果。其中，sing()方法定义了一个字符串列表。

```
var songs = List<String>();
```

列表可以包含几种类型的对象。例如，可以有一个整数、布尔值甚至是用户定义对象的列表，也可以通过编写下面的代码避免指定列表中包含的对象类型。

```
var songs = List();
```

List 后面的<String>是泛型语法。泛型的使用限制了可以包含在集合中的值的类型，从而创建了一个类型安全的集合。

列表实现了多种方法。例如，可以使用 add()方法将新对象插入集合中。

```
songs.add('We will Rock You');
```

新对象将添加至列表的尾部。另外，还可编写下列代码实现相同的结果。

```
var songs = ['We will Rock You', 'One', 'Sultans of Swing'];
```

这里，songs 变量仍然是一个字符串列表。如果尝试添加不同的数据类型，如 songs.add(24)，则会得到一个错误。这是因为整数不能插入字符串列表中，并且默认情况下强制执行类型安全检查。

while 语句包含循环为真才能继续的条件。

```
while (i < songs.length) {
```

当条件（i＜songs.length）为 false 时，循环中的代码将不再执行。

如前所述，+=操作符表示字符串的连接，$字符允许在引号中插入表达式。

```
songString += '${songs[i]} - ';
```

代码的最终结果如图 1.9 所示。

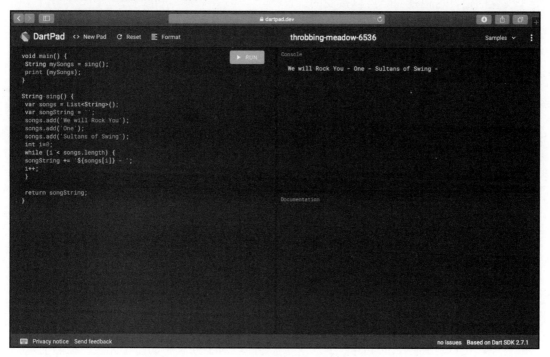

图 1.9

可以看到，3 首歌曲名称连接在一起，且在每一首歌曲名称后面添加了一个"-"符号。接下来考察在 Dart 中应用列表时会使用的其他有趣特性。

1．foreach()

for 和 while 循环一般可用于任何类型的循环，但列表还包含一些特定的方法，可帮助我们编写优雅和具有可读性的代码。

列表的 foreach()方法允许对数组中的每个元素运行一个函数。因此，可以删除 while

循环并使用以下代码来代替，以获得相同的结果。

```
songs.forEach((song) => songString += song + " - ");
```

foreach()方法接收一个函数作为参数。该函数可以是匿名的。该匿名函数接收一个与列表本身具有相同数据类型的参数（在本例中为 song）。因为 song 列表是字符串列表，song 也会是字符串。

前述内容已经讨论了=>箭头语法。在当前情况下，我们不是返回一个值，而是设置一个变量的值，这也是完全可以接受的。

2. map()

map()方法将列表中的每个元素进行转换，并在新列表中返回转换结果。考察下列代码。

```
void main() {
  String mySongs = sing();
  print(mySongs);
}

String sing() {
  var songs = List<String>();
  songs.add('We will Rock You');
  songs.add('One');
  songs.add('Sultans of Swing');
  var capitalSongs = songs.map((song)=> song.toUpperCase());
  return capitalSongs.toString();
}
```

上述代码的执行结果中歌曲名称以大写形式输出。其中，下列代码行值得注意：

```
var capitalSongs = songs.map((song)=> song.toUpperCase());
```

这里，可以看到列表的 map()方法的实际功能。对于列表中的每个元素，在当前示例中为 song，该元素被转换为 song.toUpperCase()，最终结果传递至新变量 capitalSongs 中。toString()方法将一个列表转换为一个字符串。最终结果如下。

```
(WE WILL ROCK YOU, ONE, SULTANS OF SWING)
```

3. where()

最后一个方法是 where()。下面修改 sing()方法并使用 where()方法。

```
String sing() {
  var songs = List<String>();
```

```
songs.add('We will Rock You');
songs.add('One');
songs.add('Sultans of Swing');
var wSongs = songs.where((song)=>song.contains('w'));
return wSongs.toString();
}
```

where()方法只返回满足 song.contains('w')测试表达式的元素。当前测试将只返回包含"w"的歌曲名称。所以，最终结果如下。

```
(We will Rock You, Sultans of Swing)
```

除此之外，还存在其他几种方法可对列表进行排序和转换，以及在列表中查找元素。目前，我们可以利用 foreach()、map()和 where()方法开始在你的 Dart 和 Flutter 代码中使用列表。

1.2.6　类和对象

Dart 是一种面向对象的语言，对象和类是 Dart 和 Flutter 中的重要组成部分。如果读者不熟悉 OOP，可参考相关文章，对应网址为 https://medium.freecodecamp.org/object-oriented-programming-concepts-21bb035f7260。

下面将快速浏览 Dart 中类和对象的创建过程。首先创建一个包含两个字段 name 和 surname 的 Person 类。

```
class Person {
  String name;
  String surname;
}
```

我们可以在 main()方法中生成 Person 类的实例，并设置 name 和 surname 如下。

```
main() {
  Person clark = Person();
  clark.name = 'Clark';
  clark.surname = 'Kent';

  print('${clark.name} ${clark.surname}');
}
```

这段代码中有几个有趣的特性值得注意。name 和 surname 都可以从类外部访问，但是在 Dart 中，没有 Private 或 Public 这样的标识符。因此，类的每个属性都被认为是公共的，除非它的名称以下画线字符（_）开头。在这种情况下，从库（或文件）外部无法访问它。

在 Person clark = Person();中，我们生成了 Person()类实例，最终对象包含在 clark 变量中。在 Dart 中，不需要显式地指定 new 关键字，这一过程是隐含的。因此，上述代码等价于 Person clark = new Person();。

读者会发现，遗漏 new 关键字的行为在 Dart 开发人员中经常见到，尤其是在 Flutter 框架中开发时。

1.2.7 　使用 getter 和 setter

getter 和 setter 是用于保护类内部数据的方法：getter 方法返回类实例的属性值，而 setter 方法设置或更新其值。通过这种方式，可以在类中读取（getter）或写入（setter）值之前检查这些值。

通过在字段名之前添加 get 和 set 关键字来指定 getter 和 setter。getter 返回指定类型的值，setter 返回 void。

```
main() {
  Person clark = Person();
  clark.name = 'Clark';
  clark.surname = 'Kent';
  clark.age = 30;
  print('${clark.name} ${clark.surname} ${clark.age}');

}
class Person {
  String name, surname;
  int _age;

  void set age(int years) {
    if (years > 0 && years < 120) {
      _age = years;
    }
    else {
      _age = 0;
    }
  }

  int get age {
```

```
    return _age;
  }
}
```

在这个例子中，通过确保年份是 0～120 的数字来保护 setter 中的数据，而 getter 只返回_age，不做任何更新。

1.2.8　构造函数

类可包含构造函数。构造函数是一种特殊的方法，并在创建类对象时自动被调用。对于类属性，构造函数可用于设置初始值。例如，下列代码使用构造函数生成 Person 实例。

```
main() {
  Person clark = Person('Clark', 'Kent');
  print('${clark.name} ${clark.surname}');

}


class Person {
  String name, surname;
  Person(String name, String surname) {
    this.name = name;
    this.surname = surname;
  }
}
```

Person(name, surname)表示构造函数方法，且需要两个参数，即 name 和 surname。例如，若尝试生成一个 Person 实例，且未传递两个字符串，则会收到一个错误。对此，可把位置参数用方括号括起来，使其成为可选。

```
Person([String name, String surname]) {
```

当前，如果打算添加第二个不带参数的构造函数，情况又当如何？对此，可尝试添加第二个构造函数如下。

```
Person();
```

此处将得到一个错误，即默认构造函数已经定义。这是因为，在 Dart 中，只能有一个未命名构造函数，但可以有任意数量的命名构造函数。在当前示例中，可以添加以下代码。

```
Person.empty() {
```

　　这将生成第二个命名构造函数。在图 1.10 中，可以看到包含未命名构造函数 Person()
和命名构造函数 Person.empty() 的类示例。

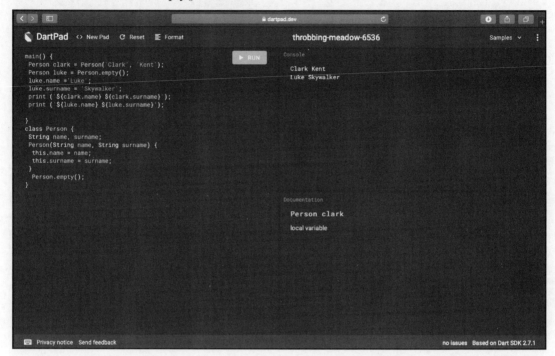

图 1.10

　　在这种情况下，两者之间的区别在于，当调用默认（未命名）构造函数时，还需要传
递两个必需的参数，即 name 和 surname，而命名构造函数允许创建一个空对象，并在稍
后的代码中设置 name 和 surname。

💡 注意：

　　重申一下，在 Dart 中只能有一个默认的未命名构造函数，但是可以根据需要拥有任
意多个命名构造函数。

　　将构造函数参数赋值给对象变量是较为常见的操作。Dart 通过 this 关键字使得该操作
变得非常简单。例如，下面是编写 Person 构造函数的代码，我们之前也曾使用过。

```
Person(String name, String surname) {
  this.name = name;
```

```
  this.surname = surname;
}
```

也可以编写为下列形式。

```
Person(this.name, this.surname) {}
```

有了类和对象，我们便拥有了所有的 Dart 工具。除此之外，Dart 中还有许多其他特性和主题，我们将在项目需要时对其加以介绍。下面将构建第一个 Flutter 项目，即 "Hello World Travel" 公司应用程序。

1.3　创建第一个 Flutter 应用程序

Flutter 应用程序是由微件组成的，微件是对部分用户界面的描述。用户的每一次交互，以及用户在浏览应用时看到的一切，都是由微件组成的。应用程序本身就是一个微件。

这就是为什么当开始使用 Flutter 时，最常听到的概念之一是 "在 Flutter 中几乎所有内容都是微件"。这基本上是真的。

开发人员可以使用 Dart 编写微件。如果读者具有一些手机或网页编程经验，那么这可能会让你觉得有点不安。大多数其他的移动框架使用某种形式的 XML 或 HTML 来描述用户界面，并使用完整的编程语言来实现业务逻辑。在 Flutter 中，我们可以使用 Dart 来描述用户界面和应用程序的业务逻辑。

本章将构建的应用程序是一个单屏应用程序，其中包含一些文本、一张图片和一个按钮，当单击按钮时，会向用户显示一个消息。所以，即使这个应用程序非常简单，我们也可以看到 Flutter 的许多功能，包括微件的使用、文本样式、从网络下载图像以及创建警告信息等。

1.3.1　运行第一个 Hello World 应用程序

针对第一个项目，我们将使用 Flutter CLI 创建应用程序。因此，在开始阶段，应确保一切在系统中处于就绪状态。

（1）打开终端窗口并输入 flutter doctor。读者将看到一些消息，如图 1.11 所示（这是一台为 Android 设置的 Windows 机器）。

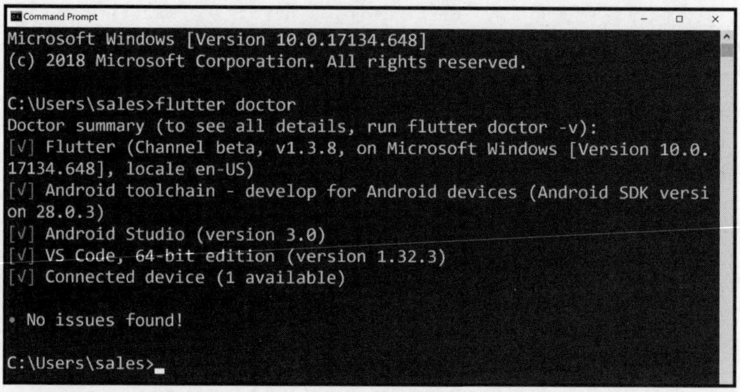

图 1.11

如果此处遇到错误，应确保当前已经加载了模拟器/仿真器，或者查看物理设备是否已正确连接。如果问题还未解决，则可参考附录 A 中的安装步骤。

（2）输入 flutter create CLI 命令创建新的应用程序。

```
flutter create hello_world
```

flutter create 创建了一个名为 hello_world 的新项目。这里，命名项目的规则是 lowercase_with_underscores。flutter create 生成了一个名为 hello_world 的新文件夹，其中包含了执行应用程序所需的所有默认项目文件。

（3）当查看当前步骤的结果时，可在终端输入下列代码。

```
cd hello_world
flutter run
```

几秒后，可看到如图 1.12 所示的 Flutter 默认应用程序。

下面对当前项目稍作修改。对此，需要执行下列步骤。

（1）在终端按 Ctrl+C 组合键，随后按 Y 键终止项目。

（2）打开编辑器。本章采用 Android Studio。

（3）在 Android Studio File 菜单中，选择 Open...选项，访问对应的文件夹并单击 OK 按钮，如图 1.13 所示。

这样，就能在 IDE 中打开 Flutter 项目。

（4）在编辑器中可以看到 main.dart 文件，其中包含默认应用程序的代码。删除 main.dart 中的全部内容，并输入下列代码。

图 1.12

图 1.13

```dart
import 'package:flutter/material.dart';

void main() => runApp(MyApp());

class MyApp extends StatelessWidget {
  @override
  Widget build(BuildContext context) {
    return Center(
        child: Text('Hello World Travel',
        textDirection: TextDirection.ltr,),
    );
  }
}
```

单击 Android Studio 工具栏中的 Run 按钮，或者使用 Shift + F10 组合键，可尝试运行上述代码。对应结果如图 1.14 所示。

下面对上述代码进行逐行讨论。

图 1.14

```dart
import 'package:flutter/material.dart';
```

在第 1 行代码中导入了 material.dart 包。这里，包表示包含可复用代码的库。material.dart 包是微件的一个容器，特别是实现了 Material Design 的 material 微件。Material Design 是一种由 Google 开发的视觉设计语言。

接下来创建一个名为 main 的方法。

```
void main() => runApp(MyApp());
```

在前述 Dart 示例中已经看到，这表示 Dart 应用程序的入口点，Flutter 应用程序也采用了相同的方式。

对于 main()方法，使用箭头语法调用 runApp()。runApp()方法填充微件并将其绑定到屏幕上。简而言之，runApp()方法将在屏幕上显示放置在应用程序中的微件。

☑ 注意：

Flutter 的微件本身并不是视图，所以不绘制任何内容，它们只是对用户界面的描述。当构建对象时，该描述将被"填充"到实际视图中。

下列代码行表示，MyApp 是一个扩展了 StatelessWidget 的类。

```
class MyApp extends StatelessWidget {
```

在 Flutter 中，存在两种类型的微件，即无状态微件和有状态微件。若微件创建后无须修改，则可使用无状态微件。在当前示例中，屏幕中的文本（"Hello World Travel"）在应用程序生命周期内不会发生变化，因此，对于该应用程序来说，无状态微件已然足够。另一方面，当微件内容（或状态）需要修改时，则可使用有状态微件。

☑ 注意：

在 Flutter 中，微件树是应用程序中微件的组织方式。虽然 HTML 页面包含 DOM，即文档对象模型，但 Flutter 将构成 UI 的微件分层列表称为"微件树"。当微件被插入微件树中时，Flutter 框架自动调用下列代码中的 build()方法。

```
Widget build(BuildContext context) {
```

在当前示例中，微件树仅由两个微件构成，即 Center 微件和 Text 微件。build()方法将返回一个微件。

Center 是一个位置微件，将其内容居中于屏幕上。

```
return Center(
```

无论在 Center 微件中放入什么，对应结果都会在水平和垂直方向居中。

child 是一个属性，可在其他微件中嵌套微件。Text 是一个显示文本的微件。

```
child: Text('Hello World Travel',
        textDirection: TextDirection.ltr,),
```

注意，当前还需要指定一个 textDirection 指令。在这里，ltr 表示从左至右。因此，我们正在使用 Center 微件的 child 属性，将 Text 微件放置在屏幕的中心。默认状态下，屏幕背景为黑色。

当前应用程序仍存在改进的空间，但重要的是，我们已经编写了第一个 Hello World 应用程序。

1.3.2　使用 MaterialApp 和 Scaffold

此处使用了白色文本和黑色背景，下面将对此进行修改使其看上去像是真正的应用程序。具体步骤如下。

（1）首先介绍一下 MaterialApp 微件，它是创建 Material Design 应用程序时使用的容器。Material Design 是谷歌在 2014 年开发的一种设计语言，基于墨水或纸张等"材料"，其实现比物理材料更先进。Flutter 完全支持 Material Design。

☀ 提示：
　　读者可访问 https://material.io/以了解与 Material Design 相关的更多内容，该网站涵盖大量的示例和理念，可以将其用于 Web、移动和 Flutter 应用程序中。

（2）对于大多数应用程序，可将内容封装至 MaterialApp 微件中。据此，可生成应用程序的标题如下。

```
import 'package:flutter/material.dart';

void main() => runApp(MyApp());

class MyApp extends StatelessWidget {
  @override
  Widget build(BuildContext context) {
    return MaterialApp(
        title: "Hello World Travel Title",
        home: Center(
          child: Text('Hello World Travel')
        ));
  }
}
```

（3）当前返回的不是一个 Center 微件，而是 MaterialApp，它包含两个属性，即

title 和 home。其中，home 是用户在应用程序屏幕上实际看到的内容。读者可能会注意到，当使用 MaterialApp 时，不需要指定文本方向，因为文本方向是根据设备的区域设置信息选择的。

📝 **注意：**

目前，使用从右到左文本方向的语言有 Arabic、Farsi、Hebrew、Pashto 和 Urdu。所有其他语言都是从左到右。

（4）当运行应用程序时，可以看到内容发生了变化。如果使用的是 Android 系统，当滚动应用程序时，将会看到应用程序的标题，字体大小已经改变，如图 1.15 所示。

（5）结果看起来比以前更糟了。下面快速添加一个 Scaffold 微件。Scaffold 微件表示 MaterialApp 微件中的一个屏幕，因为它可能包含几个 Material Design 布局微件，包括 AppBar、底部导航栏、浮动操作按钮和屏幕主体。我们将在本书中广泛使用这些微件。

（6）Scaffold 微件允许向应用程序中添加一个应用程序栏。在 appBar 属性中，我们将放置一个 AppBar 微件，该微件包含在应用程序栏中显示的文本。

（7）下面设置添加至 Hello World Travel 应用程序中的文本如下。

图 1.15

```
class MyApp extends StatelessWidget {
  @override
  Widget build(BuildContext context) {
    return MaterialApp(
        title: "Hello World Travel Title",
       home: Scaffold(
          appBar: AppBar(title: Text("Hello World Travel App")),
          body: Center(
            child: Text('Hello World Travel')
        )));
  }
}
```

　　Scaffold 微件有两个属性，其中，appBar 包含应用程序栏，body 包含屏幕的主要内容。虽然仅包含少量文本，但当前应用程序则显得更加标准，如图 1.16 所示。

1.3.3　格式化文本和使用 Column

　　假设客户喜欢蓝色和紫色，所以需要修改应用程序的颜色和文本格式。接下来将对 **MyApp** 类进行修改如下。

图 1.16

```
class MyApp extends StatelessWidget {
  @override
  Widget build(BuildContext context) {
    return MaterialApp(
        title: "Hello World Travel Title",
        home: Scaffold(
          appBar: AppBar(
          title: Text("Hello World Travel App"),
          backgroundColor: Colors.deepPurple,),
          body: Center(
          child: Text(
            'Hello World Travel',
            style: TextStyle(
              fontSize: 26,
              fontWeight: FontWeight.bold,
              color: Colors.blue[800]),)
    )));
  }
}
```

　　上述代码向应用程序中添加了一组特性，首先是 AppBar 的背景颜色，代码如下。

```
backgroundColor: Colors.deepPurple,
```

　　Colors 类包含几种可用的颜色，包括这里使用的深紫色。在颜色上，也可以选择一个色度，一般是一个从 100～900 的数字，增量为 100，再加上颜色 50。数字越大，颜色越深。例如，对于文本，此处选择了蓝色[800]，这是相当暗的颜色。

```
style: TextStyle( fontSize: 26,
                  fontWeight: FontWeight.bold,
                  color: Colors.blue[800]),)
```

在 Text 微件中，使用 style 属性添加 TextStyle 类，并在其中选择更大的 fontSize、粗体 fontWeight，当然还有 color。

目前，应用程序已经得到了改善，但尚未完成。现在需要在第一段文本下面添加第二段文本。这里的问题是，Center 微件只有一个子微件，因而无法添加第二个 Text 微件。解决方案是选择一个允许多个子微件的容器微件，并且在将微件以堆叠方式放在屏幕上时，可以使用 Column 容器微件。Column 具有 children 属性，而不是 child，该属性接收一个微件数组。接下来修改 Scaffold 微件的主体，代码如下。

```
body: Center(
    child: Column(children: [
  Text(
    'Hello World Travel',
    style: TextStyle(
      fontSize: 26,
      fontWeight: FontWeight.bold,
      color: Colors.blue[800]),
  ),
  Text(
    'Discover the World',
    style: TextStyle(
      fontSize: 20,
      color: Colors.deepPurpleAccent),
  )
]))
```

当前，Center 微件仍包含单一 child，但 child 是一个 Column 微件，该微件包含两个 Text 微件，即'Hello World Travel'和'Discover the World.'。

1.3.4　显示图像并使用按钮

下面在两个文本下添加一个 Image 微件，代码如下。

```
Image.network(
'https://images.freeimages.com/images/large-previews/eaa/the-beach-
1464354.jpg',
  height: 350,
),
```

Image 是一个具有 network()构造函数的微件，该构造函数使用一行代码自动从 URL 下载图像。该图像来源于 FREEIMAGES 官网（https://www.freeimages.com/），该网站包含大量可供个人和商业使用的免费图像。

图像的 height 属性根据屏幕的像素密度指定其高度。默认情况下，宽度将按比例调整。

☑ **注意：**

在 Flutter 中，当谈到像素时，实际上指的是逻辑像素，而不是物理像素。

物理像素是设备具有的实际像素。但是，存在几种形式因素，使得屏幕的分辨率可能有很大差异。

例如，索尼 Xperia E4 的屏幕尺寸为 5 英寸，分辨率为 960×540 像素。Xperia X 的屏幕尺寸相同，为 5 英寸，但分辨率为 1920×1080。所以，如果想绘制一个边长为 540 像素的正方形，那么它在第二台设备上就会小得多。这就是为什么需要逻辑像素。每个设备都有一个倍增器，所以当使用逻辑像素时，不必太担心屏幕的分辨率。

下面在图像下方放置一个按钮。

```
RaisedButton(
    child: Text('Contact Us'),
    onPressed: () => true,),
```

RaisedButton 显示一个用户可以单击的按钮。在 Raisedbutton 中，我们将 Text 作为微件的子元素。在 onPressed 属性中，创建了一个带有箭头操作符的 anonymous()函数，该函数只返回 true。这只是暂时的操作。当用户单击按钮时，我们希望显示一条消息，这部分功能我们将在稍后实现。

图 1.17 显示了目前为止 MyApp 类的代码，以及 Android 模拟器上的结果。

图 1.17

目前，应用程序仍存在少量的改进空间。也就是说，应该在微件之间添加一些空间，并在用户单击 Contact Us 按钮时显示一条消息。

1.3.5　显示 AlertDialog 对话框

AlertDialog 是用于提供反馈或向用户询问某些信息的微件。它是一个小窗口，停留在当前屏幕的顶部，只覆盖部分用户界面。一些用例包括：在删除项之前请求确认（Are you sure？），或者向用户提供一些信息（Order completed！）。在当前代码中，我们将向用户显示 Hello World Travel 公司的联系信息。

显示 AlertDialog 需要以下步骤。

（1）调用 showDialog()方法。

（2）设置 context。

（3）设置 builder。

（4）返回 AlertDialog 属性。

（5）设置 AlertDialog 属性。

下面在 MyApp 类的结尾处编写 contactUs 新方法如下。

```
void contactUs(BuildContext context) {
  showDialog(
    context: context,
    builder: (BuildContext context) {
      return AlertDialog(
        title: Text('Contact Us'),
        content: Text('Mail us at hello@world.com'),
        actions: <Widget>[
          FlatButton(
            child: Text('Close'),
            onPressed: () => Navigator.of(context).pop(),
          )
        ],
      );
    },
  );
}
```

上述代码创建了一个 contactUs()方法，该方法先接收一个 context 参数，然后调用 showDialog()函数，这是向用户显示消息所必需的。showDialog()函数有一些我们需要设置的属性，第一个是 context，它基本上决定了对话框应该显示的位置。它通过 context 参数传递给方法。

接下来需要设置 builder 属性。这需要一个函数，所以应创建一个函数来接收 BuildContext 类型的单个参数，并返回一个微件——在如下示例中是 AlertDialog。

```
builder: (BuildContext context) {
    return AlertDialog(
```

一个 AlertDialog 微件包含若干个属性，用于设置向用户显示消息的行为。当前示例使用的 3 个属性是 title、content 和 actions。在图 1.18 中，可以看到使用这些属性的结果。

其中可以看到 Contact Us 标题，Mail us at hello@world.com 内容和 Close 按钮。在 actions 属性中，如果包含多项选择，还可设置多个按钮。

在下面的代码片段中，Navigator 类的 pop()方法将关闭 AlertDialog。我们将在本书的其他项目中更多地讨论 Flutter 中的屏幕和导航。

图 1.18

```
return AlertDialog(
    title: Text('Contact Us'),
    content:        Text('Mail    us    at
hello@world.com'),
    actions: <Widget>[
      FlatButton(
        child: Text('Close'),
        onPressed: () => Navigator.of(context).pop(),
      )
    ],
```

当前，AlertDialog 还没有显示。在使用它之前，需要做一些修改。第一个更改是需要调用刚刚创建的 contactUs()函数。我们将在 RaisedButton 微件的 onPressed 属性中执行此操作。

```
onPressed: () => contactUs(context),
```

这里需要执行的第二项更改是将 Center 微件封装在 Builder 微件的主体中。这允许我们获取 Scaffold 的上下文，以便将其传递至 showDialog 方法，代码如下。

```
body: Builder(builder: (context)=>Center(
```

下列内容显示了目前为止所编写的最终代码以供读者参考。

```
import 'package:flutter/material.dart';

void main() => runApp(MyApp());

class MyApp extends StatelessWidget {
 @override
 Widget build(BuildContext context) {
   return MaterialApp(
     title: "Hello World Travel Title",
     home: Scaffold(
       appBar: AppBar(
         title: Text("Hello World Travel App"),
         backgroundColor: Colors.deepPurple,
       ),
       body: Builder(builder: (context)=>Center(
           child: Column(children: [
         Text(
           'Hello World Travel',
           style: TextStyle(
           fontSize: 26,
           fontWeight: FontWeight.bold,
           color: Colors.blue[800]),
         ),
         Text(
           'Discover the World',
           style: TextStyle(fontSize: 20, color:
           Colors.deepPurpleAccent),
         ),
         Image.network('https://images.freeimages.com/
           images/large-previews/eaa/the-beach-1464354.jpg',
           height: 350,
         ),
         RaisedButton(
           child: Text('Contact Us'),
           onPressed: () => contactUs(context),
         ),
```

```
        ])))));
    }

    void contactUs(BuildContext context) {
        showDialog(
            context: context,
            builder: (BuildContext context) {
                return AlertDialog(
                    title: Text('Contact Us'),
                    content: Text('Mail us at hello@world.com'),
                    actions: <Widget>[
                        FlatButton(
                            child: Text('Close'),
                            onPressed: () => Navigator.of(context).pop(),
                        )
                    ],
                );
            },
        );
    }
}
```

注意，如果在编写代码时遇到困难，读者可随时在 GitHub 存储库查看应用程序的最终版本。特别地，读者可访问 https://github.com/PacktPublishing/Google-Flutter-Projects 查看本章的项目。

稍后将考察如何使用内间距以向应用程序中添加一些空间。

1.3.6　使用内间距

当前，应用程序的全部功能均已实现完毕，但它们在屏幕上显得过于拥挤。接下来将在微件之间添加一些空间。一般来说，可通过内间距和外间距属性在元素之间创建空间。在 Flutter 中，一些微件包含内间距和外间距属性处理空间。其中，内间距是内容和微件边框之间的空间（也可能不可见），而外间距则是边框之外的空间，如图 1.19 所示。

Flutter 还有一个专门用于处理空间的微件，即 Padding 微件。为了指定距离（也称作偏移量），可以使用 EdgeInsets 类，该类指定左、上、右、下外间距和内间距的偏移量。EdgeInsets 类包含几个已命名的构造函数。

Edgeinsets.all()构造函数在框体的所有 4 个边（上、右、下、左）上创建偏移量。在下面的例子中，它在一个框体的所有侧面创建了 24 个逻辑像素的偏移量。

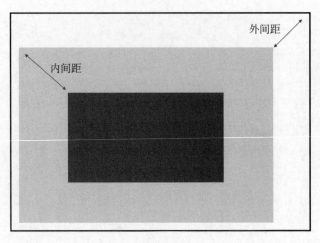

图 1.19

```
EdgeInsets.all(24)
```

当选择偏移量的一条或多条边时，可以使用 only()构造函数。在下面的例子中，可以在屏幕上看到，我们在一个微件的右边创建了一个 80 像素的外间距。

```
EdgeInsets.only(right:80)
```

EdgeInsets.symmetric(vertical: 48.5)构造函数可创建对称的垂直和水平偏移量。所有构造函数都接收双精度值作为参数。

```
EdgeInsets.symmetric(vertical:48.5)
```

下面将在代码中添加一些空间。

（1）将 Center 封装到 Padding 微件中，并设置 EdgeInsets.all 内间距为 20 个逻辑像素。

```
body: Builder(
   builder: (context) => Padding(
      padding: EdgeInsets.all(20),
      child: Center(
      child: Column(children: [
```

（2）针对两个 Text 微件（Image 和 RaisedButton）重复相同的过程。首先，向'Hello World Travel'文本添加一个 10 像素的内间距。

```
Padding(
   padding: EdgeInsets.all(10),
   child: Text(
```

```
    'Hello World Travel',
```

（3）向'Discover the world'文本添加内间距。

```
Padding(
    padding: EdgeInsets.all(5),
    child: Text(
      'Discover the World',
```

（4）向 Image 微件添加内间距。

```
Padding(
    padding: EdgeInsets.all(15),
    child: Image.network(
```

（5）向按钮添加内间距。

```
Padding(
    padding: EdgeInsets.all(15),
    child: RaisedButton(
```

根据自身的设备运行应用程序，一切看起来均较为正常。但仍然有一个问题，稍后将对此进行讨论。

1.3.7　使用 SingleChildScrollView

当在屏幕添加了一些空间后，可能会遇到一个问题。尝试旋转设备以便得到水平视图，如图 1.20 所示。

图 1.20

此处将得到一个错误：Bottom overflowed by 250 pixels，因为 UI 的尺寸大于屏幕的尺寸。

☀ **提示：**

在面向手机平台开发应用时，要始终检查应用的各个方向。

对此，存在一个较为简单的解决方案，即将所有内容封装在 SingleChildScrollView 中。

```
builder: (context) => SingleChildScrollView(
    child: Padding(
```

SingleChildScrollView 是一个滚动的微件，它有一个子节点，在当前例子中是 Padding。当微件占用的空间可能超过屏幕上的可用空间，并且希望为溢出的内容启用滚动时，这个微件将十分有用。再次尝试后，一切均工作正常，用户可在必要时实现上、下滚动操作。

1.4　本章小结

本章介绍了一些基础知识，包括如何使用 Flutter CLI，以及如何使用 flutter doctor 命令测试安装。此外，本章还讨论了如何在模拟器（Android）或仿真器（iOS）上试用应用程序。

本章还讨论了 Dart 语言及其语法，包括使用 DartPad 在线工具、变量、循环、使用字符串、箭头语法、列表、泛型和 Map()方法。

除此之外，我们还讨论了面向对象程序设计的基础知识，涉及使用类和对象，包括构造函数、属性和方法。随后，引入了 Flutter 并创建了第一个 Hello World 应用程序。可以看到，Flutter 中 UI 的每一部分均是一个微件。接下来，我们介绍了多个基本的微件，如 Center、Text、MaterialApp、Scaffold、Column、RaisedButton 和 Image。

利用微件的属性，调整了应用程序的样式，例如，选择颜色和字体。此外，我们还通过内间距考察了如何处理屏幕上的空间布局，以及如何响应事件，如单击按钮。

最后，使用 AlertDialog 微件以向用户生成反馈。

本章介绍的主题可视为学习 Flutter 的基础知识，相关技能将能够使读者理解本书的其他项目，并在开发自己的应用程序时发挥重要的作用。

第 2 章将介绍状态这一概念，进而利用 Flutter 创建交互式应用程序。

1.5　本章练习

在项目的最后，我们提供了一些问题以帮助读者记忆和复习本章所涵盖的内容。请尝试回答以下问题，如果有疑问，可查看本章中的内容，你会发现所有的答案都蕴含其中。

（1）什么是微件？

（2）Dart 和 Flutter 应用程序的起点是什么？

（3）在 Dart/Flutter 类中可以有多少个命名构造函数？

（4）请说出 3 个 EdgeInsets 构造函数。

（5）如何在 Text 微件中设置文本样式？

（6）flutter doctor 命令的目的是什么？

（7）使用哪个微件包含其他几个微件（一个微件在另一个下面）？

（8）什么是箭头语法？

（9）可使用哪个微件在微件之间生成距离空间？

（10）如何向用户显示图像？

1.6　进一步阅读

- 在技术领域，事物变化非常快。当读者阅读本书时，Flutter 的安装信息可能已经发生了变化，有关在 Windows、Mac 或 Linux 机器上安装 Flutter 的最新过程，请查看以下链接：https://flutter.dev/docs/get-started/install。

- 在本书编写时，Chrome OS 还没有得到官方的支持，但是有一些博客文章和指南展示了在 Chrome OS 上成功安装 Flutter SDK 的过程。例如，要在运行 Chrome OS 的 Pixelbook 上安装 Flutter，请查看以下链接：https://proandroiddev.com/flutter-development-on-a-pixelbook-dde984a3fc1e。

- Material Design 是一个引人入胜的话题。有关设计模式、规则和工具的完整描述，请访问 Material Design 综合性网站：https://material.io/。

- Medium 上的 Flutter 社区网站：https://medium.com/flutter-community。

第 2 章　英里还是千米——使用有状态微件

世界是个奇妙的地方。大多数人都知道，当你去其他国家旅行时，可能会发现不同的语言、文化和食物，但你至少会期望数字和测量方法保持不变，对吗？但事实并非如此。

距离、速度、质量、体积和温度等指标会根据居住的地方而变化。实际上，目前使用的主要测量系统有两种：一是主要在美国使用的英制以及公制单位，二是其他大多数国家都使用公制单位。

本章将给这个混乱的世界带来一些秩序，读者将构建一个度量转换应用程序，在这个应用程序中，距离和重量的度量将从英制转换为公制，反之亦然。

本章主要涉及下列主题。

● 项目概述。

● 理解状态和有状态微件。

● 创建度量转换工具。

2.1　技术需求

读者可查看本章的结尾，或者访问 https://github.com/PacktPublishing/Google-Flutter-Projects 以获取完整的应用程序代码。

为了理解本书的示例代码，应在 Windows、Mac 或 Chrome OS 设备上安装下列软件。

● Flutter SDK。

● 当开发 Android 应用程序时，需要安装 Android SDK——这可通过 Android Studio 方便地进行安装。

● 当开发 iOS 应用程序时，需要使用 MacOS 和 Xcode。

● 模拟器（Android）、仿真器（iOS）、连接的 iOS 或 Android 设备用于调试。

● 编辑器：建议使用 Visual Studio Code、Android Studio 或 IntelliJ IDEA。这些编辑器应该都安装了 Flutter/Dart 扩展。

本书附录 A 提供了相应的安装指南。

2.2　项　目　概　述

度量转换应用程序将允许用户选择一个度量——公制或英制——并将其转换为另一个度量。例如，可以将英里转换为千米，或者将公斤转换为磅。所以，下一次旅行至使用不同度量系统的国家时，就能够很容易理解所驾驶车辆的速度（或许可避免罚款），或者了解在市场上买到的食物的质量。

在本章的结尾，读者将了解如何通过微件使用状态（State），如 TextField，与用户进行交互，进而使应用程序具有交互性。

其间，我们将遇到 Flutter 中的如下多个基本概念。

- Flutter 中的 State。首先使用有状态微件，并理解何时应使用无状态和有状态微件。
- 何时以及如何更新应用程序中的 State。
- 如何处理事件，如 TextField 中的 onChanged 和 OnSubmitted。
- 如何使用最常见的用户输入微件 TextField。
- 项目中另一个非常重要的微件是 DropdownButton。该微件是一个下拉列表，并确定用户的选择结果。相应的选择结果在 Flutter 中称作 DropdownItems。
- 如何从用户界面（UI）中隔离应用程序逻辑。关于如何构建应用程序结果，读者将得到一些有益的提示。

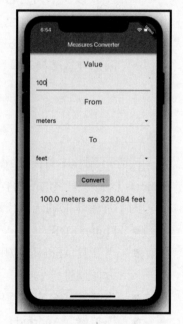

图 2.1

💡 提示：

虽然有状态微件是在应用程序中处理状态的最基本方式，但在 Flutter 中还有其他更有效的方式来处理 State。其中一些将在后续的项目中展示。

图 2.1 显示了本章中所构造项目的最终布局。

可以看到，这是一个带有 Material Design 微件的较为标准的表单，易于被用户编译。读者可以将它视为后续应用中任何表单的起点。

2.3　理解状态和有状态微件

截至目前，所看到的微件均为无状态微件，这意味着它们一旦被创建，就是不可变的，并且不保留任何状态信息。与用户交互时，我们期望事情会发生变化。例如，如果要将度量从一个系统转换到另一个系统，则结果必须根据某些用户输入而更改。

在 Flutter 中，处理变化最为基本的方式是使用 State。

状态是在构建微件时可以使用的信息，可以在微件的生存期内更改。

该定义的一个重要部分是，状态是可以改变的信息，这个概念最明显的含义是当想要在应用中添加交互性时，可以使用状态。但是，如果仔细阅读这个定义，它还意味着不是微件本身发生了变化，而是微件的状态发生了变化，据此，微件将被重建。当一个微件包含状态时，它称为有状态微件。在 Flutter 中，有状态微件是不可变的，改变的只是状态本身。

☑ 注意：
　　每次状态变化时，微件将被重建。

接下来考察无状态微件和有状态微件之间的差别。当然，最明显的差别可通过名称自身予以解释，即状态包含无状态微件和有状态微件。

除此之外，二者间还存在不同的实现。为了详细地研究这一问题，下面创建一个新的应用程序并对其实际考察。

2.4　创建度量转换项目

本节将创建一个新的应用程序，并使用它构建一个全功能度量转换器。

（1）在编辑器中，创建新的应用程序，将其命名为 Unit Converter。

（2）在 main.dart 文件中，移除示例代码并编写如下代码。

```
import 'package:flutter/material.dart';

void main() => runApp(MyApp());

class MyApp extends StatelessWidget {
@override
```

```
 Widget build(BuildContext context) {
   return MaterialApp(
     title: 'Measures Converter',
     home: Scaffold(
     appBar: AppBar(
       title: Text('Measures Converter'),
     ),
     body: Center(
        child: Text('Measures Converter'),
     ),),
  );}
}
```

可以看到，上述代码使用了无状态微件。

📝 注意：

无状态微件是一个扩展了 StatelessWidget 的类。扩展 StatelessWidget 类需要重载 build()
方法。

在 build()方法中，描述了该方法返回的微件。

```
@override
Widget build(BuildContext context) {
```

build()方法接收一个上下文参数并返回一个微件。

```
return MaterialApp(…)
```

综上所述，创建一个无状态微件需要执行下列步骤。

（1）创建一个扩展了 StatelessWidget 的类。

（2）重载 build()方法。

（3）返回一个微件。

待构建完毕后，无状态微件不再发生变化。

2.4.1　使用有状态微件

下面将 MyApp 类转换为有状态微件，以便查看该类的不同实现。

```
class MyApp extends StatefulWidget {
```

随后将得到两个错误。当把鼠标悬停于 MyApp 类上，对应错误为 Missing concrete

implementation of StatefulWidget.createState，当把鼠标悬停在 build()方法上，对应错误为 The method doesn't override an inherited method。

这些错误表明：

- 有状态微件需要一个 createState()方法。
- 在有状态微件中，没有需要重载的 build()方法。

接下来通过下列步骤修复上述错误。

（1）添加必要的 createState()方法，该方法将返回 MyAppState（稍后将创建）。在 MyApp 类的定义下，编写如下代码。

```
@override
MyAppState createState() => MyAppState();
```

（2）创建一个名为 MyAppState 的新类，该类扩展 State，特别是 MyApp 类的 State。

```
class MyAppState extends State<MyApp> {}
```

（3）为了解决第二个错误（Missing concrete implementation of State.build），删除在 MyApp 类中的 build()方法，并将其粘贴至 MyAppState 类中。修改后的代码如下。

```
import 'package:flutter/material.dart';

void main() => runApp(MyApp());

class MyApp extends StatefulWidget {
  @override
  MyAppState createState() => MyAppState();
}

class MyAppState extends State<MyApp> {
  @override
  Widget build(BuildContext context) {
    return MaterialApp(
      title: 'Measures Converter',
      home: Scaffold(
        appBar: AppBar(
          title: Text('Measures Converter'),
        ),
        body: Center(
          child: Text('Measures Converter'),
        ),
      ),
    );
  }
}
```

综上所述，从语法角度来看，无状态微件和有状态微件的差别是前者重载 build()方法并返回一个微件，而有状态微件重载 createState()方法，该方法返回一个 State。State 类重载 build()方法，并返回一个微件。

从功能的角度来看，在编写的代码中，二者之间没有任何区别。因为在这两种情况下，应用程序的外观和行为完全相同。因此，添加一个特性，该特性需要有状态微件，而无状态微件无法实现。

截至目前，当前应用程序的布局如图 2.2 所示。

下面研究如何从 TextField 读取用户输入。

图 2.2

2.4.2　从 TextField 读取用户输入

在 State 类中，添加一个名为_numberFrom 的成员。代码如下，这个值会根据用户输入而改变。

```
double _numberFrom;
```

在 build()方法体内，删除文本微件并添加 TextField。

```
body: Center(
    child: TextField(),
),
```

💡 提示：

从用户处获取某些输入时，一般使用 TextField。

可以看到，当前应用程序中心有一个 TextField，单击该行并输入内容执行写入操作，如图 2.3 所示。

当前，TextField 不执行任何操作。对此，首先需要读取用户的输入值。

虽然读取 TextField 有多种方法，但对于本项目，将通过 onChanged 方法响应 TextField 内容的每次更改，然后更新 State。

为了更新 State，需要调用 setState()方法。

图 2.3

☑ **注意:**

setState()通知框架某个对象的状态发生了变化，且 UI 需要更新。

在 setState()方法中，可以更改需要更新的类成员（在本例中为_numberFrom）。

```
child: TextField(
  onChanged: (text) {
    var rv = double.tryParse(text);
    if (rv != null) {
      setState(() {
        _numberFrom = rv;
      });
    }
  },
),
```

在上述代码中，每次 TextField 变化时（onChanged），将检查输入是否是一个数字（tryParse）。如果是一个数字，则修改_numberForm 成员的值。通过这种方式，即可更新 State。换而言之，当调用 setState()方法更新类成员时，同时也更新了类的 State。

此处并未向用户生成任何反馈，因此，除非使用编辑器的调试工具，否则无法真正检查更新是否真的发生了。为了解决这一问题，可添加一个 Text 微件，它将显示 TextEdit 微件的内容，随后将两个微件封装为一个 Column 微件。

```
body: Center(
  child: Column(
    children: [
      TextField(
        onChanged: (text) {
          var rv = double.tryParse(text);
          if (rv != null) {
            setState(() {
              _numberFrom = rv;
            });
          }
        },
      ),Text((_numberFrom == null) ? '' : _numberFrom.toString())
    ],
  ),
),
```

在尝试运行应用程序之前，向 **MyAppState** 类添加另一个方法。

```
  @override
void initState() {
_numberFrom = 0;
super.initState();
}
```

构建 State 时，对每个 State 对象调用一次 initState()方法。这通常是在构建类时可能需要设置初始值的位置。在本例中，我们正在设置_numberFrom 的初始值。另外还要注意的是，应该始终在 initState()方法的末尾调用 super.initState()。

当前，如果在 TextField 中写入一个数字，则会在 Text 微件中看到相同的数字。在这个看似简单的例子中，发生了许多事情。

● 在 InitState()方法中，通过_numberForm 类成员设置应用程序的初始值。
● 微件在屏幕上被绘制。
● 响应 TextField 事件：每次 TextField 内容变化时，onChanged 事件将被调用。
● 通过调用 setState()方法改变 State，更改_numberForm 的值。
● 微件通过新 State 再次被绘制，其中包含在 TextField 中写入的数字，因此读取_numberForm 的 Text 微件包含修改后的 State 值。

图 2.4 显示了上述步骤。稍加变化后，在应用程序中使用有状态微件时，即会看到一个类似的模式。

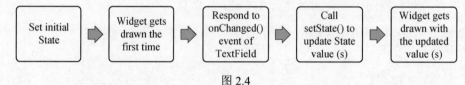

图 2.4

总而言之，调用 setState()方法将执行下列操作。
● 通知框架对象的初始状态发生了变化。
● 调用 build()方法，并利用更新后的 State 对象重新绘制其子元素。

至此，我们将能够创建一个应用程序，响应用户输入并根据变化的 State 修改 UI。在 Flutter 中，这可视为创建交互式应用程序最基础的方法。

接下来需要完成应用程序的 UI。对此，需要使用另一个微件，即 DropdownButton。下面将创建 DropdownButton 微件。

2.4.3　创建 DropdownButton 微件

DropdownButton 是一个微件，用户可据此从条目列表中选取某个值。DropdownButton

显示了当前所选条目，以及一个小三角形，用于打开一个列表以选择另一个条目。

向应用程序添加 DropdownButton 需要下列步骤。

（1）创建一个 DropdownButton 实例，并指定列表中包含的数据类型。

（2）添加一个 items 属性，该属性包含将显示给用户的条目列表。

（3）items 属性需要一个 DropdownMenuItem 微件列表。因此，需要将显示的每个值映射到 DropdownMenuItem 中。

（4）通过指定事件响应用户动作。一般地，对于 DropdownButton，可在 onChanged 属性中调用一个函数。

作为示例，下列代码创建了一个 DropdownButton 微件，并显示水果列表。

```
var fruits = ['Orange', 'Apple', 'Strawberry', 'Banana'];

DropdownButton<String>(
  items: fruits.map((String value) {
    return DropdownMenuItem<String>(
      value: value,
      child: Text(value),);
  }).toList(),
    onChanged: (String newValue) {}
),
```

DropDownButton 是一个泛型，因为它是作为 DropDownButton<T>构建的，其中泛型类型 T 是 DropDownButton 微件中条目的类型（在本例中，T 是一个字符串）。

☑ 注意：

Dart 支持泛型或通用类型。例如，一个列表可包含多种类型：List<int>是一个整型列表，List<String>是一个字符串列表，List<dynamic>是一个可以包含任意类型对象的列表。使用泛型可确保类型的安全性。以列表为例，无法向 List<String>中添加一个数字。

map()方法遍历数组的所有值，并对列表的每个值执行一个函数。map()方法中的函数返回 DropDownMenuItem 微件，在前面的示例中，它包含一个 value 属性和一个 child 属性。子组件是用户将看到的，在本例中是一个 Text 微件。value 将用于检索列表中的选定条目。

map()方法返回一个可迭代对象，这是一个可顺序访问的值的集合。

在此基础上，调用 toList()方法，该方法创建一个包含应返回元素的列表。这是 items 属性所要求的。

在当前应用程序中，需要使用两个 DropdownButton 微件，分别用于初始单位和转换后的单位。

（1）创建一个字符串列表，其中包含想要处理的所有度量。在 State 类的开头，添加以下代码。

```
final List<String> _measures = [
    'meters',
    'kilometers',
    'grams',
    'kilograms',
    'feet',
    'miles',
    'pounds (lbs)',
    'ounces',
];
```

（2）创建一个 DropdownButton 微件来读取列表的值，并将其放置在列的顶部（在 TextField 的上方）。

```
DropdownButton(
  items: _measures.map((String value) {
  return  DropdownMenuItem<String>(value:  value,
child:
Text(value),);
  }).toList(),
  onChanged: (_) {},
),
```

运行应用程序时，在屏幕上方可以看到一个小三角形。单击该三角形时，将显示度量列表，进而可单击任何内容并选择一个条目。此时，选取一个值时，DropdownButton 为空，这是因为需要实现DropdownButton 的 onChanged 成员内的函数。

图 2.5 显示了 DropdownButton 如何包含一个条目列表。

稍后将学习更改 DropdownButton 中的值时如何响应用户输入。

2.4.4　更新 DropdownButton 微件

图 2.5

下列步骤将修改 onChanged 属性。

（1）在 MyAppState 类顶部创建一个_startMeasure 新字符串，其中包含从 DropdownButton 中的所选值。

```
String _startMeasure;
```

（2）调用传递给函数的参数 value（而不是下画线）。

（3）在函数内，调用 setState()方法利用传递的新值更新_startMeasure 如下。

```
onChanged: (value) {
  setState(() {
      _startMeasure = value;
    });
}
```

（4）读取所选值，以便 DropdownButton 在应用程序启动和每次更改时读取它。在 DropDownButton 中添加以下代码。

```
value: _startMeasure,
```

如果尝试运行应用程序，当从列表中选取一个值后，该值将显示在 DropdownButton 中，这也是我们所期望的行为。

稍后将完成屏幕上的 UI 内容。

2.4.5　完成应用程序的 UI

接下来将完成应用程序的 UI。最终结果如图 2.6 所示。实际上，屏幕上需要显示 8 个微件。

- 包含 Value 的 Text 微件。
- 起始值的 TextField 微件。
- 包含 From 的 Text 微件。
- 起始度量的 DropdownButton 微件。
- 包含 To 的另一个 Text 微件。
- 转换度量的 DropdownButton 微件。
- 调用转换值的方法的 RaisedButton 微件。
- 转换结果的 Text 微件。

Column 的每个元素也有间距和样式。

图 2.6

下面从创建两个 TextStyle 微件开始。这种方法的优点是可以多次使用它们，而不需要为每个微件指定样式细节。

（1）在 build()方法的顶部，首先创建一个 TextStyle 微件，用于 TextField、DropDownButton 和 Button，并将其命名为 inputStyle。

```
final TextStyle inputStyle = TextStyle(
    fontSize: 20,
    color: Colors.blue[900],
);
```

（2）创建第二个 TextStyle 微件，用于列中的 Text 微件，并将其命名为 labelStyle。

```
final TextStyle labelStyle = TextStyle(
    fontSize: 24,
    color: Colors.grey[700],
);
```

（3）这里还希望 Column 与水平设备边界保持一定距离。因此，可以返回 Container，而不是返回 Center 微件，它的 padding 为 20 个逻辑像素。EdgeInsets.symmetric 允许指定水平或垂直内间距。

```
body: Container(
    padding: EdgeInsets.symmetric(horizontal: 20),
    child: Column(
```

（4）说到间距，此处打算在列中的微件之间创建一些空间。实现这一点的一个简单方法是使用 Spacer 微件：Spacer 创建一个空白空间，用于设置灵活容器中微件之间的间距，如界面中的 Column。Spacer 微件包含一个 flex 属性，其默认值是 1，它决定了我们想要使用的空间。例如，如果有两个 Spacer 微件，一个 flex 属性为 1，另一个 flex 属性为 2，则第二个微件占用的空间将是第一个微件的两倍。在 Column 的顶部，添加一个初始的 Spacer 微件。

```
child: Column(
    children: [
        Spacer(),
```

（5）在 Spacer 微件下，在包含'Value'字符串的 Column 中添加第一个文本。此外还将 labelStyle 应用到这个微件上，并在 Text 下面放置另一个 Spacer。

```
Text(
    'Value',
    style: labelStyle,
),
Spacer(),
```

（6）在包含'Value'及其 Spacer 的 Text 下，需要放置之前创建的 TextField，以允许用户输入想要转换的数字。接下来编辑 TextField，让它使用 inputStyle TextStyle。此外还将设置 TextField 的 decoration 属性。

☑ 注意：

　　TextField 的 decoration 属性接收一个 InputDecoration 对象。InputDecoration 允许指定边框、标签、图标和样式，这些将用于装饰文本框。

（7）hintText 是 TextField 为空时显示的一段文本，用于提示期望用户输入何种类型的信息。在当前示例中，将为 TextField 添加"Please insert the measure to be converted"作为提示符。

```
TextField(
    style: inputStyle,
    decoration: InputDecoration(
        hintText: "Please insert the measure to be converted",
    ),
    onChanged: (text) {
        var rv = double.tryParse(text);
        if (rv != null) {
            setState(() {
                _numberFrom = rv;
            });
        }
    },
),
```

（8）在 TextField 下，放置另一个 Spacer()，然后是带有'From'和 labelStyle 样式的 Text。

```
Spacer(),
    Text(
        'From',
        style: labelStyle,
    ),
```

（9）在#'From' Text 下，放置 DropdownButton 微件，其值是之前写入的_startMeasure。

```
DropdownButton(
    isExpanded: true,
    items: _measures.map((String value) {
        return DropdownMenuItem<String>(
            value: value,
```

```
        child: Text(value),
      );
  }).toList(),
  onChanged: (value) {
    setState(() {
      _startMeasure = value;
    });
  },
  value: _startMeasure,
),
```

（10）针对第二个下拉列表添加另一个 Text：在当前示例中，Text 包含'To'，样式为之前的 labelStyle。

```
Spacer(),
  Text(
  'To',
  style: labelStyle,
),
```

（11）在'To' Text 下，需要放置第二个 DropdownButton 微件，这需要另一个类成员：第一个 DropdownButton 微件使用_startMeasure 作为其值，新的微件将使用_convertedMeasure。在 MyAppState 类的顶部，添加以下声明。

```
String _convertedMeasure;
```

（12）现在准备添加第二个 DropdownButton 微件：它将包含与前一个微件相同的度量列表。唯一的区别是它将引用_convertedMeasure 变量。像往常一样，不要忘记在微件前添加一个 Spacer()。

```
Spacer(),
DropdownButton(
  isExpanded: true,
  style: inputStyle,
  items: _measures.map((String value) {
    return DropdownMenuItem<String>(
      value: value,
      child: Text(
        value,
        style: inputStyle,
      ),
    );
```

```
  }).toList(),
onChanged: (value) {
  setState(() {
    _convertedMeasure = value;
  });
},
value: _convertedMeasure,
),
```

（13）添加将应用转换的按钮，它是一个文本为'Convert'的 RaisedButton，样式为 inputStyle。此时，onPressed 事件将不执行任何操作，因为还没有准备好应用程序的逻辑。在按钮之前和之后，放置一个 Spacer，同时将其 flex 属性设置为 2。这样，按钮和屏幕上其他微件之间的间距将是其他间距的两倍。

```
Spacer(flex: 2,),
  RaisedButton(
    child: Text('Convert', style: inputStyle),
    onPressed: () => true,
  ),
  Spacer(flex: 2,),
```

（14）最后为转换结果添加 Text。现在，让_numberFrom 值保留为 Text，并在下一节中进行修改。在结果的末尾，将添加该屏幕最大的 Spacer，其 flex 值设置为 8，以便在屏幕末尾留出一些空间。

```
Text((_numberFrom == null) ? '' : _numberFrom.toString(),
    style: labelStyle),
Spacer(flex: 8,),
```

（15）在完成 UI 之前，需要执行最后一个步骤。在某些设备上，当键盘出现在屏幕上时，设计的 UI 可能比可用屏幕大，这可能会导致应用出现错误。为了解决这个问题，有一个简单的解决方案，在使用 Flutter 设计布局时经常使用。这里应该将 Column 微件放入可滚动微件中，在本例中为 SingleChileScrollView。屏幕上的微件在占用比屏幕可用空间更多的空间时，这些微件就会滚动显示。因此，只需将 Column 放入 SingleChildScrollView 微件中即可，代码如下。

```
body: Container(
  padding: EdgeInsets.symmetric(horizontal: 20),
  child: SingleChildScrollView(
    child: Column(
      ...
    ),
  ),
```

如果现在尝试运行应用程序,可以看到应用程序的最终外观。但除了从 DropdownButton 微件中选择值,并向 TextField 添加一些文本外,屏幕并没有执行任何操作。接下来添加应用程序的业务逻辑。

2.4.6　添加业务逻辑

当前,已经完成了应用程序的布局,但应用程序还缺少一部分内容,即转换用户输入值部分。

一般来说,将应用程序的逻辑和 UI 分离是一个很好的做法,Flutter 中有很多模式可实现这一目标,我们将在后续项目中使用一些模式,如 ScopedModel 和业务逻辑组件(BLoC)。当前,只能将转换函数添加到类中。

有几种方法可以编写代码来执行此应用程序的度量之间的转换。其中最简单的方法是将需要应用的公式视为二维值数组,也称为矩阵。该矩阵包含用户可以执行的所有可能的选择组合。

当前方案如表 2.1 所示。

表 2.1

MEASURES	0-Meters	1-Kilometers	2-Grams	3-Kilograms	4-Feet	5-Miles	6-Pounds	7-Ounces
0-Meters	1	0.0001	0	0	3.28084	0.00062	0	0
1-Kilometers	1000	1	0	0	3280.84	0.62137	0	0
2-Grams	0	0	1	0.0001	0	0	0.0022	0.03527
3-Kilograms	0	0	1000	1	0	0	2.20462	35.274
4-Feet	0.3048	0.0003	0	0	1	0.00019	0	0
5-Miles	1609.34	1.60934	0	0	5280	1	0	0
6-Pounds	0	0	453.592	0.45359	0	0	1	16
7-Ounces	0	0	28.3495	0.02835	0	0	0.0625	1

例如,在将 100 千米转换为英里时,可将 100 乘以在数组中找到的数字(在本例中为 0.62137)。当无法进行转换时,乘数为 0。因此,任何无法执行的转换均返回 0。

回忆一下,在 Dart 中,使用 List 创建数组。在本例中,它是一个二维数组或矩阵,因此将创建一个包含 List 的对象如下。

(1)需要将度量单位的 Strigns 转换为数字。MyAppState 类的顶部,添加下列代码(使用 Map)。

```
final Map<String, int> _measuresMap = {
```

```
 'meters' : 0,
 'kilometers' : 1,
 'grams' : 2,
 'kilograms' : 3,
 'feet' : 4,
 'miles' : 5,
 'pounds (lbs)' : 6,
 'ounces' : 7,
};
```

（2）Map 可插入键值对。其中，第一个元素为键，第二个元素为值。当需要从 Map中检索一个值时，可采用下列代码。

```
myValue = measures['miles'];
```

这里，myValue 将包含数值 5。

（3）创建一个列表，并包含表 2.1 中显示的全部乘数。

```
final dynamic _formulas = {
 '0':[1,0.001,0,0,3.28084,0.00062137,0,0],
 '1':[1000,1,0,0,3280.84,0.62137,0,0],
 '2':[0,0,1,0.0001,0,0,0.00220462,0.035274],
 '3':[0,0,1000,1,0,0,2.20462,35.274],
 '4':[0.3048,0.0003048,0,0,1,0.000189394,0,0],
 '5':[1609.34, 1.60934,0,0,5280,1,0,0],
 '6':[0,0,453.592,0.453592,0,0,1,16],
 '7':[0,0,28.3495,0.0283495,3.28084,0,0.0625, 1],
};
```

如果不打算输入上述代码，笔者创建了一个 Gist 文件，其中包含了 Conversion 类。读者可以访问 https://gist.github.com/simoales/66af9a23235abcb537621e5bf9540bc6 查看完整文件。

（4）现在已经创建了一个包含转换公式组合的矩阵，我们仅需编写相应的方法，并使用公式和度量 Map 进行转换。在 MyAppState 类的底部添加以下代码。

```
void convert(double value, String from, String to) {
 int nFrom = _measuresMap[from];
 int nTo = _measuresMap[to];
 var multiplier = _formulas[nFrom.toString()][nTo];
 var result = value * multiplier;
}
```

convert()方法接收 3 个参数。

● 将要转换的数字（双精度）。
● 表示值的度量单位（字符串）。
● 值转换后的度量单位（字符串）。

例如，如果打算将 10 米转换为英寸，那么，10 表示为数字，米表示当前表示值的单位，英寸表示数字转换后的单位。

下面考察 convert()方法的工作方式。

（1）在 convert()方法内，可以找到与 from 关联的数字。

```
int nFrom = measures[from];
```

（2）利用 to 执行相同的操作。

```
int nTo = measures[to];
```

（3）创建一个 multiplier 值，它从 formulas 矩阵中获取正确的转换公式。

```
var multiplier = formulas[nFrom.toString()][nTo];
```

（4）计算转换结果。

```
var multiplier = formulas[nFrom.toString()][nTo];
```

如果转换无法执行，例如，用户尝试将质量转换为距离，该函数将不产生任何错误。

接下来将向用户显示转换结果。

（1）在 MyAppState 类顶部声明一个 String 变量。

```
String _resultMessage;
```

（2）在 convert()方法内，结果计算完毕后，填充_resultMessage 字符串，并调用 setState()方法来通知框架需要更新 UI。

```
if (result == 0) {
  _resultMessage = 'This conversion cannot be performed';
}
else {
  _resultMessage = '${_numberFrom.toString()} $_startMeasure are
${result.toString()} $_convertedMeasure';
}
setState(() {
  _resultMessage = _resultMessage;
});
```

（3）在用户单击 Convert 按钮时调用 convert()方法。在调用该方法之前，需要检查是否设置了每个值以防止潜在的错误。编辑 RaisedButton，代码如下。

```
RaisedButton(
  child: Text('Convert', style: inputStyle),
  onPressed: () {
    if (_startMeasure.isEmpty || _converted
Measure.isEmpty ||
_numberFrom==0) {
        return;
    }
    else {
      convert(_numberFrom, _startMeasure, _converted
Measure);
    }
  },
),
```

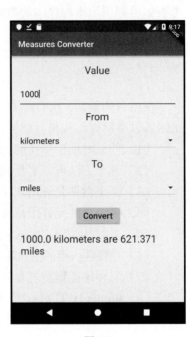

（4）为了显示结果，还需更新 Text 微件，以便显示包含用户消息的字符串。

```
Text((_resultMessage == null) ? '' : _resultMessage,
    style: labelStyle),
```

至此，应用程序构建完毕。如果尝试运行当前应用程序，将看到如图 2.7 所示的结果。

可以看到，当选择两种兼容的度量时，将在屏幕上得到正确的结果。

图 2.7

2.5　本　章　小　结

本章创建的项目中，考察了如何利用 State 创建交互式应用程序。

我们创建了一个无状态微件，并将其转换为有状态微件。据此，我们看到了二者间的不同实现。还了解到在 Flutter 中，微件是不可变的，改变的是 State。

其间，使用了两个非常重要的微件与用户进行交互，即 TextField 和 DropdownButton。

对于 TextField，我们采用了响应用户输入的一种方式，其中使用了 onChanged()事件，并从中调用了 setState()方法，该方法更新了微件内部的 State。

我们已经看到了如何将 DropdownButton 微件添加到应用程序，以及如何设置 items 属性，该属性将包含要显示给用户的 DropdownMenuItem 微件列表，以及如何使用 onChanged 属性响应用户输入。

在本书的其他项目中，将看到不同的方式处理 Flutter 中的 State。特别地，第 3 章将考察如何利用应用程序中的数据流以构建计时器应用程序。

2.6　本 章 练 习

在项目的最后，我们提供了一些问题以帮助读者记忆和复习本章所涵盖的内容。请尝试回答以下问题，如果有疑问，可查看本章中的内容，你会在那里找到所有的答案。

（1）什么时候应该在应用程序中使用有状态微件？

（2）哪个方法可以更新类的状态？

（3）哪个微件允许用户从下拉列表中选择一个条目？

（4）哪个微件允许用户输入一些文本？

（5）当对某些用户输入做出反应时，可以使用哪个事件？

（6）当微件占用的空间超过屏幕上可用的空间时，会发生什么？如何解决这个问题？

（7）怎样才能得到屏幕的宽度？

（8）Flutter 中的 Map 是什么？

（9）如何设置文本样式？

（10）如何将应用程序的逻辑与 UI 分离？

2.7　进一步阅读

随着 Flutter 的迅速发展，读者将发现很多与本项目主题相关的文章和文档。

关于内间距、EdgeInsets、盒子模型和布局，FLutter 官方文档提供了一篇优秀的文章可供读者参考，对应网址为 https://flutter.dev/docs/development/ui/layout。

对于 TextField，读者可访问 https://flutter.dev/docs/cookbook/forms/text-input。

对于 DropdownButton 微件的案例研究，读者可参考官方文档，对应网址为 https://docs.flutter.io/flutter/material/DropdownButton-class.html。

第 3 章　My Time——监听数据流

阅读本书时，读者可能正处于一场"战争"中。这是一场每天都在发生的战争，并对读者的生活质量产生影响——这是一场对抗分心的战争。

现在，你可能会忍不住查看电子邮件或浏览社交媒体，听周围人说话，或者在附近的房间里吃点零食，或者快速浏览一下你的智能手机。

但是，请不要这样做。

多项研究表明，如果想在活动中取得成功，读者应具备深度工作的能力。深度工作是一种专注的状态，可以让你最大限度地发挥认知能力。当学习本书时，或者当学习一门新语言的时候，或者当你编写一个应用程序的时候，简而言之，当需要完成创造价值或提高技能的工作时，读者都可以使用深度学习法。

深度工作的定义来自于卡尔·纽波特的畅销书《深度工作：在一个分心的世界中专注成功的规则》。

对此，有一个简单的解决方案，我们将在本章构建的应用中解决这个问题：你需要计划工作和休息时间，并且必须坚持这个计划。在本章将构建一个应用程序，它将帮助你设置合适的时间间隔，并记录工作和休息时间。事实上，你将构建一个生产力应用程序，它包含一个倒计时，告诉你剩余的工作或休息时间，并在屏幕上显示动画。在第二个屏幕上，还可以设置你的工作时间，短休息和长休息的持续时间，并将它们保存在设备上。

在本章结束时，读者将了解如何使用流和 StreamBuilder、为应用程序添加简单的导航、在 Flutter 项目中集成外部库，并使用 SharedPreferences 持久化数据。

这将是一个很好的练习，其间，我们将学习几个重要的 Flutter 特性，具体如下。

- 利用外部库构建布局。
- 监听数据流并采用异步编程。
- 在应用程序的屏幕间浏览。
- 使用共享偏好在设备中持久化数据。
- 使用 GridView 并选择正确的应用程序颜色。

3.1　技术需求

读者可访问本书的 GitHub 存储库查看完整的应用程序代码，对应网址为 https://github.com/PacktPublishing/Google-Flutter-Projects。

为了理解书中的示例代码，应在 Windows、Mac、Linux 或 Chrome OS 设备上安装下列软件。

- Flutter 软件开发工具包（SDK）。
- 当进行 Android 开发时，需要安装 Android SDK。Android SDK 可通过 Android Studio 方便地进行安装。
- 当进行 iOS 开发时，需要安装 MacOS 和 Xcode。
- 模拟器（Android）、仿真器（iOS）、连接的 iOS 或 Android 设备，以供调试使用。
- 编辑器：建议安装 Visual Studio Code（VS Code）、Android Studio 或 IntelliJ IDEA。

3.2　构建计时器主页布局

图 3.1 显示了第一部分内容将要构建的布局。为了更容易理解布局的功能，此处添加了边框以显示微件如何放置在屏幕上。

构建当前布局的最简单的方式是使用 Column 和 Row 的组合。该屏幕的主要容器微件是一个列，并将空间划分为如下 3 个部分。

（1）上方的 3 个按钮，即 Work、Short Break 和 Long Break 按钮。

（2）中间的计时器。

（3）下方的两个按钮，即 Stop 和 Restart 按钮。

现在，将创建一个新的应用程序，并在本章使用它构建生产力计时器如下。

（1）在编辑器中，创建新的应用程序。

（2）将新应用程序命名为 productivity_timer。

（3）在 main.dart 文件中，移除示例代码。

（4）输入下列代码（如果打算省去输入操作，笔者在 GitHub 上创建了一项通用内容，并可视为 Flutter 基础应用程序的通用开始部分，以供用户复用。对应网址为 http://bit.ly/basic_flutter）。

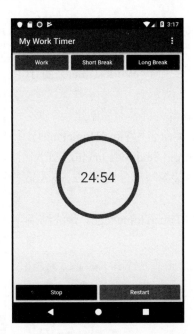

图 3.1

```dart
import 'package:flutter/material.dart';
void main() => runApp(MyApp());

class MyApp extends StatelessWidget {
@override
   Widget build(BuildContext context) {
        return MaterialApp(
            title: 'My Work Timer',
            theme: ThemeData(
        primarySwatch: Colors.blueGrey,
    ),
        home: Scaffold(
        appBar: AppBar(
            title: Text('My Work Timer'),
        ),
        body: Center(
            child: Text('My work Timer'),
        ),),
    );}
}
```

上述代码创建了一个基本的 Scaffold，用于大多数屏幕的基础布局。此外，还将一个标题（My Work Timer）置于 AppBar 中，并将一个 Text（My Work Timer）置于屏幕的中部。最终结果如图 3.2 所示。

（5）在 main.dart 文件的底部为屏幕布局创建一个类，而不是仅返回一个 Text。把这个类命名为 TimerHomePage()。如果你正在使用 VS Code、Android Studio 或 IntelliJ IDEA，也可以使用 stless 快捷方式让框架编写部分代码。在 MyApp 类结束后，只需输入 stless。

（6）对于类名，此处选择 TimerHomePage。最终结果如下。

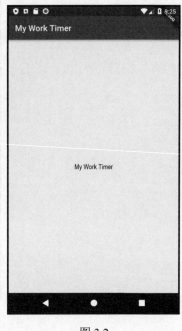

图 3.2

```
class TimerHomePage extends StatelessWidget {
@override
Widget build(BuildContext context) {
  return Container();
  }
}
```

（7）在 build()方法中，我们将从 MyApp 类中移动 Scaffold，而不是返回 Container。在 appBar 中，将显示应用的标题，并在 body 中显示一个包含 Column 的 Center 微件。在 TimerHomePage 类中添加以下代码。

```
@override
  Widget build(BuildContext context) {
    return Scaffold(
appBar: AppBar(
  title: Text('My work timer'),
),
body: Center(
  child: Column(),),
); }
}
```

（8）通过调用刚创建的新类，可简化 MyApp 的 build()方法中的如下代码。

```
home: TimerHomePage(),
```

此处，当尝试运行应用程序时，应该会看到一个空白屏幕，屏幕上只有应用程序栏的标题 My Work Timer。

　　现在，开始在屏幕上放置微件。由于需要构建 5 个功能非常相似的按钮微件，因此为它们创建一个新类可能是更好的选择，使其余代码更简洁，节省一些输入。

　　下面在应用程序的 lib 文件夹中创建名为 widgets.dart 的新文件，步骤如下。

　　（1）这里将创建一个名为 ProductivityButton 的无状态微件。这个微件将公开 4 个字段，即 color、text、size 和 Callback 方法，并通过构造函数设置这些值。微件的代码如下。

```
import 'package:flutter/material.dart';
class ProductivityButton extends StatelessWidget {
 final Color color;
 final String text;
 final double size;
 final VoidCallback onPressed;

 ProductivityButton({@required this.color, @required this.text,
 @required this.onPressed, @required this.size});
 @override
 Widget build(BuildContext context) {
   return MaterialButton(
     child:Text(
       this.text,
       style: TextStyle(color: Colors.white)),
     onPressed: this.onPressed,
     color: this.color,
     minWidth: this.size,
   ); }
}
```

　　可以看到参数包含在大括号（{}）中，并且有一个@required 注解。因为这里使用了命名参数。使用命名参数的目的是当调用函数并传递值时，还需指定要设置的参数名称。例如，创建 ProductivityButton 实例时，可以使用 ProductivityButton (color: Colors.blueAccent, text: 'Hello World', onPressed: doSomething, size: 150)。由于命名参数是按名称引用的，因此可以以任何顺序使用它们。

　　命名参数是可选的，但是可以使用@required 对它们进行注解，以表明该参数是必选的。

　　前述内容创建了按钮微件，因而需要在屏幕上放置一些按钮实例。

　　顶部按钮应该放在屏幕上方的一行上。它们应该占用除外间距的所有可用的水平空间，并且根据屏幕的大小和方向调整其宽度。

　　（2）创建一个临时空方法，以便有一个方法传递给按钮。稍后会移除该方法。在

MyApp 类的底部添加以下代码。

```
void emptyMethod() {}
```

（3）在 MyApp 类的顶部，声明一个常量，用于表示屏幕所需的默认内间距，代码如下。

```
final double defaultPadding = 5.0;
```

（4）在屏幕上放置顶部按钮需要使用 Row 微件，并将其作为 Column 微件的第一个元素。在 Flutter 中，实际上可以将 Row 微件嵌套到 Column 微件中，反之亦然。

为了让按钮占据所有可用的水平空间，将使用一个 Expanded 微件，它在放置固定元素后占用 Column（或 Row）的所有可用空间。每个按钮将有一个前导和尾部内间距，以便在元素之间创建的一些空间。编写代码将前 3 个按钮添加到屏幕，代码如下。

```
body: Column(children: [
  Row(
    children: [
      Padding(padding: EdgeInsets.all(defaultPadding),),
      Expanded(child: ProductivityButton(color: Color(0xff009688),
        text: "Work", onPressed: emptyMethod)),
      Padding(padding: EdgeInsets.all(defaultPadding),),
      Expanded(child: ProductivityButton(color: Color(0xff607D8B),
        text: "Short Break", onPressed: emptyMethod)),
      Padding(padding: EdgeInsets.all(defaultPadding),),
      Expanded(child: ProductivityButton(color: Color(0xff455A64),
        text: "Long Break", onPressed: emptyMethod)),
      Padding(padding: EdgeInsets.all(defaultPadding),),
    ],
  ),
])
```

（5）尝试运行应用程序。上述代码的结果如图 3.3 所示。

（6）计时器应放置在屏幕中间，并在放置固定大小的上下行后占据所有剩余空间。现在，将在 Column 微件下使用"Hello" Text 作为占位符。注意，在本例中，Expanded 在列而不是行中使用，因此它占用所有垂直可用空间，代码如下。

```
Expanded(child: Text("Hello")),
```

（7）随后将剩下的两个按钮，即 Stop 和 Restart，放在屏幕的底部，它们也会占用所有的水平空间，除了按钮和屏幕边界之间的一些间距，代码如下。

```
Row(children: [
  Padding(padding: EdgeInsets.all(defaultPadding),),
  Expanded(child: ProductivityButton(color: Color (0xff212121),
  text: 'Stop', onPressed: emptyMethod)),
  Padding(padding: EdgeInsets.all(defaultPadding),),
  Expanded(child: ProductivityButton(color: Color (0xff009688),
  text: 'Restart', onPressed: emptyMethod)),
  Padding(padding: EdgeInsets.all(defaultPadding),),
],)
```

（8）最终的结果如图 3.4 所示。

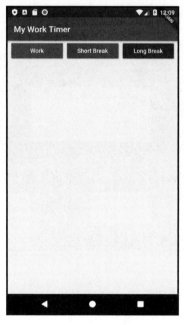

图 3.3

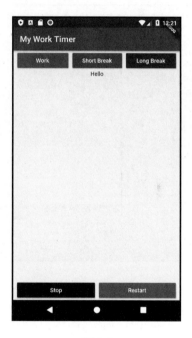

图 3.4

读者可能会感到疑惑：这些颜色来自哪里？

就个人而言，笔者不是一名设计师，有时很难为应用程序选择正确的颜色，所以需要一个工具来指导选择方案。市面上有几个优秀的颜色生成工具，但笔者一直使用的是 materialpalette.com。

该工具允许为布局选择两种主要颜色，会自动创建这两种颜色的最佳组合，给出可以在布局中使用的颜色代码。读者可以将其用于任何用户界面（UI）或网站设计。

例如，对于正在构建的应用程序的颜色，最终颜色表示为 BLUE GREY 和 TEAL 的组合，如图 3.5 所示。

至此，完成了应用程序的按钮布局，但还需要将主要内容放置在屏幕中心，即计时器。接下来，将把计时器添加至布局中。

我们需要将 Timer 放置在屏幕中心，即当前显示为"Hello" Text 的位置。对于 Timer，可使用 CircularPercentIndicator 微件，该微件包含在 percent_indicator 包中，可访问 https://pub.dartlang.org/packages/percent_indicator 得到。这是一个很好的微件，可以很容易在应用程序中创建圆形和线性百分比指示器。

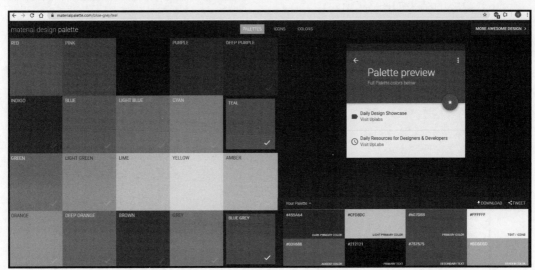

图 3.5

通常情况下，在 Flutter 中包是由社区开发的可重用代码，可以将其包含在项目中。使用包时，可以快速构建应用程序，而不必从头开始开发所有内容。

查找包的主要网站是 https://pub.dev/flutter。

在 Flutter 中，安装任何包通常遵循下列步骤。

（1）为了使用 CircularPercentIndicator 包，可在 https://pub.dev/flutter 中查找 percent_indicator。相应地，第一个结果应为所需的包，即 percent_indicator 库，如图 3.6 所示。

（2）单击 library 超链接。包页面显示有关如何安装和使用包的信息和示例。对于任何包，都需要在 pubspec.yaml 配置文件中添加依赖项。

（3）复制图 3.6 中 Getting Started 部分的依赖项。在本书编写时，它是 percent_indicator: "^2.1.1+1"，目前可能已经发生变化。

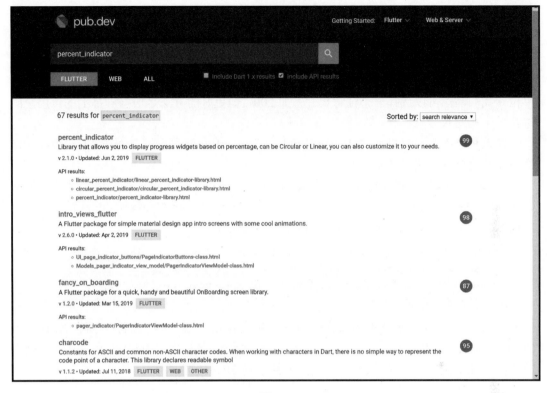

图 3.6

（4）在应用程序根文件夹中打开 pubspec.yaml 文件。每个 Flutter 项目都有一个采用 YAML 语言编写的、名为 pubspec.yaml 的文件。这也是 Flutter 项目中指定所需依赖项的地方。

（5）查找依赖项部分，并将 percent_indicator 依赖项添加至 Flutter SDK 下，代码如下。

```
dependencies:
 flutter:
  sdk: flutter
 percent_indicator: ^2.1.1+1
```

percent_indicator 依赖项必须像 Flutter 依赖项一样缩进，如上述代码，因为 YAML 文件使用缩进来表示层之间的关系。

（6）在 main.dart 文件中，添加 percent_indicator 导入语句，代码如下。

```
import 'package:percent_indicator/percent_indicator.dart';
```

（7）在列中，删除"hello"文本，并在其位置上使用 CircularPercentIndicator。我们将它包含在一个 Expanded 微件中，以便它占用列中所有可用的垂直空间。对应代码显示在步骤（9）下方。

（8）CircularPercentIndicator 需要一个 radius 属性来表示圆的大小，并以逻辑像素为单位。我们当然可以选择一个任意尺寸，如 200，但更好的方法是根据屏幕上的可用空间选择一个相对尺寸。

在这种情况下，可以使用 LayoutBuilder。LayoutBuilder 提供了父微件的约束，这样就可以知道微件占用多少空间。

（9）在 Scaffold 的主体中，可在其 builder()方法中返回 LayoutBuilder，而不是返回 Column。我们将通过调用传递给该方法的 Boxconstraints 实例的 maxWidth 属性，来找到可用宽度，并将其放入 availableWidth 常量中，代码如下。

```
body: LayoutBuilder(builder: (BuildContext context, BoxConstraints
constraints) {
    final double availableWidth = constraints.maxWidth;
    return Column(children: [
```

（10）在 Column 微件中包含 Work 和 Break 按钮的第一行下面，添加一个 CircularPercentIndicator。圆的半径为 availableWidth 的一半，lineWidth 为 10。对于较粗的边框，还可以尝试其他值，如 15 甚至是 20。代码如下。

```
Expanded(
  child: CircularPercentIndicator(
  radius: availableWidth / 2,
  lineWidth: 10.0,
  percent: 1,
  center: Text("30:00",
  style: Theme.of(context).textTheme.display1),
  progressColor: Color(0xff009688),
, ),
```

至此，应用程序主屏幕的布局已经完成。接下来，需要添加逻辑，并使计时器真正计算时间。

3.3　在 Flutter 中使用流和异步编程

到目前为止，本书介绍了两种微件：无状态和有状态微件。状态允许在微件的生命周期内使用可能发生变化的数据。虽然这在一些情况下可以完美地工作,但还有其他方法可以在应用程序中更改数据,其中之一就是使用流。

流提供了数据的异步序列。

这里的关键概念是,流是异步的,这是编程中一个非常强大的概念。异步编程允许一段代码与主执行行分开运行。这意味着多个任务可以同时执行,而不是顺序运行。

Dart 是一种单线程编程语言,它使用隔离区同时处理多个任务。

隔离区是应用程序线程中的一个空间,具有自己的私有内存和执行行。

在图 3.7 中可以看到,次要进程或后台进程是如何在不阻塞主进程的情况下与主进程并行运行的:主执行行负责响应用户输入、处理动画、构建小部件以及处理 UI。

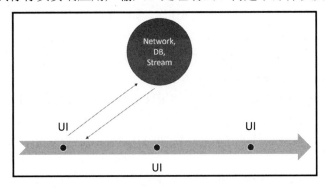

图 3.7

当必须执行长时间运行的操作(如网络调用)时,该操作将在另一个执行行中执行,即 Dart 中的隔离区。当操作完成后,主隔离区接收一条消息,并根据需要对其进行处理。

也许一个现实世界的例子会让这一切变得简单一些。

示例 1:单进程编程

● 假设读者去一家不错的餐厅,服务员来到桌子前为你点菜:一盘香蒜沙司意大利面。

● 服务员也是厨师,所以他去厨房备菜。这需要 25 分钟。

● 与此同时,其他顾客进入餐厅。

● 菜准备好后,服务员来到桌子前为你上菜,你吃得很满意。

● 问题是在备菜所需的 25 分钟时间里,餐厅的其他顾客都在等待且无法下单。所以,他们中的一些人离开了,并抱怨下单的时间太长了。

示例 2:异步编程

● 假设读者去一家不错的餐厅,服务员来到桌子前为你点菜:一盘香蒜沙司意大利面。

● 服务员把点菜的那张纸递给厨房,厨师开始备菜。这大约花费服务员 1 分钟的时间。

- 其他顾客进入餐厅，服务员为他们点单并递到厨房。
- 25 分钟后，厨房的铃声响起，服务员来到餐桌前为你上菜，你吃得非常满意。
- 在备菜所需的 25 分钟内，餐厅里的其他顾客都点了菜，所有人都在合理的时间内得到了服务。

这两个示例（当然，这两个示例过度简化了经营餐厅所涉及的工作）的关键是并发性。当两个或多项任务可以在重叠的时间段内启动、运行和完成时，就会出现并发性。

在示例中，当服务员接受订单（主隔离区）时，厨师可以准备菜肴。准备时间不会改变（总是需要 25 分钟），但是主执行行总是响应用户请求，因为长时间运行的操作是在次级隔离区中执行的。

应用程序中存在一个长时间运行的操作时，如 HTTP 连接或数据库连接，应该始终将其设置为异步操作。这背后的逻辑是，你可能持有一个缓慢的连接，所以检索数据可能会阻塞应用程序较长时间，或者更新数据所需的时间也可能很长，从而使应用程序毫无响应。

在 Flutter 中，一些任务只能以异步方式执行。

这一点在移动应用中尤其重要，因为如果在主线程中运行长时间的操作，用户会看到屏幕处于“冻结”状态，且无法以任何方式与应用程序进行交互。几秒钟后，操作系统可能会向用户发出一条消息，询问他们是继续等待还是关闭应用程序。实际上，应极力避免出现该消息。

在 Flutter 中，有两种类型的异步结果：Future 和 Stream（流）。我们稍后再讨论 Future。流是一个结果序列。所以，回到之前的例子，流就像一家餐馆，盘子不断地送到桌子上。想象一下寿司店里的传送带，或者巴西餐馆里的菜肴（一直上菜），直到桌子上放了一个“停止”的标志。

下面实际考察应用程序中的流，具体步骤如下。

（1）为 CircularPercentIndicator 创建一个模型，它接收一个文本和一个百分比：在应用程序的 lib 文件夹中，添加一个名为 timermodel.dart 的文件。

（2）在 timermodel.dart 文件中，添加一个名为 TimerModel 的类，该类带有两个字段和一个设置这两个字段的构造函数，代码如下。

```
class TimerModel {
  String time;
  double percent;

  TimerModel(this.time, this.percent);
}
```

（3）在应用程序的 lib 文件夹中创建一个名为 timer.dart 的新文件，代码如下。

```
import 'dart:async';
import './timermodel.dart';

class CountDownTimer {
  double _radius = 1;
  bool _isActive = true;
  Timer timer;
  Duration _time;
  Duration _fullTime;
}
```

在上面的代码中，创建了一个名为 CountDownTimer 的新类，它有 5 个字段。其中，_radius 表示完成时间的百分比；_isActive 布尔值将告诉我们计时器是否处于活动状态。当用户按下停止按钮时，计时器将变为非活动状态。

Timer 是一个可用来创建倒计时计时器的类。我们创建了一个名为 Timer 的计时器。此外，还有两个时长字段：_time 表示剩余时间，_fulltime 表示开始时间（例如，短暂休息时间，可能是 5 分钟）。

（4）在返回将在 CircularProgressIndicator 中的显示时间之前，需要执行一些格式化操作。在 CountDownTimer 中，可创建一个函数执行该操作，代码如下。

```
String returnTime(Duration t) {
  String minutes = (t.inMinutes<10) ? '0' +
  t.inMinutes.toString() :
  t.inMinutes.toString();
  int numSeconds = t.inSeconds - (t.inMinutes * 60);
  String seconds = (numSeconds < 10) ? '0' +
  numSeconds.toString() :
  numSeconds.toString();
  String formattedTime = minutes + ":" + seconds;
  return formattedTime;
}
```

Duration 是一个 Dart 类，用于包含一段时间。在前面的代码中，传递给函数的 Duration 被转换成一个字符串，其中，分钟和秒都显示为两位数，例如，"05:42"。

使用 inMinutes 属性，可获得分钟；使用 inSeconds，则获得 Duration 对象中的总秒数。如果分钟或秒只有一个数字，应确保在数字前加一个 "0"，然后用 ":" 符号将两个值连接起来。在函数的末尾，返回格式化的字符串。

（5）在字段下面创建 stream()方法。async 后面的星号（*）表示正在返回一个流，代码如下。

```
Stream<TimerModel> stream() async* {
    yield* Stream.periodic(Duration(seconds: 1), (int a) {
      String time;
      if (this._isActive) {
        _time = _time - Duration(seconds: 1);
        _radius = _time.inSeconds / _fullTime.inSeconds;
        if (_time.inSeconds <= 0) {
          _isActive = false;
        }
      }
      time = returnTime(_time);
      return TimerModel(time, _radius);
    });
}
```

stream()方法返回一个 Stream。

Stream 是泛型的，这意味着可以返回任何类型的 Stream。在当前例子中，返回一个 TimerModel 的流。对应方法是异步的（async*）。在 Flutter 中，Future 使用 async（不带 *号），流使用 async*（带*号）。

流和 Future 的区别是什么？流中可以返回任意数量的事件，而 Future 只返回一次。

在将一个函数标记为 async*时，正在创建一个生成器函数。

（6）此处使用 yield*语句来传递结果。为了简单起见，它就像一个返回语句，但并不结束函数。如前所述，在 yield 之后使用"*"号是因为返回的是一个 Stream；如果它是一个单一的值，则可使用 yield。代码如下。

```
yield* Stream.periodic(Duration(seconds: 1), (int a) {
```

Stream.periodic()是一个构造函数，它创建流，并以第一个参数中指定的时间间隔发送事件。在当前代码中，每 1 秒将发出一个值。

（7）声明一个名为 time 的字符串，并检查_isActive 字段是否为 true，代码如下。

```
String time;
if (this._isActive) {
```

_isActive 字段若为 true，将时间的值减少 1 秒，代码如下。

```
_time = _time - Duration(seconds: 1);
```

（8）更新_radius 值，这个值表示剩余时间除以总时间，代码如下。

```
_radius = _time.inSeconds / _fullTime.inSeconds;
```

该值从倒计时开始时的 1 减小到倒计时结束时的 0。

（9）检查_time 字段是否降至 0，若是，则将_isActive 的值更改为 false 以停止倒计时，代码如下。

```
if (_time.inSeconds <= 0) {
   _isActive = false;
}
```

可调用 returnTime()方法将剩余时长转换为字符串，代码如下。

```
time = returnTime(_time);
```

最后，返回包含 time 字符串和_radius 双精度值的 TimerModel 对象。

```
return TimerModel(time, _radius);
```

因此，该函数返回一个 TimerModel 流，持续时间每秒递减。

接下来将启动计时器，并在主视图上显示结果。

3.3.1　在主屏幕上显示时间——StreamBuilder

当前，主屏幕未发生任何变化，需要向用户显示倒计时结果，同时确保用户在必要时能够启动和终止计时器，具体步骤如下。

（1）我们将从创建计算工作时间的函数开始。现在，我们希望工作时间为 30 分钟（稍后将使其可编辑）。因此，在 timerdart 文件的 CountDownTimer 类中，创建一个名为 work 的字段，并将其设置为 30。这是工作时间的默认时长，代码如下。

```
int work = 30;
```

（2）在 CountDownTimer 类中，创建一个 void 函数，将_time 时长设置为 work 变量中包含的时长，并对_fullTime 字段进行相同设置，代码如下。

```
void startWork() {
  _radius = 1;
  _time = Duration(minutes: this.work, seconds: 0);
  _fullTime = _time;
 }
```

（3）startWork()方法应该在主屏幕加载时调用。在 main.dart 文件中，导入 timer.dart，代码如下。

```
import './timer.dart';
```

（4）在 MyApp 类顶部，创建名为 timer 的 CountDownTimer 变量，代码如下。

```
final CountDownTimer timer = CountDownTimer();
```

（5）在 MyApp 的 build()方法顶部，调用 startWork()方法，代码如下。

```
timer.startWork();
```

（6）当前可以访问计时器属性，即 time 和 radius，并在屏幕上显示它们——在 build_()方法中 Column 的 CircularPercentIndicator 中，代码如下。

```
return Expanded(
    child: CircularPercentIndicator(
        radius: availableWidth / 2,
        lineWidth: 10.0,
        percent: timer.percent,
        center: Text( timer.time,
            style: Theme.of(context).textTheme.headline4),
        progressColor: Color(0xff009688),
));
```

尝试运行应用程序，应该可以看到计时器，但倒数功能未激活。这是因为仍然缺少流的一个重要部分，即 StreamBuilder。当想要监听来自流的事件时，需要使用 StreamBuilder。StreamBuilder 会在 Stream 中出现任何更改时，重建它的子元素。

接下来将在应用程序中使用 StreamBuilder，并将 Expanded 微件嵌入 StreamBuilder 中，步骤如下。

（1）设置一些 initialData，让构建器在等待来自流的数据时显示一些内容。

（2）设置在 TimerModel 类中创建的流本身。

（3）需要设置一个生成器：它接收一个上下文和一个 AsyncSnapshot 类型的快照，每次从流中获取数据时，子生成器都会被重建。AsyncSnapshot 包含与 StreamBuilder（或 FutureBuilder）最近一次交互的数据信息。

接下来，将 CircularPercentIndicator 封装至 StreamBuilder 中，代码如下。

```
child: StreamBuilder(
    initialData: '00:00',
    stream: timer.stream(),
```

```
builder: (BuildContext context, AsyncSnapshot snapshot) {
    TimerModel timer = (snapshot.data == '00:00') ?
    TimerModel('00:00',
        1) : snapshot.data;
        return Expanded(
        child: CircularPercentIndicator(
        radius: availableWidth / 2,
        lineWidth: 10.0,
        percent: timer.percent,
        center: Text( timer.time,
            style: Theme.of(context).textTheme.headline4),
        progressColor: Color(0xff009688),
    ));
}))),
```

在上述代码中,应注意快照包含一个 data 属性,这是从 CountDownTimer 类的 stream()
方法中的 yield*接收到的数据,该方法返回一个 TimerModel 对象。

如果现在尝试运行这个应用程序,计时器应该可以正常工作。但是,当计时器工作时,
用户现在无法与应用程序互动。当用户单击其中一个按钮时,我们需要做出响应。接下来
将为应用程序添加交互性。

3.3.2　启动按钮

首先,实现 Start 和 Stop 按钮。对此,返回至 timer.dart 文件进行操作。

(1)添加名为 stopTimer 的 void 方法,并将_isActive 设置为 false,代码如下。

```
void stopTimer() {
  this._isActive = false;
  }
```

(2)编写名为 startTimer 的另一个方法,该方法检查剩余时间是否大于 0,并将
_isActive 设置为 true,代码如下。

```
void startTimer() {
  if (_time.inSeconds > 0) {
    this._isActive = true;
  }
}
```

（3）在 main.dart 文件中，从 Start 和 Stop 按钮中调用这两个新方法，代码如下。

```
Expanded(
    child: ProductivityButton(
        color: Color(0xff212121),
        text: 'Stop',
        onPressed: () => timer.stopTimer())),
Padding(
    padding: EdgeInsets.all(defaultPadding),
),
Expanded(
    child: ProductivityButton(
        color: Color(0xff009688),
        text: 'Restart',
        onPressed: () => timer.startTimer())),
```

尝试运行应用程序时，即可启动和终止计时器。

下面处理上方按钮，我们需要让'Work'、'Short Break'和'Long Break'可供用户使用。暂时将对 3 个按钮的持续时间进行硬编码，稍后将赋予用户设置该值的权利。具体步骤如下。

（1）在 timer.dart 文件中，针对短时间休息和长时间休息，在 CountDownTimer 类中声明两个变量。

```
int shortBreak = 5;
int longBreak = 20;
```

（2）针对短时间休息和长时间休息添加一个方法，代码如下。

```
void startBreak(bool isShort) {
    _radius = 1;
    _time = Duration(
        minutes: (isShort) ? shortBreak: longBreak,
        seconds: 0);
    _fullTime = _time;
}
```

（3）在 main.dart 文件中，向上方 3 个按钮添加正确的方法，代码如下。

```
Expanded(
    child: ProductivityButton(
        color: Color(0xff009688),
        text: "Work",
```

```
      onPressed: () => timer.startWork())),
Padding(
   padding: EdgeInsets.all(defaultPadding),
),
Expanded(
   child: ProductivityButton(
      color: Color(0xff607D8B),
      text: "Short Break",
      onPressed: () => timer.startBreak(true))),
Padding(
padding: EdgeInsets.all(defaultPadding),
),
Expanded(
   child: ProductivityButton(
      color: Color(0xff455A64),
      text: "Long Break",
      onPressed:() => timer.startBreak(false))),
```

注意，onPressed 参数接收一个函数作为其值。因为在 Dart 和 Flutter 中，可以在构造函数或其他方法中传递一个函数作为参数。

如果尝试运行应用程序，可以看到，全部功能均正常。当前，仅需用户选择他们的工作和休息时间，并将其保存在设备内容中。对此，需要一个设置屏幕，下面将对此加以讨论。

3.4　访问设置路由

当前，应用程序可正常工作，但用户无法更改计时器的时间设置。对于某些人来说，15 分钟可能是最长的工作时间，而对于某些任务，90 分钟可能更好。所以，本节将为应用程序构建一个设置屏幕，用户将能够在其中设置更适合他们的时间块。在构建这一部分应用程序时，将学习一种简单有效的方法用来将数据保存到 Flutter 设备上。

最终，设置屏幕如图 3.8 所示。

在应用程序的 lib 文件夹中，添加一个新文件，并将其命名为 settings.dart。具体步骤如下。

（1）创建一个 SettingsScreen StatelessWidget，在 build()方法中，它将返回一个

Scaffold，带有标题为'Settings'的 AppBar，以及一个带有'Hello World' Text 的容器，现在将其用作占位符，代码如下。

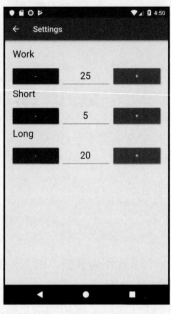

图 3.8

```
import 'package:flutter/material.dart';
class SettingsScreen extends StatelessWidget {
  @override
  Widget build(BuildContext context) {
    return Scaffold(
      appBar: AppBar(title: Text('Settings'),),
      body:Container(
        child: Text('Hello World'),
      ));
    }
}
```

（2）目前，尚无方法到达设置路由，因此需要添加一个函数用来从主屏幕上打开它。

☑ 注意：

在 Flutter 中，屏幕或页面被称为路由。本书将把这些术语当作同义词来使用。

返回 main.dart 文件，在 TimerHomePage 类的 build()方法中添加下列代码。

```
final List<PopupMenuItem<String>> menuItems =
List<PopupMenuItem<String>>();
 menuItems.add(PopupMenuItem(
 value: 'Settings',
 child: Text('Settings'),
 ));
```

在 Flutter 中，按下 PopupMenuButton 时将显示菜单。在它的 itemBuilder 属性中，可以显示一个 PopupMenuItems 列表。这就是为什么在这部分代码中，创建了一个 PopupMenuItems 列表，即使此时菜单只有一个项目。

（3）为了让 PopupMenuButton 显示在屏幕上，可将其添加到 Scaffold 中的 AppBar 中，代码如下。

```
appBar: AppBar(
    title: Text('My Work Timer'),
    actions: [
        PopupMenuButton<String>(
        itemBuilder: (BuildContext context) {
            return menuItems.toList();
        },
```

在图 3.9 中，可以看到单击 PopupMenuButton 之前和之后的效果。

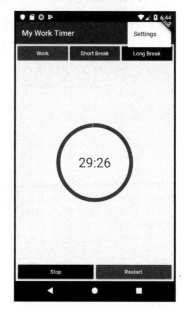

图 3.9

（4）创建一个 goToSettings()方法，这是实际导航到 Settings 路由的方法。

Flutter 中的导航是基于堆栈的。堆栈包含应用程序从执行开始构建的屏幕。当需要在 Flutter 应用程序中更改屏幕时，可以使用 Navigator 对象。

Navigator 提供了多个与堆栈交互的方法，现在只需要考虑其中的两个方法，即 push()方法和 pop()方法。push()方法将一个新页面放在堆栈的顶部。pop()方法删除堆栈顶部的页面，以便堆栈上的前一个屏幕再次可见。

当使用 push()方法时，需要指定一个路由，即需要加载的屏幕。对此，可使用 MaterialPageRoute 类，在其中指定需要压入的页面名称。另外，push()和 pop()方法都需要当前上下文。

下面通过 push()和 pop()方法以及图像理解导航流，如图 3.10 所示。

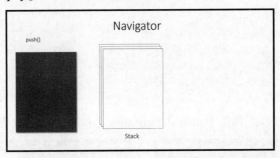

图 3.10

当调用 Navigator 的 push()方法时，新的路由或屏幕将到达导航栈的顶端，如图 3.11 所示。

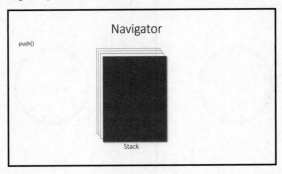

图 3.11

pop()方法则从导航栈中移除当前屏幕，如图 3.12 所示。

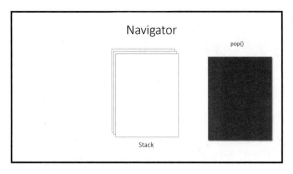

图 3.12

（5）编写 goToSettings()方法的代码，代码如下。

```
void goToSettings(BuildContext context) {
  Navigator.push(
  context, MaterialPageRoute(builder: (context) =>
  SettingsScreen()));
}
```

（6）不要忘记引入 settings.dart，代码如下。

```
import 'settings.dart';
```

然后，在 Scaffold 的 appBar 中添加一些动作来指定一个 PopupMenuButton，其中的 itemBuilder 包含 menuItems，代码如下。

```
actions: [
   PopupMenuButton<String>(
     itemBuilder: (BuildContext context) {
        return menuItems.toList();
     },
     onSelected: (s) {
        if(s=='Settings') {
           goToSettings(context);
        }
     )
],
```

尝试运行应用程序，并可在屏幕间导航。

接下来，将创建 Settings 屏幕的布局。

3.5　构架 Settings 屏幕布局

应用程序的设置需要保持状态，所以创建一个名为 Settings 的有状态微件。如果正在使用一个支持的编辑器（VS Code、IntelliJ IDEA 或 Android Studio），那么可以只输入 stful 快捷方式来节省一些输入，这将创建一个新的有状态微件的模板代码。

在 settings.dart 文件中，在文件末尾输入 stful 并将 Settings 作为微件的名称，代码如下。

```
class Settings extends StatefulWidget {
  @override
  _SettingsState createState() => _SettingsState();
}
class _SettingsState extends State<Settings> {
  @override
  Widget build(BuildContext context) {
    return Container(
    );
  }
}
```

在设置页面中，稍后将向 Settings 屏幕中添加一个 GridView 以构建 UI。

3.5.1　使用 GridView.Count()构造函数

可以使用 Row 和 Column 微件的组合构建屏幕，但此处将使用一个新的微件，即 GridView。

GridView 是一个可滚动的 2D 微件数组，可以使用它以表格形式向用户显示一些数据。

GridView 的应用案例包括图片库、歌曲列表、电影列表以及许多其他情况。GridView 是可滚动的，并且有两个维度。换句话说，它是一个可滚动的表格，可以水平或垂直滚动。GridView 包含几个构造函数，涵盖了几个不同的用例，但是，对于当前应用程序来说，将使用 GridView.count()构造函数。当知道网格在屏幕上显示的项目数量时，可以使用该函数，代码如下。

```
class _SettingsState extends State<Settings> {
  @override
  Widget build(BuildContext context) {
    return Container(
```

```
    child: GridView.count(
      scrollDirection: Axis.vertical,
      crossAxisCount: 3,
      childAspectRatio: 3,
      crossAxisSpacing: 10,
      mainAxisSpacing: 10,
      children: <Widget>[],
      padding: const EdgeInsets.all(20.0),
    )
  );
 }
}
```

我们设置的第一个属性是滚动方向，即 Axis.Vertical。这意味着，如果 GridView 的内容大于可用空间，则内容将垂直滚动。

随后设置 crossAxisCount 属性：当垂直滚动时，这表示将出现在每行上的项目数量。childAspectRatio 属性决定了 GridView 中子元素的大小。该值表示 itemWidth/itemHeight 的比率。在这种情况下，通常设置为 3，可以说宽度是高度的 3 倍。

由于 GridView 的子视图之间默认不存在空间，因此可以使用 mainAxisSpacing 参数为主轴添加一些间距，并将其值设置为 10。

此外，也可以对横轴做相同的处理，同样把值设为 10。为了完成当前示例，添加了 EdgeInsets.all 为 20 的内间距。

3.5.2　向 widgets.dart 文件添加自定义 SettingButton

正如对 ProductivityButton 所做的那样，为了减少不必要的代码重复，可以创建一个在 Settings 屏幕中多次重用的按钮。这个按钮包含一些不同于 ProductivityButton 的属性，因此将通过以下步骤创建一个新的微件。

（1）在 widgets.dart 文件中，创建一个名为 SettingButton 的新的无状态微件，代码如下。

```
class SettingButton extends StatelessWidget {
  @override
  Widget build(BuildContext context) {
    return Container(
    );
  }
}
```

该类包含一些新属性，并可在构造方法中使用，代码如下。

```
final Color color;
final String text;
final int value;
SettingsButton(this.color, this.text, this.value);
```

（2）接下来将返回一个 MaterialButton，而不是返回一个 Container，并将使用构造函数中设置的属性，代码如下。

```
return MaterialButton(
  child:Text(
  this.text,
  style: TextStyle(color: Colors.white)),
  onPressed: () => null,
  color: this.color,
  );
}
```

当前，onPressed 属性中的方法仅返回 null，稍后将对此进行修改。

（1）返回 settings.dart 文件，以便将其置入 GridView。

（2）在 settings.dart 文件中，在 SettingsState 类的 build()的顶部，创建一个 TextStyle，用于指定字体的大小，代码如下。

```
TextStyle textStyle = TextStyle(fontSize: 24);
```

（3）在 GridView.count()构造函数的子参数中，插入需要放置在屏幕上的所有微件，代码如下。

```
children: <Widget>[
  Text("Work", style: textStyle),
  Text(""),
  Text(""),
  SettingsButton(Color(0xff455A64), "-", -1),
  TextField(
    style: textStyle,
    textAlign: TextAlign.center,
    keyboardType: TextInputType.number),
  SettingsButton((0xff009688), +", 1,),
  Text("Short", style: textStyle),
  Text(""),
  Text(""),
  SettingsButton(Color(0xff455A64), "-", -1, ),
```

```
TextField(
  style: textStyle,
  textAlign: TextAlign.center,
  keyboardType: TextInputType.number),
SettingsButton(Color(0xff009688), "+", 1),
Text("Long", style: textStyle,),
Text(""),
Text(""),
SettingsButton(Color(0xff455A64), "-", -1,),
TextField(
  style: textStyle,
  textAlign: TextAlign.center,
  keyboardType: TextInputType.number),
SettingsButton(Color(0xff009688), "+", 1,),
],
```

（4）当创建 GridView 时，每个单元格都具有相同的大小。在将 crossAxisCount 属性设置为 3 时，网格的每一行都包含 3 个元素。在第一行中，只放置 3 个文本，一个包含 "Work"，另外两个为空。这两个空文本只是为了确保下列微件在第二行中。

```
Text("Work", style: textStyle),
Text(""),
Text(""),
```

在第二行中，有两个按钮和一个 TextField。

TextField 是一个可用于与用户交互的微件，因为它们可以使用硬件键盘或屏幕键盘输入文本，随后可以读取输入的值。

（5）接下来的行重复这个模式。使用屏幕读写 3 个时间设置：工作时间、短休息时间和长休息时间，代码如下。

```
SettingButton(Color(0xff455A64), "-", -1),
TextField(
    style: textStyle,
    textAlign: TextAlign.center,
    keyboardType: TextInputType.number),
SettingButton(Color(0xff009688), "+", 1,),
```

（6）从 SettingsScreen 微件的 build()方法中调用 Settings()微件。此处将返回 Settings 类，而不是返回 Container，代码如下。

```
return Scaffold(
```

```
appBar: AppBar(
    title: Text('Settings'),
),
body: Settings()
);
```

（7）当尝试运行应用程序时，应可看到如图 3.13 所示的 Settings 屏幕。

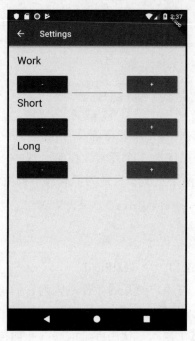

图 3.13

现在有了第二个屏幕的布局，但需要添加逻辑，因为我们想要读取和写入应用程序的设置。

3.6　使用 shared_preferences 读写应用程序数据

将数据保存到移动设备上有多种方法：可以将数据保存到文件中，或者可以使用本地数据库，如 SQLite，或者可以使用 SharedPreferences（在 Android 上）或 NSUserDefaults（在 iOS 上）。

☑ **注意：**

shared_preferences 不应该用于存储关键数据，因为存储在那里的数据没有加密，写入并不能够总是得到保证。

当使用 Flutter 时，可以利用 shared_preferences 库，它封装了 NSUserDefaults 和 SharedPreferences，这样就可以在 iOS 和 Android 上无缝存储简单数据，而无须处理两个操作系统的细节特征。

当使用 shared_preferences 时，数据总是以异步方式持久化到磁盘上。

SharedPreferences 是在磁盘上持久化键值数据的一种简单方法，只能存储基本数据：int、double、bool、String 和 stringList。

SharedPreferences 数据存储在应用程序中，因此，当用户卸载应用程序时，数据也将被删除。

SharedPreferences 不是为存储大量数据而设计的，但是，对于应用程序来说，这个工具是完美的。在后面的章节中，我们还将看到处理数据的其他不同方法。

我们需要在项目中包含 SharedPreferences。因此，在 pubspec.yaml 文件中需要添加依赖项，代码如下。

```
shared_preferences: ^0.5.6+2
```

在阅读本书时，版本号可能会有所不同，因此请查看库页面以使用正确的版本，对应网址为 https://pub.dev/packages/shared_preferences。

当想在 pubspec.yaml 文件中添加依赖项时，可以使用以下语法：package_name: version_number。

版本号是 3 个用点分隔的数字，如 1.2.34。此外，也可以在最后包含一个可选的版本（+1，+2）。

"^"符号告诉框架，从指定版本到（但不包括）下一个主版本的任何版本都是允许的。例如，^1.2.34 允许任何低于 2.0.0 的版本。

随后，需要在 settings.dart 文件中引入该库，代码如下。

```
import 'package:shared_preferences/shared_preferences.dart';
```

在讨论 SharedPreferences 的细节之前，需要一种在用户更改值时从 TextFields 读取数据的方法，并在加载屏幕且需要从 SharedPreferences 读取数据时向 TextField 写入数据。当使用 TextFields 时，读取和写入数据的有效方法是使用 TexttedingController，代码如下。

（1）在_SettingState 类顶部添加下列代码。

```
TextEditingController txtWork;
TextEditingController txtShort;
TextEditingController txtLong;
```

（2）重载 InitState 方法并设置新的 TextEditingControllers，代码如下。

```
@override
 void initState() {
   TextEditingController txtWork = TextEditingController();
   TextEditingController txtShort = TextEditingController();
   TextEditingController txtLong = TextEditingController();
   super.initState();
 }
```

这里将创建允许读取和写入 TextField 微件的对象。

接下来将 TextEditingController 添加到相关的 TextField 中，使用之前在 build()方法中创建的 3 个 TextField 的控制器属性来实现这一点，步骤如下。

（1）向工作时间的 TextField 添加控制器，代码如下。

```
controller: txtWork,
```

（2）针对短时休息的 TextField 执行相同的操作，代码如下。

```
controller: txtShort,
```

（3）向长时间休息的 TextField 添加控制器，代码如下。

```
controller: txtLong,
```

（4）在_SettingState 类顶部，创建常量和变量，并与 shared_preferences 交互，代码如下。

```
static const String WORKTIME = "workTime";
static const String SHORTBREAK = "shortBreak";
static const String LONGBREAK = "longBreak";
int workTime;
int shortBreak;
int longBreak;
```

（5）在_SettingState 类开始处，针对 SharedPreferences 创建一个变量。

```
SharedPreferences prefs;
```

接下来需要创建两个方法，其中，第一个方法从 shared_preferences 读取操作；第二个方法则写入用户生成的变化内容。

下面首先考察如何读取设置，步骤如下。

（1）在_SettingState 类的 build()方法后，添加一个名为 readSettings()的方法，代码如下。

```
readSettings() async {
 prefs = await SharedPreferences.getInstance();
 int workTime = prefs.getInt(WORKTIME);
 int shortBreak = prefs.getInt(SHORTBREAK);
 int longBreak = prefs.getInt(LONGBREAK);
 setState(() {
 txtWork.text = workTime.toString();
 txtShort.text = shortBreak.toString();
 txtLong.text = longBreak.toString();
 });
 }
```

该操作将是异步的。

异步操作返回 Future 对象，并于稍后完成。要挂起执行直到 Future 完成，需要在 async 函数中使用 await。

SharedPreferencesgetInstance()是异步的，因此可以使用 await 语句确保在执行下一行代码之前将 prefs 实例化。

（2）当调用 prefs.getInt(KEY)时，我们正在调用的是一个从 SharedPreferences 返回整数的方法——特别地，整数（作为键）包含作为参数传递的值。因此，如果有一个名为"work"的键和一个值 25，该函数将返回 25。如果传递的键没有值，该函数将返回 null。

对于希望存储的所有设置值，可重复此操作。然后，通过更改 textControllers 的 text 属性来更新类的状态。

简而言之，该函数从 SharedPreferences 读取设置的值，然后将这些值写入 textFields。

（3）在 readSettings()方法下方，创建一个写入设置的方法，即 updateSettings()方法，代码如下。

```
void updateSetting(String key, int value) {
switch (key) {
 case WORKTIME:
  {
    int workTime = prefs.getInt(WORKTIME);
    workTime += value;
```

```
      if (workTime >= 1 && workTime <= 180) {
        prefs.setInt(WORKTIME, workTime);
        setState(() {
          txtWork.text = workTime.toString();
        });
      }
    }
    break;
case SHORTBREAK:
  {
    int short = prefs.getInt(SHORTBREAK);
    short += value;
    if (short >= 1 && short <= 120) {
      prefs.setInt(SHORTBREAK, short);
      setState(() {
          txtShort.text = short.toString();
      });
    }
  }
  break;
case LONGBREAK:
  {
    int long = prefs.getInt(LONGBREAK);
    long += value;
    if (long >= 1 && long <= 180) {
      prefs.setInt(LONGBREAK, long);
      setState(() {
        txtLong.text = long.toString();
        });
      }
    }
    break;
  }
}
```

　　updateSettings()方法接收两个参数：一个键和一个值。我们希望用户通过单击屏幕上的"＋"和"－"按钮来更新值，因此"＋"按钮的值为1，"－"按钮的值为−1。

　　键是在类顶部声明的常量之一。该方法读取传递的键值并添加值（+1 或−1）。下列代码将读取保存的工作时间并加上 value。

```
int workTime = prefs.getInt(WORKTIME);
```

```
workTime += value;
```

接下来检查 workTime 是否在可接受的范围内（1～180 分钟）。

```
if (workTime >= 1 && workTime <= 180)
```

代码更新了传递的键，同时还更新了文本控制器的 text 属性，代码如下。

```
prefs.setInt(WORKTIME, workTime);
  setState(() {
    txtWork.text = workTime.toString();
});
```

随后针对其他两项设置，即 shortBreak 和 longBreak，重复相同的步骤。

接下来的问题是，何时调用这两个方法。

当屏幕显示时，需要立即读取值，因为我们希望在 TextFields 中显示它们。因此，在调用 super.initState()之前，可在 initState()方法中调用 readSettings()，代码如下。

```
@override
  void initState() {
    txtWork = TextEditingController();
    txtShort = TextEditingController();
    txtLong = TextEditingController();
    readSettings();
    super.initState();
  }
```

如果一切工作顺利，TextField 则包含对应值（首次尝试应用程序时为 null）。

我们希望在用户每次按下"+"或"-"按钮改变值时更新设置。这将改变相关 TextField 中的值，并更新 SharedPreferences 中的设置。

当按下任何按钮时，应该调用一个方法，更新正确的 TextField 和设置。对此，需要调整 SettingButton 微件。

返回 widgets.dart 文件并执行下列步骤。

（1）在类定义前，创建一个指向函数的指针，代码如下。

```
typedef CallbackSetting = void Function(String, int);
```

在 Dart 中，typedef 可以用作指向函数的指针。这是因为我们想用正确的参数从相关按钮调用函数。

（2）调整 SettingButton 微件，并添加两个新参数，即 setting 和 callback。

（3）更新后的 SettingsButton 如下。

```
class SettingsButton extends StatelessWidget {
  final Color color;
  final String text;
  final double size;
  final int value;
  final String setting;
  final CallbackSetting callback;
  SettingButton(this.color, this.text, this.size, this.value,
  this.setting, this.callback);
  @override
  Widget build(BuildContext context) {
    return MaterialButton(
        child:Text(
          this.text,
          style: TextStyle(color: Colors.white)),
        onPressed: () => this.callback(this.setting, this.value),
        color: this.color,
        minWidth: this.size,
        );
  }
```

注意，当前 onPressed 属性包含传递的方法的回调，以及设置和值参数。这是一种非常强大的方法，可将方法作为参数传递，包括它们的实参。

（4）在 settings.dart 文件中修复 SettingButton 微件的创建，代码如下。

```
SettingButton(Color(0xff455A64), "-", buttonSize, -1, WORKTIME,
updateSetting ),
SettingButton(Color(0xff009688), "+", buttonSize, 1, WORKTIME,
updateSetting),
SettingButton(Color(0xff455A64), "-", buttonSize, -1, SHORTBREAK,
updateSetting),
SettingButton(Color(0xff009688), "+", buttonSize, 1, SHORTBREAK,
updateSetting),
SettingButton(Color(0xff455A64), "-", buttonSize, -1,LONGBREAK,
updateSetting),
SettingButton(Color(0xff009688), "+", buttonSize, 1, LONGBREAK,
updateSetting),
```

如果尝试运行应用程序，可以看到还有一个问题需要解决，如图 3.14 所示。

相信读者已经猜到了结果：此处不应存在 null 字符串。问题是我们还没有向 SharedPreferences 中写入任何内容，无法执行写入操作，因为无法向 null 添加任何值。因

此，在应用程序第一次运行时，需要在 SharedPreferences 中写入一些默认设置，以便用户
能够在必要时做更改设置。

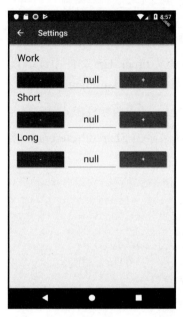

图 3.14

重构 readSettings()方法，以便当其中一个值为 null 时，它将用一些默认值填充设置，
代码如下。

```
readSettings() async {
 prefs = await SharedPreferences.getInstance();
 int workTime = prefs.getInt(WORKTIME);
 if (workTime==null) {
  await prefs.setInt(WORKTIME, int.parse('30'));
 }
 int shortBreak = prefs.getInt(SHORTBREAK);
 if (shortBreak==null) {
  await prefs.setInt(SHORTBREAK, int.parse('5'));
 }
 int longBreak = prefs.getInt(LONGBREAK);
 if (longBreak==null) {
  await prefs.setInt(LONGBREAK, int.parse('20'));
 }
 setState(() {
```

```
    txtWork.text = workTime.toString();
    txtShort.text = shortBreak.toString();
    txtLong.text = longBreak.toString();
  });
}
```

完成应用程序的最后一步是从 timer.dart 文件中读取设置。对此，需要执行下列步骤。

（1）在 timer.dart 顶部，导入 shared_preferences 包，代码如下。

```
import 'package:shared_preferences/shared_preferences.dart';
```

（2）创建一个方法以检索保存在 SharedPreferences 实例中的设置或设置默认值，代码如下。

```
Future readSettings() async {
    SharedPreferences prefs = await
SharedPreferences.getInstance();
    work = prefs.getInt('workTime') == null ? 30 :
prefs.getInt('workTime');
    shortBreak = prefs.getInt('shortBreak') == null ? 30 :
prefs.getInt('shortBreak');
    longBreak = prefs.getInt('longBreak') == null ? 30 :
prefs.getInt('longBreak');
  }
```

（3）在 startWork()方法的顶部，添加对 readSettings()方法的调用，代码如下。

```
void startWork() async{
    await readSettings();
    _radius = 1;
    _time = Duration(minutes: this.work, seconds: 0);
    _fullTime = _time;
  }
```

当运行应用程序时，即可看到该程序可正常运行。至此，我们完成了这一稍显复杂的应用程序。

读者可访问本书的 GitHub 存储库，并下载应用程序的完整代码。

3.7 本章小结

My Time 是一个简单的应用程序，但通过构建该应用程序，本章介绍了很多 Flutter

功能。特别是，我们已经使用了 GridView 布局——一个可滚动的 2D 微件数组，并以此通过表格形式向用户显示数据。

本章讨论了如何使用 Flutter 实现异步编程的方法。特别地，本章使用流来实现应用程序的倒计时功能，并且使用 StreamBuilder 监听来自流的事件。可以看到，Streambuilder 会在 Stream 更改时重建它的子节点。

随后，使用 Navigator 类，并通过方法（push()和 pop()方法）向用户显示不同的屏幕。

最后，本章介绍了为应用程序存储数据的一种简单而有效的方法，即 shared_preferences 库中的 SharedPreferences 类。此外还看到了如何使用 pubspec.yaml 文件在应用程序中安装外部库，并在 async 方法中使用 await 语句。

现在，可以在任何要构建的应用程序中保存简单的数据、创建多屏幕应用程序，并创建数据流。

在下一章中，将使用动画和手势控制构建一个简单的游戏。

3.8　本 章 练 习

在项目的最后，提供了一些问题以帮助读者记忆和复习本章所涵盖的内容。请尝试回答以下问题，如果有疑问，可查看本章中的内容，你会在那里找到所有的答案。

（1）GridView 垂直滚动的横轴是什么？

（2）如何从 SharedPreferences 检索值？

（3）使用哪个指令来检索屏幕的宽度？

（4）如何在应用程序中打开另一个屏幕？

（5）哪一个文件包含应用程序的所有依赖项？

（6）流和 Future 的区别是什么？

（7）如何更改 TextField 的值？

（8）如何创建一个新的 Duration 对象？

（9）如何在应用程序中添加菜单按钮？

（10）在应用程序中安装外部库的步骤是什么？

3.9　进一步阅读

本章的部分灵感来自卡尔·纽波特的《深度工作：在一个分心的世界中专注成功的规

则》一书。作者描述了在任何需要思考投入的活动中取得成功的关键途径之一。更多信息可以在 http://www.calnewport.com/books/deepwork/中找到。

　　许多开发人员在第一次接触异步编程时都很纠结。Dart 团队很好地解释了这个模型在 Dart 和 Flutter 中的工作原理。读者可访问 https://dart.dev/tutorials/language/futures 并查看许多内容和示例。

　　关于流的详细指南，读者可访问 https://dart.dev/tutorials/language/streams。

　　目前，有很多人对函数式编程感兴趣，我们在构建这个应用程序时使用的 typedef 声明是 Dart 的重要组成部分。如果读者有兴趣学习更多关于 Dart 函数式编程的知识，可以访问 https://buildflutter.com/functional-programming-with-flutter/。

第 4 章　Pong Game——2D 动画和手势

动画是一项重要的功能，可以添加至应用程序，以使应用程序更具吸引力。动画能够以用户满意的方式添加重要功能。例如，可采用动画通知用户操作已完成，或者通过动画获取用户输入。在任何一种情况下，动画需要赋予应用程序一个较好的外观，以帮助用户实现成功操作，好消息是 Flutter 对动画有很好的支持。

动画通常是游戏的组成部分，因此本章将创建一个简化的、单人版本的、古老的 Pong 游戏，其间将制作一个会在屏幕上弹跳的球，并使用球拍使其避免碰撞到屏幕的底部。

构建这个游戏将使我们有机会详细了解动画如何在 Flutter 中工作。此外还将看到如何在微件中添加手势检测，这是另一项重要功能。最后，将在游戏中添加一些随机性，以使其更加有趣。

像往常一样，我们将从头开始操作。最终结果可能并不会发布至应用商店，但这是一种以非传统方式看待动画的有趣方式，也是思考游戏逻辑的良好起点。

特别地，动画主题包含以下内容。

● 使用 Stack 和 Positioned 构建用户界面。
● 使用 Animation 和 AnimationController 构建 Tween 动画。
● 使用 GestureDetector。
● 使用 Dart Math 库中的 Random()方法。

4.1　技　术　需　求

读者可访问本书的 GitHub 存储库查看完整的应用程序代码，对应网址为 https://github.com/PacktPublishing/Google-Flutter-Projects。

为了理解书中的示例代码，应在 Windows、Mac、Linux 或 Chrome OS 设备上安装下列软件。

● Flutter 软件开发工具包（SDK）。
● 当进行 Android 开发时，需要安装 Android SDK。Android SDK 可通过 Android Studio 方便地进行安装。
● 当进行 iOS 开发时，需要安装 MacOS 和 Xcode。
● 模拟器（Android）、仿真器（iOS）、连接的 iOS 或 Android 设备，以供调试使用。

● 编辑器：建议安装 Visual Studio Code (VS Code)、Android Studio 或 IntelliJ IDEA。

4.2　构建应用程序的 UI

创建游戏的第一步是构建基本的 UI 组件。在生成新的应用程序后，将构建一个球体、一个球拍和表示分数的文本。

（1）创建一个名为 simple_pong 的新的应用程序。

（2）在 main.dart 文件中，在 MyApp 无状态微件的 build()方法中，将返回一个 MaterialApp，其标题为 Pong Demo。对于主题，则使用经典的蓝色作为 primarySwatch。

（3）在 MaterialApp 的主目录中，将放置一个 Scaffold，它的 AppBar 将接收一个包含 Simple Pong 的文本。

（4）在 body 中，此时将放置一个空的容器，并于随后对其进行更改。具体步骤如下。

```dart
import 'package:flutter/material.dart';

void main() => runApp(MyApp());

class MyApp extends StatelessWidget {
  @override
  Widget build(BuildContext context) {
    return MaterialApp(
        title: 'Pong Demo',
        theme: ThemeData(
            primarySwatch: Colors.blue,
        ),
        home: Scaffold(
        appBar: AppBar(
            title: Text('Simple Pong'),
        ),
        body: Container()
    ));
}}
```

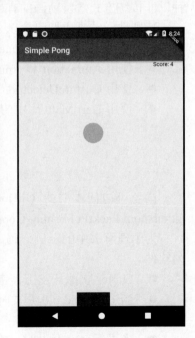

图 4.1

可以看到，大多数应用程序倾向于使用相同的模板代码。你可以改变颜色和样式，但大多数应用程序都可能有一个包含 Scaffold 的 MaterialApp 作为起点。

如图 4.1 所示，当前应用程序包含用户可以看到的 3

个 UI 元素：球体、球拍和分数文本。这 3 个元素需要包含在游戏自身的网格布局中。

接下来将构建 UI 组件。

4.2.1　创建球体

下面首先处理球体。这里，在项目中需有一个名为 ball.dart 的新文件。

（1）创建名为 ball.dart 的新文件，并在该文件中创建一个称作"Ball"的无状态微件，因为该微件在应用程序运行期间无须了解其位置或状态。动画将从调用类中修改球体微件的位置。

💡 提示：

记住，为了创建无状态微件，如果使用的是 Visual Studio Code、Android Studio 或 IntelliJ Idea，只需输入 stless，编辑器本身就会创建模板代码。

该文件的完整版本如下。

```
import 'package:flutter/material.dart';

class Ball extends StatelessWidget {

@override
Widget build(BuildContext context) {
    final double diam = 50;
    return Container(
        width: diam,
        height: diam,
        decoration: new BoxDecoration(
            color: Colors.amber[400],
            shape: BoxShape.circle,
        ),);
}}
```

（2）在 Ball 类中，首先可以将形状的直径设置为 50 个逻辑像素。当然，也可以根据自己的喜好随意缩小或扩大直径。

（3）然后返回一个容器，其高度和宽度将是刚刚设置的直径，装饰的形状将是 BoxShape.circle。

创建容器时，默认形状是矩形。通过指定 BoxShape.circle，可以非常简单地避免处理角度从而实现圆形形状。此处将颜色设置为 Colors.amber[400]。

☑ **注意：**

上述示例采用了 Colors.amber[400]。大多数颜色的值为 100～900，增量为 100，再加上颜色 50。数字越大，颜色越深，如 ColorsblueAccent 这样的强调色，具有较小的取值范围：100、200、400 和 700。

在球体制作完毕后，接下来将处理球拍。

4.2.2　创建球拍

球拍是用来防止球掉到屏幕底部的长方形图块，需要一个单独的文件。这里，创建一个名为 bat.dart 的文件。

（1）这也将包含一个无状态微件，因为球拍无须了解其位置或处理用户。所有动作将由调用者执行。

```
import 'package:flutter/material.dart';
class Bat extends StatelessWidget {
  @override
  Widget build(BuildContext context) {
    return Container();
  }
}
```

（2）球拍的宽度和高度取决于屏幕的大小，这些值将通过调用者传递。所以在 Bat 类中，创建两个 final 型双精度值，即 width 和 height。

```
final double width;
final double height;
```

（3）创建一个构造函数，接收两个参数并填充两个变量。

```
Bat(this.width, this.height);
```

（4）同样，build()方法将返回一个容器，其宽度和高度是在构造函数中传递的参数值，将有一个装饰，用于将背景颜色设置为 Colors.blue[900]。该类的最终代码如下。

```
import 'package:flutter/material.dart';
class Bat extends StatelessWidget {
  final double width;
  final double height;
  Bat(this.width, this.height);
  @override
```

```
  Widget build(BuildContext context) {
    return Container(
        width: width,
        height: height,
        decoration: new BoxDecoration(
          color: Colors.blue[900],
        ),);
}}
```

此时，我们有了 UI 的两个主要元素。稍后将在结合游戏逻辑时处理分数文本。现在，需要一个网格来容纳球体和球拍。

4.2.3　创建网格布局

下面针对游戏创建一个新文件，即 pong.dart。此处需要创建一个有状态微件，因为在类的生命周期内多个值发生了变化。

（1）使用 stful 快捷方式，创建名为 Pong 的新的有状态微件。

```
import 'package:flutter/material.dart';
import './ball.dart';
import './bat.dart';

class Pong extends StatefulWidget {
  @override
  _PongState createState() => _PongState();
}

class _PongState extends State<Pong> {
  @override
  Widget build(BuildContext context) {
    return Container();
  }}
```

（2）此处不返回 Container，而是返回 LayoutBuilder。当想测量上下文（包括父约束）中的可用空间时，这是一个有用的微件，并以此确保球体不会超出应用程序中的可见空间。

LayoutBuilder 微件在其构造函数中需要一个构建器，并接收一个带有上下文和约束的函数。在这个函数内部，将返回一个 Stack。

```
return LayoutBuilder(
    builder: (BuildContext context, BoxConstraints constraints)
```

```
{
        return Stack();
});
```

☑ 注意:

　　有几种方法可以实现这一点, 但是在 Flutter 可用的容器中, 有一种方法非常适合我们的目的, 这就是 Stack。Stack 是一个微件, 它根据框的边缘定位其子元素。

　　因为球体和球拍在整个游戏过程中都需要移动, 所以可以通过修改它们与 Stack 边界的距离来改变它们的位置。Stack 微件有一个 children 属性, 可以在其中放置 Stack 自身包含的所有元素。定位其中元素的一种方法是使用 Positioned 微件。其中, 可以指定顶部、左侧、底部或右侧属性。

☑ 注意:

　　Positioned 是一个微件, 它控制 Stack 的子元素的位置。

　　下面将 Ball 和 Bat 添加到 Stack 中。当前, 把球体放在位置 top:0 处, 这意味着在可用空间的顶部, 而球拍则放在位置 bottom:0 处, 这意味着在可用空间的底部。球拍的宽度为 200, 高度为 50, 但稍后将对此进行修改。

```
return Stack(
        children: <Widget>[
          Positioned(
            child: Ball(),
            top: 0
          ),
          Positioned(
            bottom: 0,
            child: Bat(200,25),)
        ], );
```

　　到目前为止, 为了能够尝试使用这个布局, 只需要从 main.dart 文件中的 MyApp 类调用 Pong()微件。首先, 需要在 MyApp 类的顶部导入。

```
import './pong.dart';
```

随后导入 Scaffold 的 body。

```
body: SafeArea(
    child: Pong()
)
```

☑ 注意：

SafeArea 是一个微件，它会自动在子元素上添加一些间距，以避免操作系统的扰乱，如屏幕顶部的状态栏或新款 iPhone 上的凹槽。

如果尝试运行应用程序，则可在屏幕的左上角和左下角分别看到球体和球拍，如图 4.2 所示。

在处理动画之前，首先准备该布局，以处理尺寸和位置方面的变化。在 _PongState 类的顶部，创建几个变量以处理可用的空间、球拍的尺寸以及球拍和球体的位置。

```
double width;
double height;
double posX = 0;
double posY = 0;
double batWidth = 0;
double batHeight = 0;
double batPosition = 0;
```

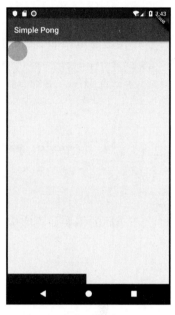

图 4.2

其中，width 和 height 表示屏幕上的可用空间；posX 和 posY 表示球体的水平和垂直位置；batWidth 和 batHeight 表示球拍的尺寸；batPosition 表示球拍的水平位置。由于球拍将保持在屏幕的底部，因而它无须实现垂直移动。

在 LayoutBuilder 内部，首先设置包含布局高度和宽度以及球拍尺寸的变量，这些值包含在 BoxConstraints 实例中，作为参数传递至 LayoutBuilder 的 builder()方法。

💡 提示：

BoxContraints 包含 4 个有用的属性，即 minWidth、minHeight、maxWidth 和 maxHeight，它们在运行时设置，在需要了解微件父元素的约束时非常有用。

球拍的大小相对于屏幕的尺寸而设定。因此，宽度为屏幕的 20%（width/5），高度为可用空间的 5%（height/20）。

在_PongState 类的 build()方法中，以及 LayoutBuilder 的 builder()方法中，添加下列代码。

```
builder: (BuildContext context, BoxConstraints constraints) {
```

```
    height = constraints.maxHeight;
    width = constraints.maxWidth;
    batWidth = width / 5;
    batHeight = height / 20;
    return Stack(
        ...
```

在构造器返回的 Stack 中，当构造球拍时使用这些值，代码如下。

```
return Stack(
    children: <Widget>[
        Positioned(child: Ball(), top: 0),
        Positioned(
            bottom: 0,
            child: Bat(batWidth, batHeight),
        )
    ],
);
```

在布局的主要元素完成后，下面开始构建动画。

4.3　使 用 动 画

为了创建动画，并使球体在屏幕中运动，需要使用 3 个类，这也是 Flutter 中大多数动画的基础。

- 第一个类被称为 Animation。Animation 类接收一些值并将它们转换为动画。Animation 的实例并没有绑定到屏幕上的任何微件，因此它不知道屏幕上发生了什么，但该类设置了监听器，可以在每次帧变化期间检查动画的状态。
- 第二个类是 AnimationController。顾名思义，AnimationController 控制动画对象。例如，可以使用它来启动动画、设置一个持续时间，并在需要时重复动画。AnimationController 可以控制多个动画。对于本章的项目，将只使用一个动画。
- 最后一个类是 Tween。Tween 是 in between 的缩写，包含在动画过程中需要改变的属性值，例如，如果一个微件在左侧从 0～200 实现动画，那么 Tween 将表示为 1、2、3……直至 200。

接下来将在代码中实际查看这些类，并在屏幕间移动球体。

（1）在_PongState 类顶部，创建包含 Animation 和 AnimationController 实例的变量。

```
Animation<double> animation;
AnimationController controller;
```

（2）重载 initState()方法。

```
@override
void initState() {
    super.initState();
}
```

读者可能想知道 initState()方法是什么。对此，查看图 4.3。

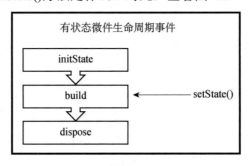

图 4.3

有几个事件方法在有状态微件的生命周期中会被调用。

当一个 State 被创建时，initState()方法被调用。可以将此方法用于任何初始化，因为它只被调用一次。

在本项目和以前的项目中，我们已经多次使用 build()方法。值得注意的是，每次调用 setState()方法时，build()方法都会自动触发。这里可以放置那些变化的值，但对于任何初始化值都是无用的，因为每次调用 setState()方法时都会覆盖这些值。在任何有状态微件的生命周期结束时，都可以重载 dispose()方法。这有助于从系统中释放资源。

因此，根据上述描述，读者可能猜到需要在 initState()方法中设置球体动画，并在 build()方法中设置球体的位置。这里将构建的第一个动画是将球体从位置(top:0,left:0)移动到(top:100, left:100)。

（1）讨论 initState()方法。此处使用 posX 表示球体的水平位置，posY 表示球体的垂直位置。在动画开始时，两个值皆为 0。

（2）初始化 AnimationController，其持续时间为 3s，因为我们希望球体花费 3s 从位置(0,0)移动至位置(100,100)。

（3）AnimationController 需要一个 TickerProvider，它通过构造函数中的 vsync 参数来配置。将 vsync 属性设置为 this。

```
@override
void initState() {
    posX = 0;
    posY = 0;
    controller = AnimationController(
        duration: const Duration(seconds: 3),
        vsync: this, );
    super.initState();
}
```

（4）可以看到，此处将得到一个错误，这是因为 vsync 需要一个 TickerProvider。为了解决这个问题，需要在状态中添加 with SingleTickerProviderStateMixin 子句。

```
class _PongState extends State<Pong> with
SingleTickerProviderStateMixin
```

在面向对象编程语言中，Mixin 是一个包含方法的类，这些方法可以被其他类使用，而无须成为其他类的父类。这就是在 Flutter 中使用 with 子句的原因，因为通过这种方式，我们是在包含类，而不是从类继承。换句话说，Mixin 是一种在多个类层次结构中重用类中代码的方法。

☀ 提示：

如果打算深入了解 Dart 中的 Mixin，Medium 上提供了一篇优秀的文章，对应网址为 https://medium.com/flutter-community/dart-what-are-mixins-3a72344011f3。

SingleTickerProviderStateMixin 提供一个 Ticker。简单来说，Ticker 是一种以几乎有规律的间隔发送信号的类，在 Flutter 中，大约是每秒 60 次，或者如果你的设备支持的话，每 16 毫秒一次，这种频率通常被称为帧速率。

（5）在_PongState 类的 initState()方法中，在 AnimationController 下创建动画自身。

```
animation = Tween<double>(begin: 0, end: 100).animate(controller);
animation.addListener(() {
    setState(() {
    posX++;
    posY++;
});
```

这里使用了 Tween。如前所述，Tween 是开始值和结束值之间的线性插值。起始值为

0，结束值为 100。随后调用 animate()方法，传递刚刚创建的控制器。最后结果将返回动画本身。

（6）在动画中调用 addListener()方法设置一个监听器，这将在对象发生变化时被调用。

（7）在 setState()方法中，只需在动画的每次迭代中递增水平和垂直位置，这样球体就会在两个方向上移动 100 个像素。

（8）最后一步是更改球体 Positioned 微件的顶部和左侧参数。它们都将获取动画值，这是在创建 Tween 时定义的，介于 0～100。基本上，球体从位置(0,0)移动到位置(100,100)需要 3s。

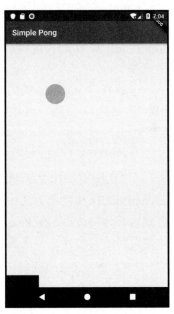

图 4.4

```
return Stack(
  children: <Widget>[
  Positioned(
  child: Ball(),
  top: posY,
  left: posX,
),
```

（9）为了启动动画，在 initState()方法中，在 super.initState()指令之前，调用控制器上的 forward()方法。

```
controller.forward();
```

（10）如果尝试运行应用程序，可看到球体缓慢移至右下角，最终位置如图 4.4 所示。

综上所述，使用动画控制器定义动画应该运行多长时间，使用 Tween 设置线性值增量，并使用 forward()方法启动动画。如果让这款应用程序保持现状，肯定会是一款无聊的游戏。这里需要做的第一件事是保持球体的移动，当它到达可用空间的边缘时，需要它改变方向。接下来对应用进行一些调整。

4.4　添加游戏逻辑

球体不应该处于停止状态，它应该在可用空间的边缘反弹。此处看到的弹跳实际上是运动方向的改变。所以当球碰到右侧边时，它应该向左移动，反之亦然。针对垂直方向也是如此。当球碰到上边界时，它应该改变方向并向下移动。此外，动画值也不会有用，所以需要将球体的位置与动画值分开，并将动画用作在正确位置重新绘制球体的方法。

（1）在 pong.dart 文件中，在 import 下方创建一个用于表示方向的 enum，代码如下。

```
enum Direction { up, down, left, right }
```

enum 关键字将创建枚举类型。这是一种特殊的类，可以使用它来表示固定数量的常数值。在当前示例中，创建一个名为 Direction 的枚举器，它可以有 4 个值：up、down、left 和 right。这将使代码更具可读性，它是使用数字或常量来指示方向的另一种选择。

（2）在_PongState 类的顶部，添加两个 Direction 类型的变量，它们将包含垂直（vDir）和水平（hDir）方向。开始时，球体需要向下和向左移动。

```
Direction vDir = Direction.down;
Direction hDir = Direction.right;
```

（3）检查球体是否到达了边界。此处已经知道了应用程序的边界，因为已经在 LayoutBuilder 构建器方法中设置了宽度和高度。所以，只需要检查球体的位置，看看它是否到达了这些边界。在 PongState 类中，创建一个名为 checkBorders() 的方法，它将检查球体是否到达其边界，并在到达时改变方向。

```
void checkBorders() {
    if (posX <= 0 && hDir == Direction.left) {
        hDir = Direction.right;
    }
    if (posX >= width - 50 && hDir == Direction.right) {
        hDir = Direction.left;
    }
    if (posY >= height - 50 && vDir == Direction.down) {
        vDir = Direction.up;
    }
    if (posY <= 0 && vDir == Direction.up) {
        vDir = Direction.down;
    }
}
```

（4）动画应一直处于持续状态。在_PongState 类的 initState() 方法中，现在将其设置为 10000min 而不是 3s（一个非常长的游戏）。

```
controller = AnimationController(
```

```
    duration: const Duration(minutes: 10000),
    vsync: this,
);
```

（5）根据方向移动球体。仍然在 initState()方法中，当创建动画时，在 addListener()
中，按照这里所示的内容更改 setState()的代码。

```
animation.addListener(() {
    setState(() {
        (hDir == Direction.right)? posX += 1 : posX -= 1;
        (vDir == Direction.down)? posY += 1 : posY -= 1;
    });
    checkBorders();
});
```

上述代码使用了三元运算符，并根据方向移动球体。如果水平方向为 Direction.right，
则需要递增水平位置，否则递减水平位置。同样的逻辑也可应用于垂直位置上：当方向为
down 时，递增 posY；当方向为 up 时，则递减 posY。每次移动后，调用 checkBorders()
查看是否需要调整方向。

当尝试运行代码时，球体应可在屏幕间弹跳。读者可能发现，球体的移动速度较慢。
对此，可通过改变位置的增量来调整球体的速度。在当前示例中，我们总是加 1 或减 1。
如果想让动画更快，可将位置增量设置为 3 或 5（而不是 1）；如果想让动画稍慢，则可
将位置增量设置为小于 1，如 0.5。

（6）创建一个变量以包含增量值。对于笔者的模拟器，增量设置为 5 效果已经很好。
在_PongState 类的顶部，添加如下声明。

```
double increment = 5;
```

（7）随后在代码中使用 increment。

```
animation.addListener(() {
    setState(() {
        (hDir == Direction.right)? posX += increment :
        posX -= increment;
        (vDir == Direction.down)? posY += increment :
        posY -= increment;
    });
    checkBorders();
});
```

当尝试运行应用程序时，可以看到，球体的速度变得更快。我们可根据游戏速度的需

要尝试调整 increment。

接下来将移动球拍，以防止球体落入屏幕之外。

4.5　使用 GestureDetector

顾名思义，GestureDetector 是一个检测手势的微件。在布局的主体中，插入一个 GestureDetector。这个微件具有响应用户手势的属性，并可以响应多个用户手势。最常见的包括 onTap、onDoubleTap 和 onLongPress。在这些手势属性中，可以添加响应用户手势所需的代码。通常，我们要做的是更改微件的状态，但不限于此。

在当前实例中，需要移动球拍，因此将改变的状态值是包含球拍的定位微件的 left 属性。此处只需要对水平拖动做出反应，因为球拍不需要垂直移动。

（1）在 pong.dart 文件的 build()方法中，作为 batPositioned 微件的子元素，我们添加一个带有 onHorizontalDragUpdate 参数的 GestureDetector。这将接受一个 DragUpdateDetails 对象，它包含在屏幕上发生的拖动信息。

（2）调用 moveBat()方法，该方法接收更新后的值。

```
Positioned(
    bottom: 0,
    left: batPosition,
    child: GestureDetector(
    onHorizontalDragUpdate: (DragUpdateDetails update)
      => moveBat(update),
    child: Bat(batWidth, batHeight))
),
```

（3）在_PongState 类底部，编写 moveBat()方法。

```
void moveBat(DragUpdateDetails update) {
    setState(() {
        batPosition += update.delta.dx;
    });
}
```

DragUpdateDetails 有一个 delta 属性，它包含在拖动操作期间移动的距离。dx 是水平的 delta。我们通过添加 delta 更新 batPosition。这里，delta 可以是正数也可以是负数。

如果尝试运行应用程序，应可在屏幕上以水平方向移动球拍。

在赋予用户与游戏交互能力之前，重写_PongState 类中的一个重要方法 dispose()：使用该方法释放动画所使用的资源。当_PongState 对象被丢弃时，dispose()方法将自动被调用。在该方法中，添加了对动画控制器的 dispose()方法的调用，以防止内存泄漏。

```
@override
void dispose() {
    controller.dispose();
    super.dispose();
}
```

当前，球体和球拍没有以任何方式链接，接下来将处理这一问题。

4.6　检查球拍位置

既然球体已经移动，球拍也对手势做出了反应，那么就需要判断球体何时到达屏幕底部，如果没有碰到球拍，这说明我们输掉了游戏。

此处需要修改 checkBorders()方法。这里，我们处理的是屏幕的 4 个边界：顶部、左侧、右侧和底部。唯一需要修改的是底部，即检查球拍是否在正确的位置，使球体反弹起来，或者游戏是否需要停止。

在 pong.dart 文件中，在检查 Direction.down 位置处编辑 checkBorders()方法，代码如下。

```
if (posY >= height - 50 - batHeight && vDir == Direction.down) {
    // check if the bat is here, otherwise loose
    if (posX >= (batPosition - 50) && posX <= (batPosition +
    batWidth + 50)) {
      vDir = Direction.up;
    } else {
      controller.stop();
      dispose();
    }
}
```

其中，50 表示球体的直径。球体需要在球拍上而不是在屏幕的最底部反弹。所以，需要检查球体何时到达底部并减去球体的直径。

在嵌套的 if 语句中，检查水平位置。球拍的“理想”位置是球拍的水平起始位置（batPosition）和球拍的水平终点位置（batPosition + batWidth）之间，这样球体才能反弹。在此基础上，再加上球的直径。如果球体的位置包含在这两个值中，球体就会弹回来。否则将停止动画并释放系统资源。

由于多次使用数字 50，对此，可添加一个变量并使用该变量来代替。

（1）在 checkBorders()方法顶部，添加如下代码。

```
double diameter = 50;
```

（2）使用 diameter 变量进行检查。最终的 checkBorders()方法如下。

```
void checkBorders() {
  double diameter = 50;
  if (posX <= 0 && hDir == Direction.left) {
    hDir = Direction.right;
  }
  if (posX >= width - diameter && hDir == Direction.right) {
    hDir = Direction.left;
  }
  if (posY >= height - diameter - batHeight && vDir ==
    Direction.down) {
    // check if the bat is here, otherwise loose
    if (posX >= (batPosition - diameter) && posX <= (batPosition
    + batWidth + diameter)) {
      vDir = Direction.up;
    } else {
      controller.stop();
      dispose();
    }
  }
  if (posY <= 0 && vDir == Direction.up) {
    vDir = Direction.down;
  }
}
```

当在对象上调用 dispose()方法时，该对象就不可用了。任何后续调用都将引发错误。为了防止在应用程序中出现错误，可以在调用 setState()方法之前创建一个方法，用于检查控制器是否仍然挂载以及控制器是否处于活动状态。

（1）在_PongState 结尾处添加下列代码。

```
void safeSetState(Function function) {
  if (mounted && controller.isAnimating) {
    setState(() {
```

```
      function();
   });
  }
}
```

✔ 注意：

mounted 属性用于检查状态对象当前是否已挂载。状态对象在调用 initState()之前被"挂载"，直到调用 dispose()方法。当 mounted 不为 true 时调用 setState()方法将引发错误。

（2）在 initState()方法中，在 animation.addListener 中调用 safeSetState()方法，而非 setState()。

```
animation.addListener(() {
    safeSetState(() {
      (hDir == Direction.right) ? posX += increment :
       posX -= increment;
      (vDir == Direction.down) ? posY += increment :
       posY -= increment;
    });
    checkBorders();
```

（3）在 moveBat()方法中，同样调用 safeSetState()方法。

```
void moveBat(DragUpdateDetails update) {
  safeSetState(() {
    batPosition += update.delta.dx;
  });
}
```

如果尝试运行应用程序，可以看到当前游戏可以运行。当前游戏仍存在改进空间，稍后将对此加以讨论，但基础知识已介绍完毕。

4.7　向游戏中添加随机性

随机性是让游戏变得有趣的基本元素之一。在当前游戏中，存在两个环节可添加一些随机性。其中之一是弹跳角度——不需要每次弹跳都是 45°。弹跳变得不规律会让游戏变得难以预测，还可以利用球体的速度来添加随机性。

假设完美弹跳表示为 1，如果弹跳的值介于 0.5 和 1.5 之间，那么弹跳将不那么规律，但仍然保持一定程度的真实感。

（1）为了在 Flutter 和 Dart 中使用随机值，需要导入 math 库。在 pong.dart 文件中，添加下列导入语句。

```
import 'dart:math';
```

（2）在 _PongState 类中，编写一个名为 randomNumber() 的方法，该方法返回 0.5～1.5 的随机双精度数值。

```
double randomNumber() {
  // this is a number between 0.5 and 1.5;
  var ran = new Random();
  int myNum = ran.nextInt(101);
  return (50 + myNum) / 100;
}
```

Random 类生成随机 bool、int 或双精度值。它的 nextInt() 方法返回一个随机整数，范围为从 0（包含）到传递的参数（不包含）。在本例中，它将产生一个介于 0 和 100 之间的数字。

随后加上 50，再加上生成的整数，将得到一个介于 50 和 150 之间的数值，然后除以 100。因此，该函数将返回一个介于 0.5 和 1.5 之间的数值。

（3）在 _PongState 类的顶部，创建两个变量，一个用于垂直方向，另一个用于水平方向，它们将包含随机数。在执行的开始，randX 和 randY 的值都是 1。

```
double randX = 1;
double randY = 1;
```

（4）每次球反弹时，都希望根据到达的边界改变随机数的值。所以，当球向左或向右弹跳时，需要改变 randX 的值；当球在顶部或底部反弹时，需要改变 randY 的值。修改 checkBorders() 函数，并添加对 randomNumber() 方法的调用。

```
void checkBorders() {
    double diameter = 50;
    if (posX <= 0 && hDir == Direction.left) {
      hDir = Direction.right;
      randX = randomNumber();
    }
    if (posX >= width - diameter && hDir == Direction.right) {
      hDir = Direction.left;
      randX = randomNumber();
```

```
    }
    // check the bat position as well
    if (posY >= height - diameter - batHeight && vDir ==
      Direction.down) {
      // check if the bat is here, otherwise loose
    if (posX >= (batPosition - diameter) && posX <= (batPosition
    + batWidth + diameter)) {
      vDir = Direction.up;
      randY = randomNumber();
    } else {
      controller.stop();
      dispose();
    }}
  if (posY <= 0 && vDir == Direction.up) {
    vDir = Direction.down;
    randY = randomNumber();
  } }
```

（5）返回 initState()方法中定义的 Tween，并替换动画定义，将使用随机数来改变速度，而不是以固定值增加位置。

```
animation = Tween<double>(begin: 0, end: 100).animate(controller);
  animation.addListener(() {
    safeSetState(() {
      (hDir == Direction.right)
        ? posX += ((increment * randX).round())
        : posX -= ((increment * randX).round());
      (vDir == Direction.down)
        ? posY += ((increment * randY).round())
        : posY -= ((increment * randY).round());
    });
    checkBorders();
  });
```

如果尝试运行游戏，可以看到球体的速度和弹跳将不那么规律，这让游戏变得更加不可预测。当然，也可以通过在 randomNumber()函数中返回不同的范围的值来增加或减少随机元素。

每款游戏都应该拥有最后一个元素，那就是分数。下面将其添加到应用程序中。

4.8　添加分数并完成游戏

如果没有衡量游戏结果的方法，游戏则缺乏应有的完整性。在这种情况下，要执行的操作非常明显，即每次球体触碰到球拍则加一分。

（1）在_PongState 类顶部，创建一个包含分数的变量。

```
int score = 0;
```

（2）在 build()方法中，向栈中添加一个新的 Positioned 微件，这将包含一个基于分数的 Text。

```
return Stack(
    children: <Widget>[
        Positioned(
            top: 0,
            right: 24,
            child: Text('Score: ' + score.toString()),
        ),
```

（3）在 checkBorders()方法中，每次球体接触球拍后更新分数。

```
if (posX >= (batPosition - diameter) && posX <= (batPosition +
batWidth + diameter)) {
    vDir = Direction.up;
    randY = randomNumber();
    safeSetState(() {
        score++;
    });
}
```

当尝试运行游戏时，可以看到分数出现在屏幕的右上角，如图 4.5 所示。

现在，给应用添加最后的润色：当玩家输了，则显示一条消息询问是否想再玩一次，如果是，则重新开始动画。

（1）在_PongState 类中，创建一个名为 showMessage 的方法，该方法在屏幕上显示一个对话框，如图 4.6 所示。

（2）调用 showDialog()方法，该方法在屏幕上方显示一个带有材质设计动画的对话框窗口。这个方法采用一个 builder()方法，其中可以构建一个 Dialog 微件，并使用当前的 BuildContext。

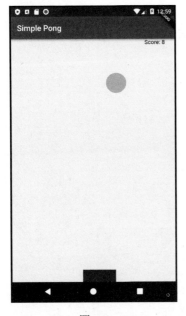

　　　　　　　图 4.5　　　　　　　　　　　　　　　　　图 4.6

```
void showMessage(BuildContext context) {
    showDialog(
      context: context,
      builder: (BuildContext context) {
        return AlertDialog(
        );});
  }
```

　　（3）在当前应用程序中，将使用 AlertDialog 询问用户是否再玩一次。警告对话框接收一个 title、content 和 actions。

　　（4）showMessage()方法包含以下内容。

● title 显示在对话框窗口上方。

● content 表示对话框的主要内容。

● actions 表示一个微件数组，指定用户能够执行的动作。在当前应用程序中，将使用两个按钮作为动作，即 Yes 和 No。

　　（5）如果用户单击 Yes 按钮，则调用 setState()方法将球体放置在(0,0)处，并将分数重置为 0。

（6）Navigator 的 pop()方法将从屏幕上移除对话框，controller.repeat()方法将再次播放动画。AlertDialog 的最终代码如下。

```
return AlertDialog(
    title: Text('Game Over'),
    content: Text('Would you like to play again?'),
    actions: <Widget>[
        FlatButton(
            child: Text('Yes'),
            onPressed: () {
                setState(() {
                    posX = 0;
                    posY = 0;
                    score = 0;
                });
                Navigator.of(context).pop();
                controller.repeat();
            },
        ),
        FlatButton(
            child: Text('No'),
            onPressed: () {
                Navigator.of(context).pop();
                dispose();
            },
        )
    ],
);
```

（7）在 checkBorders()方法中，调用 showMessage()方法，而非 controller 的 dispose()方法。

```
controller.stop();
showMessage(context);
```

如果你尝试这个功能，会发现每当游戏失败时，对话框就会出现。

至此，该项目完成。此外，还可以添加一些功能来改进这款游戏，包括创建名人墙、将最佳成绩保存到设备中、在屏幕顶部添加砖块、添加声音、根据球拍位置改变弹跳角度，以及为第二名玩家添加第二支球拍。如果想挑战一下自己,可以尝试在这款应用程序中添加其中一些功能。这也许是提高 Flutter 技能的一种有趣方式。

4.9　本 章 小 结

本章根据动画和用户手势检测构建了一款简单游戏。

Flutter 中的动画相对容易实现。动画中涉及的活动部件包括:Animation(该类接收一些值并将其转换为动画)、AnimationController(该类控制动画对象)、Tween(该类包含动画需要更改的属性值)以及每帧动画调用一次回调的 Ticker。

将任何部件封装在 GestureDetector 中,就能监听用户在用户界面上做出的手势。这样,就可以利用 GestureDetector 的 onHorizontalDragUpdate 属性在屏幕上构建一只移动的球拍。

添加一些随机性通常会让游戏变得更有趣。对此,本章介绍了如何使用 Random 类通过 nextInt()方法生成一个随机整数值。

在构建游戏时,本章还讨论了如何使用 LayoutBuilder 来获得屏幕上的可用空间,以及如何使用 Stack 来精确控制微件在应用程序屏幕上的位置。

为了向用户提供一些反馈,并执行一项选择,我们还使用了 AlertDialog,并设置其 title、content 和 actions。

在第 5 章中将创建一个电影应用程序,并利用 HTTP 库服务连接 Web 服务。

4.10　本 章 练 习

在项目的最后,提供了一些问题以帮助读者记忆和复习本章所涵盖的内容。请尝试回答以下问题,如果有疑问,可查看本章中的内容,你会在那里找到所有的答案。

(1)可以在堆栈中使用哪个微件来确定其相对于堆栈边界的确切位置?

(2)initState()和 build()方法之间的区别是什么?

(3)如何设置动画的持续时间?

(4)如何在自己的类中使用 Mixin 类?

(5)什么是 Ticker?

(6)Animation 和 AnimationController 的区别是什么?

(7)如何停止正在运行的动画?如何释放它的资源?

（8）如何生成 0～10 的随机数？

（9）如果希望响应用户在一个微件（如容器）上的单击操作，那么可以使用哪个微件？

（10）如何在应用程序中显示 AlertDialog？

4.11　进一步阅读

如果打算在应用程序中使用动画，首先要参考的是 Flutter 官方指南，对应网址为 https://flutter.dev/docs/development/ui/animations。另一个包含视频、示例和指南的资源是 https://buildflutter.com/functional-programming-with-flutter/。

本章从头开始创建了一款游戏。对于现实世界的游戏来说，这可能不是最常见的情况，因为你可以利用一些库和工具包来创建复杂的应用和游戏。如果真的打算制作引人注目的动画，可参考一个第三方工具，叫作 Rive，它可以让你制作令人难以置信的动画，并将其添加至 Flutter 应用程序。读者可访问 https://rive.app/以查看更多与 Rive 相关的内容。

关于如何利用 Flutter 构建多平台游戏，读者可访问 https://medium.com/flutter-community/from-zero-to-a-multiplatform-flutter-game-in-aweek-8245da931c7e 并查看相关示例。另外，读者还可访问 https://flutterawesome.com/high-performance-animations-and-2d-games-with-flutter/以寻找创意并查看与 Flutter 相关的各种可能。

尽管 Flutter 还很新，但已经有许多库可以让您更轻松地在 Flutter 中创建游戏和动画，而无须从头开始，而且项目在不断添加。例如，可访问 https://pub.dev/packages/flame 查看 Flame，还可以找到有关使用 Flutter 创建游戏的精彩教程和文档。

第 5 章　从 Web 中获取数据

在本章中，我们将构建一个电影应用程序。当用户打开应用程序时，它将显示即将在电影院上映的电影列表。我喜欢这个项目有几个原因：它易于阅读，不需要大量的代码，同时包含了许多非常重要的概念。其中包括在 Flutter 中的异步编程、从 Web 读取 JSON 数据、使用 ListView 小部件以及将数据从一个屏幕传递到另一个屏幕。简而言之，如果继续使用 Flutter，这个项目包含了后续可能经常使用的概念。我们将构建一个全栈的现实世界应用程序，涉及客户端和服务器端（或者像许多人所说的前端/后端）。

本章主要涉及下列主题。

● 使用 HTTP 库检索 Web 服务中的数据。

● 解析 JSON 数据，并将其转换为模型对象。

● 添加 ListView 显示数据。

● 显示包含详细信息的屏幕，并在屏幕之间传递数据。

5.1　技　术　需　求

读者可访问本书的 GitHub 存储库查看完整的应用程序代码，对应网址为 https://github.com/PacktPublishing/Flutter-Projects。

为了理解书中的示例代码，应在 Windows、Mac、Linux 或 Chrome OS 设备上安装下列软件。

● Flutter 软件开发工具包（SDK）。

● 当进行 Android 开发时，需要安装 Android SDK。Android SDK 可通过 Android Studio 方便地进行安装。

● 当进行 iOS 开发时，需要安装 MacOS 和 Xcode。

● 模拟器（Android）、仿真器（iOS）、连接的 iOS 或 Android 设备，以供调试使用。

● 编辑器：建议安装 Visual Studio Code (VS Code)、Android Studio 或 IntelliJ IDEA。

5.2　项　目　概　览

　　本章将构建一个电影应用程序。当用户打开它时，应用程序将显示即将在电影院上映的电影列表。除此之外，用户还可以在同一屏幕上通过标题搜索电影，如图 5.1 所示。

　　如果单击某部电影，应用程序将显示第二个屏幕，这是一个更详细的电影视图，包含更大的图像和概述内容，如图 5.2 所示。

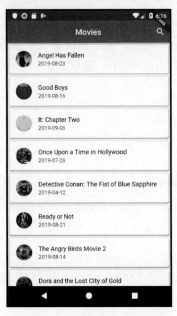

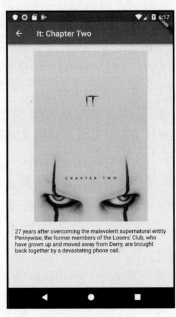

图 5.1　　　　　　　　　　　　　　　　　　图 5.2

　　当检索数据时，应用程序将使用一个开放的网络服务，即电影数据库 API。

　　在本章结束时，读者将构建一个全功能的应用程序，并可连接 Web 以检索远程 Web 服务中的数据。

5.3　连接 Web 服务并利用 HTTP 检索数据

　　很少有移动应用程序是完全独立于外部数据的。想象我们用来预报天气、听音乐、读书、浏览新闻或电子邮件的应用程序。它们有一个共同点：都依赖外部资源的数据。从移动（或任何客户端）应用程序获取数据的最常见来源被称为 Web 服务或 Web API。

　　客户端应用程序连接到 Web 服务，发出获取数据的请求，如果请求是合法的，则 Web 服务通过将数据发送给应用程序来响应，然后应用程序将解析数据以获取其功能。这种方法的优点是开发人员只需要创建和维护一个数据源，并且可以根据需要拥有尽可能多的客户端。实际上，这种模式（客户端/服务器）并不新鲜，在设计应用程序时非常常见。

　　如图 5.3 所示，可以看到显示此模式的示意图。其中，图中心是一个远程服务器，它是数据源，其周围是客户端，如移动应用程序，它们连接到服务器以检索数据。

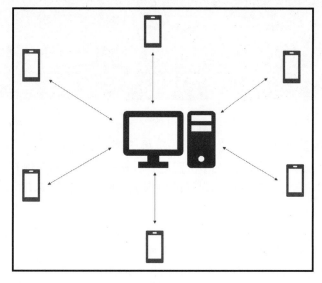

图 5.3

　　Web 服务通常以两种格式公开数据：JSON 或 XML。它们都是文本格式，可以表示大多数相同类型的数据，但由于 JSON 更紧凑，因此在使用 Web 服务时可能会更频繁地遇到 JSON 格式。图 5.4 显示了每种格式的示例。

　　在这两种格式中，都可以看到一个电影示例，包含标题、制作年份、类型和演员。我们不需要深入研究这些格式的细节。注意，这两种格式都允许表达复杂的数据，并且在 Flutter 中，可以轻松地检索和解析 JSON 和 XML。本章使用的服务将提供 JSON 格式。

　　我们不会涉及创建 Web 服务，仅会在应用程序内部使用 Web 服务。在后面的章节中，读者将看到如何使用 Firebase 创建服务器端数据源。

　　特别地，我们将使用电影数据库 API（Movie Database API，https://www.themoviedb.org）。

这是一个社区建立的数据库，拥有大量的数据，提供多种语言的电影和电视信息。

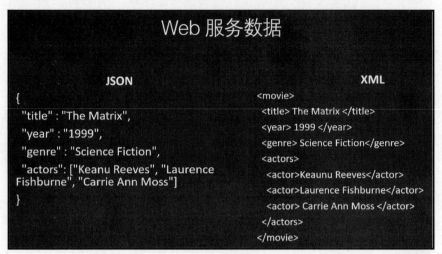

图 5.4

在第一次连接到数据库之前，需要获得一个 API 密钥。可以在 https://www.themoviedb.org/ 上创建账户并获取 API 密钥。然后单击账户页面左侧栏中的 API 链接。这一过程是免费的，但需要一个有效的电子邮件来激活账户。在本章的示例中，也需要有一个 API 密钥。

在后续章节中，将创建应用程序并从电影数据库 Web 服务中检索数据集。

下面创建一个名为 Movies 的 Flutter 应用程序。

（1）打开 pubspec.yaml 文件，并向 HTTP 库添加依赖项，用于生成 HTTP 请求。读者可访问 https://pub.dev/packages/http 查看最新的可用版本。在 flutter 依赖项下方添加 http 库，代码如下。

```
dependencies:
 flutter:
   sdk: flutter
 http: ^0.12.0+4
```

（2）创建名为 http_helper.dart 的新文件，创建设置项和方法，用于连接 Web 服务。在新文件中，导入 HTTP 库。

```
import 'package:http/http.dart' as http;
```

通过 as http 命令，给这个库指定一个别名，因此，我们将通过 http 名称使用 HTTP

库的所有函数和类。

（3）创建名为 HttpHelper 的新类。

```
class HttpHelper {}
```

（4）创建连接到服务的 URL 地址。这将需要一些字符串，根据需要将它们连接起来，以便从服务中检索数据。在 HttpHelper 类的顶部添加以下声明。

```
final String urlKey = 'api_key=YOUR API KEY HERE';
final String urlBase = 'https://api.themoviedb.org/3/movie';
final String urlUpcoming = '/upcoming?';
final String urlLanguage = '&language=en-US';
```

为了便于检索这些字符串的值，所有字符串都以 url 为前缀。第一个字符串 urlKey 包含 api_key 的值，该值是从电影数据库服务获取的 API 密钥。字符串 urlBase 是我们将使用的每个地址的开头部分。urlUpcoming 是 URL 中专门用于即将上映的电影的部分。最后，urlLanguage 包含一个可选参数，用于指定查询结果所使用的语言。

（5）现在准备编写该类的第一个方法，以此检索 20 部即将上映的电影列表。

```
Future<String> getUpcoming() async { }
```

这里有一个陌生的语法，getUpcoming()函数返回一个 Future，并被标记为 async。这两个元素都与异步编程有关。

※ 提示：
在第 3 章中已经使用了流的异步编程。在本章中，读者将看到如何使用 Future。

一般来说，在运行代码时，例如在某个方法中，每一行都会按顺序从第 1 行执行到最后一行。如果函数中有 10 行代码，那么只有在第 4 行执行完毕后，第 5 行才会执行。

另一方面，通常所用设备可以同时做多件事。当用设备听音乐时，也希望浏览播放列表或调节音量。如果要等歌曲结束后才能调节音量，用户一定会非常失望。

默认情况下，执行的每个动作都是一个线程，通常称为主线程或 UI 线程。

※ 提示：
应该不惜一切代价避免无响应的 UI：几秒后，Android 和 iOS 都会询问用户是否想关闭应用。

为了解决这个问题，可以在 Flutter 中创建不同的隔离区或执行线路，例如，当应用程序中有长时间运行的任务时，网络任务可以与主线程同时（或并发）运行。

✒ **注意：**

　　并发是指两个或多个任务可以在重叠的时间段内启动、运行和完成。

　　换句话说，异步操作允许程序在等待另一个操作完成的同时完成工作。以下是一些常见的异步场景。

- 从 Web 中检索数据。
- 对文件进行数据读写。
- 对本地数据库进行读写。

为了在 Flutter 中执行异步操作，可使用 Future 类，以及 async、await 和 then 关键字。

Future 用于表示未来某个时间可能出现的潜在值或错误。当函数返回 Future 时，这意味着它需要一段时间才能准备好结果，并且结果在将来可用。Future 本身立即返回，其底层对象则在未来的某个时间返回。

Future<String>意味着该函数将立即返回一个 Future 而不中断代码，然后，当它完成检索所有数据时，返回 String。

在 getUpcoming()方法中添加了 async 关键字。在 Dart 和 Flutter 中，函数体中使用 await 关键字时必须添加 async。无论是否使用 async 标记，任何返回 Future 的方法都是异步的。

下面将从 Web 服务中检索一些数据。

（1）在 getUpcoming()方法中，添加一个字符串，并创建在连接期间使用的 URL。

```
final String upcoming = urlBase + urlUpcoming + urlKey + urlLanguage;
```

（2）使用 HTTP 库创建一个已构建 URL 的连接。

```
http.Response result = await http.get(upcoming);
```

http 类的 get()方法返回一个包含 Response 的 Future。http.Response 类包含从成功的 HTTP 调用中接收到的数据。await 关键字只在标记为 async 的函数中起作用，并等待 Future 完成。在完成这一行之前，它不会进入线程的下一行，这很像同步代码，注意，这发生在执行的第 2 行，所以它不会停止 UI 线程。

（3）如何读取响应？考察下列代码。

```
if (result.statusCode == HttpStatus.ok) {
    String responseBody = result.body;
        return responseBody;
}
else {
```

```
    return null;
}
```

（4）HttpStatus 类需要 dart:io 库。在 http_helper.dart 文件顶部，添加所需的导入语句。

```
import 'dart:io';
```

Response 具有 statusCode 和 body 属性。状态代码可以表示成功响应（HttpStatus.ok 的代码 200）或错误响应。读者可能对错误 404 并不陌生，在 Dart 中，只需用 HttpStatus.notFound 表示即可。

在前面的代码中，如果响应具有有效的状态码，将读取响应的主体，它是一个包含 http.get 方法检索到的所有数据的字符串，并将其返回给调用者。

总而言之，现在有一个异步函数，它发出 HTTP 请求并返回一个包含字符串的 Future。现在我们需要从 main()方法中调用这个函数，并将结果显示给用户。

5.4　解析 JSON 数据并将其转换为模型对象

接下来准备在 UI 中显示从 Web 服务检索到的数据。

（1）打开 main.dart 文件，删除默认的应用程序代码并添加下列代码。

```dart
import 'package:flutter/material.dart';
void main() => runApp(MyMovies());

class MyMovies extends StatelessWidget {
  @override
  Widget build(BuildContext context) {
    return MaterialApp(
      title: 'My Movies',
      theme: ThemeData(
        primarySwatch: Colors.deepOrange,
      ),
      home: Home(),
    );
  }
}

class Home extends StatelessWidget {
  @override
  Widget build(BuildContext context) {
```

```
    return MovieList();
  }
}
```

（2）注意，我们选择了 ThemeData，并使用 Colors.deepOrange 作为主色调，而且在 Home 无状态微件中，正在调用 MovieList 类，但目前尚未创建该类。下面立即解决这个问题，在 lib 文件夹中添加一个名为 movie_list.dart 的新文件，并添加一个 MovieList 有状态微件。

```
import 'package:flutter/material.dart';

class MovieList extends StatefulWidget {
  @override
  _MovieListState createState() => _MovieListState();
}

class _MovieListState extends State<MovieList> {
  @override
  Widget build(BuildContext context) {
    return Container();
  }
}
```

（3）将新文件导入 main.dart 并修复刚才的错误。

```
import 'movie_list.dart';
```

（4）需要在 HttpHelper 类中显示 getUpcoming()异步方法检索到的数据。对此，在 movie_list.dart 文件的顶部导入 http_helper.dart 文件。

```
import 'http_helper.dart';
```

（5）在_MovieListState 类中，创建一个包含所需数据的字符串，以及一个名为 helper 的 HttpHelper 实例。

```
String result;
HttpHelper helper;
```

（6）重载 initState()方法并创建一个 HttpHelper 实例。

```
@override
  void initState() {
    helper = HttpHelper();
```

```
        super.initState();
}
```

（7）在 build()方法中调用 getUpcoming()异步方法，当结果返回时（这是 then 方法），调用 setState()方法，用返回的值更新结果字符串。

```
@override
  Widget build(BuildContext context) {
      helper.getUpcoming().then(
        (value) {
          setState(() {
            result = value;
          });
        }
      );
      return Scaffold(
        appBar: AppBar(title: Text('Movies'),),
        body: Container(
        child: Text(result)
      ));
}
```

（8）返回一个 Scaffold，在其主体中包含一个 Container，该 Container 有一个用于显示结果字符串 Text 子元素。

（9）尝试运行应用程序，最终结果如图 5.5 所示。

这里，一些文本占据了屏幕上的所有可用空间，包含了从 Movies API 检索到的所有 JSON 代码。这可能不是向用户显示数据的最友好的方式，接下来将解决这个问题。

在面向对象语言中，处理数据（尤其是结构化数据）的常见模式是创建类，这些类将充当数据和应用程序之间的接口。这是为了使代码更容易阅读和维护，因此我们将遵循此模式并创建一个 Movie 类，该类将包含希望向用户显示的电影属性。

从 Movies API 接收到的 JSON 文件中有几条数据，但目前只选择其中的几条：ID、标题、平均票数、发行日期、概述（对电影的描述）和海报路径（如果

图 5.5

存在，将包含在应用中显示的图像的路径）。

接下来将创建 Movie 类的属性和方法，并更新 HttpHelper 类，进而解析从 Web 服务中接收的数据。

（1）创建名为 movie.dart 的新文件，在该文件中创建 Movie 类，代码如下。

```
class Movie {
  int id;
  String title;
  double voteAverage;
  String releaseDate;
  String overview;
  String posterPath;
}
```

（2）创建一个构造函数，并设置类中的所有字段。

```
Movie(this.id, this.title, this.voteAverage, this.releaseDate,
this.overview, this.posterPath);
```

（3）当从 Web API 中获取数据时，我们希望将其转换为 Movie。因而需要一个方法接收 JSON 格式的数据，并输出 Movie 对象。

```
Movie.fromJson(Map<String, dynamic> parsedJson) {
    this.id = parsedJson['id'];
    this.title = parsedJson['title'];
    this.voteAverage = parsedJson['vote_average']*1.0;
    this.releaseDate = parsedJson['release_date'];
    this.overview = parsedJson['overview'];
    this.posterPath = parsedJson['poster_path'];
}
```

此命名构造函数将返回一个 Movie 对象。作为参数，它将接收一个 Map（键值对集合）。其中，键是一个字符串（如 title），而值则是 dynamic，因为它可以是文本或数字。当获得 Map 时，可以使用方括号和键名访问它的值。这就是为什么可以通过 parsedJson['title']访问 title 键的值。

现在，定义了一个可以将 Map 转换成 Movie 的函数。但此时，没有任何 Map，只有一个字符串，其中包含从 Web 服务中获取的所有文本。

（4）下面使用 HttpHelper 的 getUpcoming()函数解析收到的 JSON 内容，代码如下。

```
Future<List> getUpcoming() async {
    final String upcoming = urlBase + urlUpcoming + urlkey
```

```
    + urlLanguage;
  http.Response result = await http.get(upcoming);
  if (result.statusCode == HttpStatus.ok) {
    final jsonResponse = json.decode(result.body);
    final moviesMap = jsonResponse['results'];
    List movies = moviesMap.map((i) =>
    Movie.fromJson(i)).toList();
    return movies;
  }
  else {
    return null;
  }
}
```

（5）在文件的开头引入 convert.dart 库和 movie.dart 文件，代码如下。

```
import 'dart:convert';
import 'movie.dart;
```

回忆一下，Response 对象的 body 属性是一个字符串。为了更容易解析请求的结果，把这个字符串转换成一个对象。

```
final jsonResponse = json.decode(result.body);
```

💡 提示：

json.decode 返回的类型是 dynamic。这意味着它可以在运行时包含任何类型。

如果查看从 Web 服务检索到的 JSON 文本，就会发现它包含一个带有响应信息的标题，以及一个包含所有返回电影的数组的'results'节点。此处对标题不感兴趣，所以只需要解析'results'数组。

```
final moviesMap = jsonResponse['results'];
```

从这里调用 map()方法。可以在 Iterable（基本上意味着一组对象）上调用 map()方法。这将迭代集合中的每个元素（在本例中为 i），并且对于 moviesMap 中的每个对象，将返回 Movie，类似于 Movie 类的 fromJSON 构造函数返回值。在这一行代码中发生了几件不同的事情。

```
List movies = moviesMap.map((i) => Movie.fromJson(i)).toList();
```

下面用一个更熟悉的例子来解释这个概念：假设你想做 10 杯柠檬水。你去商店，卖家给了你一个盒子，上面写着内容说明（10 个柠檬），当然，里面还有 10 个柠檬。当你回家后，从盒子里拿出 10 个柠檬，把盒子扔掉、柠檬切开，这样就可以把它们挤成 10 杯柠檬水了。这就是这里试图实现的内容：使用 http.get（upcoming）从 Web 服务（商店）获得完整的 JSON（柠檬盒）：我们只使用 jsonResponse['results'];获取电影（只要柠檬，不需要盒子）。然后，使用 moviesMap.map((i) => Movie.fromJson(i)). tolist()将动态对象转换为电影（从柠檬到柠檬水）。

现在我们已经有了一个影片列表，稍后将在 ListView 中向用户显示这些电影。

5.5　添加一个 ListView 以显示数据

对于 UI，我们将使用处理数据最常见的微件之一：ListView，而不是显示一段没有用户交互的单个文本。这将允许用户垂直滚动电影列表。由于 ListView 可以包含任何类型的微件，因而可自由地显示数据。

（1）打开 movie_list.dart 文件，在_MovieListState 类顶部创建两个变量，分别包含电影列表和检索到的影片数量。

```
int moviesCount;
List movies;
```

（2）创建一个名为 initialize()的新方法，该方法返回 Future 并标记为 async。

（3）在该方法中，调用 HttpHelper 类中的 getUpcoming()方法，然后调用 setState()方法，以便设置 moviesCount 和影片的属性。

```
Future initialize() async {
   movies = List();
   movies = await helper.getUpcoming();
   setState(() {
     moviesCount = movies.length;
     movies = movies;
   });
 }
```

（4）在类的 build()方法中，删除 getUpcoming()方法调用以及包含结果字符串的文本。新的 build()方法如下。

```
@override
Widget build(BuildContext context) {
   return Scaffold(
```

```
    appBar: AppBar(title: Text('Movies'),),
    body: Container()
  );
}
```

（5）此处返回一个 ListView，而不是一个 Container，以显示 getUpcoming()方法返回的 Movies 对象。因此，在 Scaffold 的主体部分编写下列代码。

```
body: ListView.builder (
        itemCount: (this.moviesCount==null) ? 0 : this.moviesCount,
        itemBuilder: (BuildContext context, int position) {
        })
```

如前所述，ListView 是一个滚动微件：它可以水平或垂直逐个显示其子微件，默认方向为垂直。这里使用的 ListView.builder()构造函数可以轻松创建 ListView，而且性能非常好，因为它会在条目滚动到屏幕上时创建它们。建议在创建长列表时采取这种做法。

ListView.builder()构造函数的 itemCount 参数接收 ListView 包含的条目数量。代码中使用了一个三元操作符。如果 moviesCount 属性为 null，则条目数量为 0；否则，它将是 initialize()方法中设置的 moviesCount 属性。

第二个参数是 itemBuilder。这是 ListView 中每个条目的迭代方法，并接收 BuildContext 和当前位置作为参数。这里将决定向用户显示什么内容。

（6）结果返回一个 Card，它是一个带有圆角和阴影的容器微件。当使用卡片时，可以选择颜色和标高。在本例中，将颜色设置为白色，高度设置为 2.0。

（7）在 Card 的子元素中设置一个 ListTile，代码如下。

```
itemBuilder: (BuildContext context, int position) {
        return Card(
        color: Colors.white,
        elevation: 2.0,
        child: ListTile(
          title: Text(movies[position].title),
          subtitle: Text('Released: '
          + movies[position].releaseDate + ' - Vote: ' +
          movies[position].voteAverage.toString()),
        ));
        })
```

ListTile 是另一个 material 微件，它可以包含 1～3 行文本，开头和结尾都有可选图标。

（8）同时调用 initState()方法中的 initialize()方法，尝试运行当前应用程序。

```
@override
 void initState() {
   helper = HttpHelper();
   initialize();
   super.initState();
 }
```

（9）最终结果如图 5.6 所示（标题有所不同，因为影
片每日更新）。

大多数电影都有海报图像。我们希望在 ListTile 的标
题和副标题左侧添加海报图像。

（1）在 Movie Database API 中，有一个海报图标的路
径。下面将其添加到_MovieListState 类的顶部。

```
final        String        iconBase        =
'https://image.tmdb.org/ t/p/w92/';
```

（2）如果不存在海报图像，则显示一幅默认的图像。
对此，在类顶部创建一个 final String。

```
final String defaultImage =
'https://images.freeimages.com/images/large-
previews/5eb/movie-clapboard-1184339.jpg';
```

（3）在 build()方法中，声明一个名为 image 的
NetworkImage。然后，在返回 Card 之前，在 itemBuilder
中根据影片的路径设置图像。

图 5.6

```
Widget build(BuildContext context) {
    NetworkImage image;
    return Scaffold(
      appBar: AppBar(title: Text('Movies'),),
      body: ListView.builder (
      itemCount: (this.moviesCount==null) ? 0 : this.moviesCount,
      itemBuilder: (BuildContext context, int position) {
        if (movies[position].posterPath != null) {
          image = NetworkImage(
              iconBase + movies[position].posterPath
            );
        }
        else {
```

```
image = NetworkImage(defaultImage);
}
```

（4）image 变量包含一个 NetworkImage，可以是
posterPath 字符串中指定的图像，也可以是默认图像。现
在，我们需要一种在 ListTile 中显示图像的方法。为此，
可以添加一个包含 CircleAvatar 微件的 leading 参数。在
build()方法的 ListTile 微件中添加如下代码。

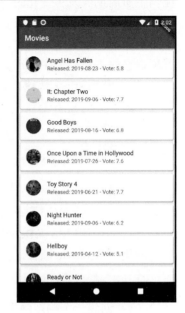

```
leading: CircleAvatar(
        backgroundImage: image,
        ),
```

（5）CircleAvatar 是一个可以包含图像或文本的圆形
微件。通常用于显示用户的头像，但也可以用于展示我
们的电影。

（6）最终结果如图 5.7 所示。

现在应用程序第一屏的用户界面已经完成。当然，
也可以调整文字样式或 CircleAvatar 的大小，这需要根据
您的喜好而定。接下来将添加应用程序的第二个界面：
电影详情界面。

图 5.7

5.6　显示详情页面并通过屏幕传递数据

该应用程序的细节屏幕将显示更大的海报图像和电影概述。除图像外，所有必需的数
据都已经从 Web 服务下载并解析，因此不需要为这个屏幕使用 HTTP 库。完成这部分所
需的步骤如下。

（1）创建第二个屏幕，其中包含需要接收电影数据的微件，以设置电影标题、图像
和概览。

（2）响应用户在 ListView 中的单击操作。

（3）在第一个和第二个屏幕间传递电影数据。

在应用程序的 lib 文件夹中，创建一个名为 movie_detail.dart 的新文件。此处仅需导入
material.dart 库以访问材质微件，以及 Movie 类的 movie.dart 文件。

```
import 'package:flutter/material.dart';
import 'movie.dart';
```

对于这个屏幕，我们是使用无状态微件还是有状态微件呢？如前所述，当微件的状态在其生命周期内发生变化时，将使用有状态微件。读者可能会认为，由于电影的标题、图像和概览可以更改，因此这里需要一个有状态的微件，但事实并非如此。当用户单击 ListView 的其中一个条目时，我们将始终构建屏幕的新实例，并传递电影数据。所以这个屏幕在它的生命周期中不需要改变。

（1）利用 stless 快捷方式创建一个无状态微件，并将该类称作 MovieDetail。

```
class MovieDetail extends StatelessWidget {
  @override
  Widget build(BuildContext context) {
    return Container(
    );
  }
}
```

（2）当调用 MovieDetail 时，想传递一个 Movie 头像。因此，在 MovieDetail 类的顶部，创建一个 movie 属性，并将其标记为 final，因为这是一个无状态微件。

```
final Movie movie;
```

（3）创建一个构造函数，并设置 Widget 类的 movie 属性。

```
MovieDetail(this.movie);
```

（4）在 build()方法中，不是返回 Container，而是返回 Scaffold。它的 appBar 会包含电影的标题，在主体部分，将放置一个 SingleChildScrollView。如果不适合屏幕，这个微件将使它的子元素可滚动。

（5）在 SingleChildScrollView 中，将放置一个 Center 微件，它的子元素将是一个包含电影概述文本的 Column。

```
return Scaffold(
    appBar: AppBar(
      title: Text(movie.title),
    ),
    body:SingleChildScrollView(child: Center(child:Column(
    children: <Widget>[
      Container(
        padding: EdgeInsets.only(left: 16, right: 16),
        child: Text(movie.overview),
    )],
  )))));
```

（6）现在只需要添加海报的图像。创建一个 final String，包含在 movie 声明下的图像路径。

```
final String imgPath='https://image.tmdb.org/t/p/w500/';
```

（7）随后采用在 MovieList 屏幕中使用的相同逻辑：如果图像可用，则显示它；否则只显示默认图片。因此，在 build()方法的顶部，添加代码来设置图像的路径。

```
String path;
if (movie.posterPath != null) {
    path= imgPath + movie.posterPath;
}
else {
    path =
'https://images.freeimages.com/images/large-previews/5eb/movie-clapboard-
1184339.jpg';
}
```

（8）在 build 方法中确定图像的大小后，将获得屏幕的高度。

```
double height = MediaQuery.of(context).size.height;
```

（9）在 Column 中，位于概述文本上方添加一个容器，它作为子容器将具有正确的图像，并通过调用 image.network()构造函数来显示图像。此外，还将添加一些内间距，图像的 height 将设置为 context 高度除以 1.5。

```
Container(
    padding: EdgeInsets.all(16),
    height: height / 1.5,
    child:Image.network(path)
),
```

（10）详细视图的 UI 已经就绪，只需要从 ListView 调用它。下面回到 movie_list.dart 文件并导入 movie_detail.dart 文件。

```
import 'movie_detail.dart';
```

（11）随后在 build()方法中为 ListTile 添加 onTap 参数。这里，将声明 Material PageRoute，它将导航至 MovieDetail 页面，但在其构建器中，我们还将传递当前位置的影片。这就是在 Flutter 中向另一个微件传递数据的简单方法。

（12）随后调用 Navigator.push()方法并将 MovieDetail 路由添加到 Navigator 堆栈。

```
onTap: () {
```

```
    MaterialPageRoute route = MaterialPageRoute(
        builder: (_) => MovieDetail(movies[position]));
    Navigator.push(context, route);
},
```

（13）尝试运行应用程序。单击屏幕上的影片将显示详细视图，如图 5.8 所示。
接下来将在应用程序中添加搜索功能。

图 5.8

5.7　添加搜索功能

通过利用 Movie Database Web 服务搜索功能，将允许用户按标题搜索任何电影。我
们要做的是在 AppBar 中显示一个搜索图标按钮。当用户单击按钮时，将能在 TextField
中输入部分电影标题，当按下键盘上的搜索按钮时，应用程序将调用 Web 服务来检索包
含用户输入的所有电影。

下面添加用于实现搜索功能的逻辑，并利用想搜索的标题调用 Movie Database Web
API。

（1）在 http_helper.dart 文件的 HttpHelper 类中，声明一个 final String，其中包含执

行电影搜索所需的 URL 开头。显然，每个应用程序接口都有自己的 URL 结构，但大多数公共 Web 服务都有详尽的文档，可以帮助我们建立正确的 URL。

```
final String urlSearchBase =
'https://api.themoviedb.org/3/search/movie?api_key=[YOUR API KEY
HERE]&query=';
```

☀ 提示：

建议在文件中创建一个设置结构。例如，在当前项目中，我们在 httpHelper 类的开始部分设置了所有的 URL 常量。通常来说，在需要使用 URL 时再去构建它们并不是一个好主意，因为这将使代码更难调试。

（2）创建一个名为 findMovies 的新函数，它将返回一个电影列表，并接收一个包含标题或部分标题的字符串作为参数。

```
Future<List> findMovies(String title) async {
  final String query = urlSearchBase + title ;
  http.Response result = await http.get(query);
  if (result.statusCode == HttpStatus.ok) {
    final jsonResponse = json.decode(result.body);
    final moviesMap = jsonResponse['results'];
    List movies = moviesMap.map((i) =>
    Movie.fromJson(i)).toList();
    return movies;
  }
  else {
    return null;
  } }
```

（3）在 findMovies()函数中，首先创建要传递给 Web API 的查询，它是 urlSearchBase 和传递给函数的标题的连接结果。

（4）随后调用 http.get()方法，传递查询参数并返回一个 Response 对象，将其称为 result。如果 result 的状态码是 HttpStatus.ok，则解码并解析结果的主体，根据结果创建并返回一个电影列表。该过程与 getUpcoming()方法非常相似，但是这里传递的是基于用户输入的查询。

（5）接下来需要在 UI 中实现搜索功能。实现这一点有多种方法，这里使用 AppBar 微件，它不仅可以包含文本，还可以包含图标、按钮和包含 TextField 在内的其他多个微件。

（6）下面回到 movie_list.dart 文件。在_MovieListState 类中创建两个属性：一个用于可见图标（加载屏幕时的搜索图标），第二个用于通用微件，在开始时是包含 Movies 的 Text 微件。

```
Icon visibleIcon = Icon(Icons.search);
Widget searchBar= Text('Movies');
```

（7）在 build()方法 Scaffold 的 appBar 中，将标题更改为 searchBar 微件，并添加一个 actions 参数。这个参数接收一个微件数组，这些微件显示在标题之后。通常，它们表示常用操作的按钮。这将只包含一个含有 Icons.search（图标）的 IconButton（图标按钮）。

```
   title: searchBar,
   actions: <Widget>[
     IconButton(
     icon: visibleIcon,
     onPressed: () {}
),]),
```

（8）对于 IconButton 的 onPressed()函数，我们将调用 setState()方法，这样就可以显示 TextField 并在用户按搜索按钮时更换图标。

```
onPressed: () {
   setState(() {
     if (this.visibleIcon.icon == Icons.search) {
     this.visibleIcon = Icon(Icons.cancel);
     this.searchBar = TextField(
        textInputAction: TextInputAction.search,
        style: TextStyle(
        color: Colors.white,
        fontSize: 20.0, ),
     ); }
     else {
        setState(() {
        this.visibleIcon = Icon(Icons.search);
        this.searchBar= Text('Movies');
});}})) ;},
```

注意，在上述代码中，Icons.search 和 Icons.cancel 是两个图形，应该有助于清楚地说明应用程序中的预期动作。读者可在 https://api.flutter.dev/flutter/material/Icons-class.html 找到可用的 Flutter 图标的完整更新列表。

TextField 的 textInputAction 属性允许指定软键盘的主要操作。TextInputAction.search

应该在键盘上显示一个放大镜图标，但最终的结果还受到所使用的操作系统的影响。

如果尝试运行应用程序，则可在屏幕的右上方看到搜索按钮。当单击该按钮时，输入文本则出现于 AppBar 上，运行之后用户就能输入一些文本。

现在，只需要在用户按下键盘上的搜索按钮时从 HttpHelper 类中调用 findMovies 方法。

（9）在_MovieListState 类中，编写一个方法，可以将其称为 search。该方法将是异步的，因为它调用异步函数，需要接收用户输入的文本作为参数。

```
Future search(text) async {
  movies = await helper.findMovies(text);
  setState(() {
    moviesCount = movies.length;
    movies = movies;
  });
}
```

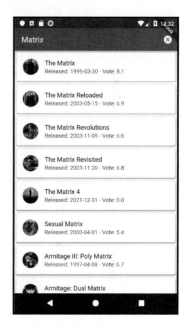

search()方法的功能是调用 HttpHelper 的 findMovies()方法，等待其结果，然后调用 setState()方法更新 moviesCount 和 movies 属性，以便 UI 将显示找到的影片。

（10）在 AppBar 的 TextField 中，当用户提交查询时调用 search()方法。

```
onSubmitted: (String text) {
    search(text);
},
```

（11）尝试运行应用程序，随后即可搜索所需的电影，如图 5.9 所示。

图 5.9

如果查看屏幕上的标题，会注意到那里有一部《黑客帝国 4》电影：我就是这样发现这部电影会有第 4 部的。

5.8　本章小结

通过在本章中构建的项目，读者现在可以在任何应用程序中从外部来源读取数据。这为创作增添了无尽的机会。

特别地，本章介绍了如何利用 http 库的 get()方法从 URL 检索数据。我们看到了 JSON 示例，使用了 decode()方法，并了解了如何处理 http.Response 对象。另外，本章采用了

HttpStatus 枚举检查响应状态，并使用 map()方法解析了一些 JSON 内容。

本章讨论了 Dart 和 Flutter 中的一个强大工具，即异步编程：使用 async，await，then 关键字，与 Future 对象一起，我们创建了一组函数和特性，且不会阻塞应用程序的主执行线程。相信读者已了解如何在 Flutter 应用程序中使用多线程。

除此之外，本章还利用 Image.network()和 NetworkImage 从 Web 中下载图像。

对于 UI，我们已经看到了如何通过构建器构造函数来使用 ListView。通过设置 itemCount 和 itemBuilder 参数，我们以一种有效的方式创建了一个滚动列表。此外还添加了 ListTile 微件以及它们的标题、副标题和前导属性。

我们已经看到，利用 MaterialPageRoute 构建器构造函数在 Flutter 中通过屏幕传递数据是非常简单的，无须下载任何数据即可为电影的详细信息创建第二个屏幕。

最后，我们在应用程序中添加了搜索功能。通过 AppBar，根据用户的操作动态更改了微件，并在 Movie Database Web 服务上执行了搜索。

至此，我们为 Flutter 工具包添加了一个强大的工具，即从外部服务检索数据的能力。

第 6 章将考察如何将设备中的数据存储至关系数据库。这两项功能构成了商业应用所需的大部分内容。

5.9 本 章 练 习

在项目的最后，我们提供了一些问题以帮助读者记忆和复习本章所涵盖的内容。尝试回答以下问题，如果有疑问，可查看本章中的内容，读者会在那里找到所有的答案。

（1）下列代码是否正确？若不正确，试解释其中的原因。

```
String data = http.get(url);
```

（2）JSON 和 XML 格式的用途是什么？

（3）什么是线程？

（4）请说出几个常见的异步场景。

（5）什么时候应该使用 async/await 关键字？

（6）ListView 和 ListTile 的区别是什么？

（7）如何使用 map()方法解析数据并创建列表？

（8）如何将数据从一个屏幕传递到另一个屏幕？

（9）应该在什么情况下使用 json.decode()方法处理 Response 对象的主体内容？

（10）什么是 CircleAvatar？

5.10　进一步阅读

由于从网络中检索数据是一个热门话题，因此读者可找到大量处理该问题的资源。一个很好的起点是，官方网站通过一个简单的例子解释了这个过程。对应网址为 https://flutter.dev/docs/cookbook/networkingfetch-data。

许多开发人员第一次接触多线程和异步编程时，他们可能会感到困惑。在 https://dart.dev/codelabs/async-await 上有一个非常有用的指南，并通过几个示例解释了如何使用相关模式中所涉及的概念。

当数据复杂时，解析 JSON 内容也将变得十分复杂。对此，读者可访问 https://flutter.dev/docs/development/data-and-backend/json 查看完整的指南。

为了深入理解 ListView 微件，读者可访问 https://api.flutter.dev/flutter/widgets/ListView-class.html 并查看其中的内容。

即使本章项目未涉及任何测试特性，但当复杂性增加时，使用自动化测试系统是个好主意。在开始阶段，读者可访问 https://flutter.dev/docs/cookbook/testing/unit/introduction 并查看其中的内容。

第6章 使用 Sq(F)Lite 并在本地 数据库中存储数据

在第 5 章中，我们已经看到了如何从 Web 服务中检索数据。本章将学习如何在设备中存储数据。HTTP 方法和数据存储相结合，涵盖了大多数商业应用的核心功能，如一个管理商店库存的应用、一个记录个人开支的应用或一个记录锻炼时间的健身应用。所有这些应用程序都有一个共同点，即存储数据。

在阅读完本章后，读者将能够构建一个全功能的数据库应用程序。本章将涉及下列主题。

● 在 Flutter 中使用 SQLite。
● 创建模型类。
● 向应用程序的用户显示数据。
● 使用单例模式，并对本地数据库执行创建（Creat）、读取（Read）、更新（Update）和删除（Delete）（简称 CRUD）操作。

根据后续内容描述的项目，读者将能够创建一个 Flutter 应用程序，并将数据存储在本地关系数据库中。

6.1 技 术 需 求

读者可访问本书的 GitHub 存储库查看完整的应用程序代码，对应网址为 https://github.com/PacktPublishing/Flutter-Projects。

为了理解书中的示例代码，应在 Windows、Mac、Linux 或 Chrome OS 设备上安装下列软件。

● Flutter 软件开发工具包（SDK）。
● 当进行 Android 开发时，需要安装 Android SDK。Android SDK 可通过 Android Studio 方便地进行安装。
● 当进行 iOS 开发时，需要安装 MacOS 和 Xcode。
● 模拟器（Android）、仿真器（iOS）、连接的 iOS 或 Android 设备，以供调试使用。
● 编辑器：建议安装 Visual Studio Code (VS Code)、Android Studio 或 IntelliJ IDEA。

● 了解关系数据库的基本知识。

6.2　基本理论和背景

根据官方网站（SQLite.org）的说法，SQLite 是一个小型、快速、自包含、高可靠性、全功能的 SQL 数据库引擎。

作为 Flutter 手机开发者，首先，SQLite 是一个 SQL 数据库引擎。这意味着读者可以使用 SQL 语言构建查询，因此，如果读者对数据库完全陌生，建议先阅读优秀的 W3Schools SQL 教程，对应网址为 https://www.w3schools.com/sql/default.asp，读者会发现理解本章的项目将容易得多。

SQLite 的主要特性如下。

● 小型和快速：开发人员已经对 SQLite 的速度和文件大小进行了广泛的测试，它在磁盘空间和数据检索速度方面都优于其他几种技术。读者可访问 https://sqlite.org/fasterthanfs.html 和 https://sqlite.org/footprint.html 查看更多内容。

● 自包含意味着 SQLite 需要很少的外部库，这使得它成为任何轻量级、与平台无关的应用程序的理想选择。SQLite 直接读写磁盘上的数据库文件，所以不必设置任何客户端-服务器连接就可以使用它。

● 高可靠性：十多年来，SQLite 已经在数十亿的移动设备、物联网（IoT）设备和桌面设备中使用，且没有任何问题，证明了其极高的可靠性。

● 全功能：SQLite 具有完整的 SQL 实现，包括表、视图、索引、触发器、外键约束和多个标准 SQL 函数。

SQLite 是在 Android 和 iOS 中持久化存储数据的最佳选择，因为它易于实现、安全、属于公共领域、跨平台且结构紧凑。

💡 提示：

关于 SQLite 的发音有两种说法："Ess-Cue-El-Ight"或"See-Quel-Light"。SQLite 的创建者理查德·希普（Richard Hipp）通常使用第一种说法，但他也表示，你可以随心所欲地发音，并补充说并不存在所谓的"官方"发音。

为了在 Flutter 中添加 SQLite 功能，将使用 sqflite 插件，这是目前支持 iOS 和 Android 的 Flutter SQLite 插件，并包含用于 SELECT、INSERT、UPDATE 和 DELETE 查询的异步辅助方法。我们将在本章中看到使用 sqflite 插件库所需的步骤。

将创建的数据库包含两个表，即 lists 和 items 表，如图 6.1 所示。

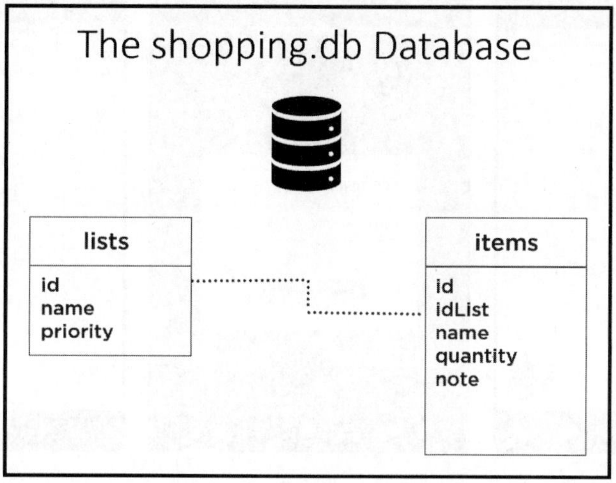

图 6.1

其中，lists 表包含 3 个字段，即 id（整数）、name（文本）和 priority（整数）。items 表有 id（整数）、idList（整数）、name（文本）、quantity（文本）和 note（文本），idList 字段将是指向 lists 表中 id 的外键约束。可以看到，这个模式非常简单，它允许我们尝试构建数据库应用程序所需的许多特性。

6.3　项　目　概　览

本章构建的 Shopping List 应用程序由两个屏幕构成。其中，用户打开应用程序时看到的第一个屏幕显示了一个购物清单，如图 6.2 所示。

列表中的每个条目都有一个优先级（图 6.2 中左侧的数字）、名称（Bakery、Fruit 等）和右侧的编辑按钮。当滑动列表中的任何条目时，该条目将被删除，当单击编辑按钮时，应用程序将显示编辑对话框屏幕，允许编辑购物清单的名称和优先级，如图 6.3 所示。

当单击其中一个购物清单时，会进入应用程序的第二个屏幕，它会显示另一个列表：选择的购物清单中包含的商品。例如，如果单击 Fruit 购物列表，将看到 Oranges 和 Apples，如图 6.4 所示。

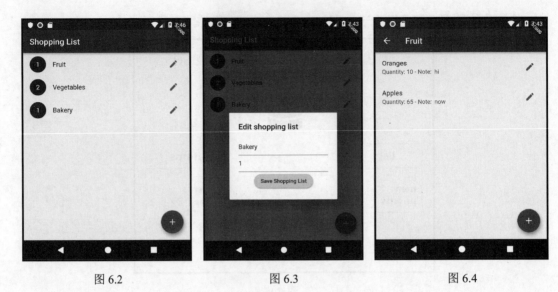

<table>
<tr><td>图 6.2</td><td>图 6.3</td><td>图 6.4</td></tr>
</table>

　　清单上的每一项都有 name、quantity 和 note。该屏幕的功能类似于第一个屏幕：能够通过单击浮动动作按钮（FAB）添加新项目，通过单击编辑按钮编辑项目，以及通过滑动列表中的任何元素从列表中删除项目。

　　像往常一样，我们将从头创建一个新项目，稍后将看到如何向 Flutter 应用程序中添加 SQLite 数据库。

6.4　使用 sqflite 数据库

　　本节将创建一个新项目，添加 sqflite 依赖项，并通过 SQL 原始查询创建数据库。然后，将通过添加一些模拟数据并在调试控制台中输出它来测试创建的数据库。这将需要一些方法来向数据库中插入和检索数据。

6.4.1　创建 sqflite 数据库

　　下面在编辑器中创建一个新的 Flutter 项目，将其命名为 shopping。

　　（1）由于 sqflite 是一个包，为了能够在项目中使用它，要执行的第一步是在 pubspec.yaml 文件中添加依赖项。

　　读者可访问 https://pub.dev/packages/sqflite 查看依赖项的最新版本。本项目将使用的依赖项如下。

```
dependencies:
  flutter:
    sdk: flutter
  sqflite: ^1.2.0
  path: ^1.6.4
```

（2）在 lib 文件夹中，创建一个名为 util 的子文件夹，并于其中创建一个新文件 dbhelper.dart。该文件包含了创建数据库以及检索和写入数据的相关方法。

（3）在该文件顶部，导入 sqflite.dart 和 path.dart。path.dart 是一个可操控文件路径的库。由于每个平台（iOS 或 Android）以不同路径保存文件，因此这将十分有用。通过 path.dart，我们无须了解文件在当前操作系统中的存储方式，可通过相同的代码访问数据库。在 dbhelper.dart 文件顶部导入 path 和 sqflite 库，代码如下。

```
import 'package:path/path.dart';
import 'package:sqflite/sqflite.dart';
```

（4）创建一个可以从代码的其他部分调用的类，将其称为 DbHelper，代码如下。

```
class DbHelper {}
```

（5）在该类中创建两个变量：一个名为 version 的整数和一个名为 db 的数据库。Version 包含一个表示数据库版本的数字，开始时为 1。当需要更改数据库结构中的某些内容时，这将使更新数据库更加容易。db 将包含 SQLite 数据库本身。将这两个声明放在 DbHelper 类的顶部，代码如下。

```
final int version = 1;
Database db;
```

（6）如果数据库存在，创建一个方法打开它；如果数据库不存在，则创建一个方法，并将其称为 openDb()。

（7）由于数据库操作可能需要一些时间来执行，特别是当涉及处理大量数据时，这些操作是异步的。也就是说，openDb()函数将是异步的，并返回 Database 类型的 Future。接下来将下面的代码放在 DbHelper 类的末尾。

```
Future<Database> openDb() async {}
```

（8）在函数内部，首先需要检查 db 对象是否为空。这是因为我们希望避免不必要地打开数据库的新实例。在 openDb()方法中，添加以下代码。

```
if (db == null) {}
```

（9）如果 db 为空，则需要打开数据库。sqflite 库有一个 openDatabase()方法。在调用中设置 3 个参数：要打开的数据库的路径、数据库的版本和 onCreate 参数。onCreate 参数只有在没有找到指定路径的数据库或版本不同时才会被调用。代码如下。

```
if (db == null) {
 db = await openDatabase(join(await getDatabasesPath(),
 'shopping.db'),
  onCreate: (database, version) {
 database.execute(
    'CREATE TABLE lists(id INTEGER PRIMARY KEY, name TEXT,
    priority
    INTEGER)');
 database.execute(
    'CREATE TABLE items(id INTEGER PRIMARY KEY,
    idList INTEGER, name TEXT, quantity TEXT,
    note TEXT, ' + 'FOREIGN KEY(idList)
    REFERENCES lists(id))');
}, version: version);
}
```

onCreate 参数中的函数接收两个值：database 和 version。在该函数中，调用 execute()方法，该方法在数据库中执行原始 SQL 查询。这里调用它两次：第一次用于创建 lists 表，第二次用于创建 items 表。

可以看到，此处仅使用了两种数据类型，即 INTEGER 和 TEXT。

☑ **注意：**

在 SQLite 中，仅有 5 种数据类型，即 NULL、INTEGER、REAL、TEXT 和 BLOB。注意，不存在 Boolean 或 Date 数据类型。

items 表的 quantity 字段是一个 TEXT 而不是数字，因为我们希望用户插入度量单位，如"5 lbs"或"2 kg"。

☀ **提示：**

当一个名为 id 的整数字段是主键时，如果在插入新记录时提供 NULL，数据库将自动分配一个新值，并采用自动递增逻辑。因此，如果最大的 ID 是 10，下一条记录将自动取 11。

（10）在 openDb()结尾处返回数据库，代码如下。

```
return db;
```

总而言之，如果存在一个名为 shopping.db 的数据库，并且版本号为 1，则打开该数据库。否则，创建该数据库。

接下来检查一切是否工作正常。

6.4.2　测试数据库

此时，即使调用了 openDb()方法，也无法知道数据库是否已被正确创建。为了测试数据库，将在 DbHelper 类中创建一个方法，该方法将在 lists 表中插入一条记录，在 items 表中也插入一条记录，然后检索这两条记录并在调试控制台中输出它们。最后重构 main 方法，以便调用测试方法。这样，我们将确保数据库正确创建，并且可以对其读写数据。

（1）在 DbHelper 类中创建一个名为 testDb()的新方法，该方法将向数据库中插入一些模拟数据，然后检索数据并将其输出到调试控制台。所有的数据库方法都是异步的，所以 testDb()返回一个 Future，并被标记为 async，代码如下。

```
Future testDb() async { }
```

💡 提示：

关于 Future、async 和 await 的概念，参见第 5 章。

（2）在该方法中向 lists 表插入一条记录，代码如下。

```
Future testDb() async {
  db = await openDb();
  await db.execute('INSERT INTO lists VALUES (0, "Fruit", 2)');
  await db.execute('INSERT INTO items VALUES (0, 0, "Apples",
  "2 Kg",
  "Better if they are green")');
  List lists = await db.rawQuery('select * from lists');
  List items = await db.rawQuery('select * from items');
  print(lists[0].toString());
  print(items[0].toString());
}
```

下面查看上述代码的工作流程。

● 首先等待 openDb()方法，该方法返回数据库：db = await openDb();。第一次调用这个方法时，数据库就被创建了。

● 随后调用 execute()方法两次，即 await db.execute()方法。第一次调用该方法将向 lists 表中插入一条记录；第二次调用该方法则向 items 表中插入一条记录。在这两种情况下，都使用了基于 INSERT 查询的 SQL 语言。

● 利用 rawQuery()方法并传递 SELECT 查询语句，在数据库中读取数据。select *
从指定的表中获取所有值。将检索到的值返回 List。

● 最后，将用 rawQuery 方法填充的两个列表（list 和 items 表）的第一个元素输出
到调试控制台。

（3）从应用程序的 main 方法中调用 testDb()方法。访问 main.dart，移除框架创建的
默认代码并保留基础结构，代码如下。

```dart
import 'package:flutter/material.dart';

void main() => runApp(MyApp());

class MyApp extends StatelessWidget {
  @override
  Widget build(BuildContext context) {
    return MaterialApp(
      title: 'Shoppping List',
      theme: ThemeData(
        primarySwatch: Colors.blue,
      ),
      home: Container()
    );
  }
}
```

（4）在文件顶部，导入 dbhelper.dart，代码如下。

```dart
import './util/dbhelper.dart';
```

（5）在 MyApp 类的 build()方法的开始处，创建名为 helper 的 DbHelper 类实例，随
后调用其 testDb()方法，代码如下。

```dart
DbHelper helper = DbHelper();
helper.testDb();
```

尝试运行应用程序并查看控制台。可以看到在数据库上执行的 SELECT 查询的结果。
在下面的代码片段中，可以看到调试控制台内容的示例。

```
I/flutter ( 4766): {id: 0, name: Fruit, priority: 2}
I/flutter ( 4766): {id: 0, idList: 0, name: Apples, quantity: 2 Kg, note:
Better if they are green}
```

这意味着我们成功地在数据库中的两个表（lists 和 items）插入和检索了数据。这是一个很好的起点，但现在，我们的应用只是显示一个白屏。6.5 节将使应用程序更具互动性，允许用户从应用程序本身查看和编辑数据。

☀ 提示：

如果多次运行该程序，会因约束失败而出现 SQL 异常，因为这将在表中插入具有相同唯一行键的记录。对此，只需更改插入语句中的 ID 即可添加更多数据。

稍后将创建模型类并在代码中使用，以便高效地与数据库交互。

6.5　创建模型类

在使用面向对象编程语言（OOP）处理数据库时，一种常见的方法是处理反映数据库中表结构的对象，这使代码更可靠、更易于阅读，并有助于防止数据不一致。

shopping.db 结构非常简单，因此只需要创建两个模型类，其中包含与表中相同的字段以及一个映射方法，以简化将数据插入和编辑到数据库中的过程。按照下面的步骤创建一个模型类。

（1）创建一个名为 models 的新文件夹。

（2）在 models 文件夹中，创建一个名为 shopping_list.dart 的新文件。

（3）在文件内部，创建一个名为 ShoppingList 的类，它将包含 3 个属性：id 整数、名称 String 和 priority 整数，代码如下。

```
class ShoppingList {
  int id;
  String name;
  int priority;
}
```

（4）创建一个构造函数并设置 3 个属性，代码如下。

```
ShoppingList(this.id, this.name, this.priority);
```

（5）创建一个 toMap()方法，它将返回一个<String, dynamic>类型的 Map。Map 是键/值对的集合：我们指定的第一个类型是键的类型，在当前情况下，它将始终是字符串。第二个类型是值的类型：由于表中有不同的类型，因此这将是动态的。在 Map 中，可以使用键来检索值。添加下面的代码来创建这个方法。

```
Map<String, dynamic> toMap() {
    return {
      'id': (id==0)?null:id,
      'name': name,
      'priority': priority,
    };
  }
```

在 SQLite 数据库中，当在插入新记录并提供 null 时，数据库将自动分配一个新值，并具有自动增量逻辑。这就是为什么对于 id 使用三元操作符：当 id 等于 0 时，将其更改为 null，以便 SQLite 能够设置 id。针对其他两个字段，Map 将使用类值。

针对 Items 模型类重复如下的相同步骤。

（1）在 models 文件夹中，创建名为 list_items.dart 的新文件。

（2）在该文件中，创建名为 ListItem 的类，并包含 5 个属性，即 id（整数）、idList（整数）、name（字符串）、quantity（整数）和 note（String），代码如下。

```
class ListItem {
  int id;
  int idList;
  String name;
  String quantity;
  String note;
}
```

（3）创建一个构造函数并设置所有属性，代码如下。

```
ListItem(this.id, this.idList, this.name, this.quantity, this.note);
```

（4）创建一个 toMap()方法，该方法将返回一个<String, dynamic>类型的 Map，使用相同的三元操作符使 ID 在值为 0 时为 null，代码如下。

```
Map<String, dynamic> toMap() {
  return {
  'id': (id==0)?null:id,
  'idList': idList,
  'name': name,
  'quantity': quantity,
  'note': note
  };
  }
```

在 DbHelper 类中，需要创建两个方法，它们将利用模型类将数据插入 shopping.db 数据库中。

（5）将这两个模型类导入 dbhelper.dart 文件的 DbHelper 类中，代码如下。

```
import '../models/list_items.dart';
import '../models/shopping_list.dart';
```

（6）我们将从 insertList()方法开始，该方法将向 lists 表中插入一条新记录。与每个数据库操作一样，这将是一个异步函数，它将返回 int 类型的 Future，因为 insert()方法将返回被插入记录的 ID。该方法将接收 ShoppingList 模型类的一个实例作为参数，名为 list，代码如下。

```
Future<int> insertList(ShoppingList list) async {}
```

（7）在 insertList()方法中，将调用数据库对象的 insert()方法，这是 sqflite 库公开的一个特定的辅助方法，它接收 3 个参数，如图 6.5 所示。

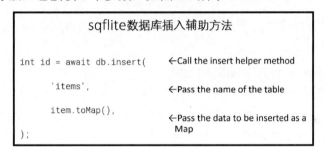

图 6.5

insert()方法指定了下列参数。

● 插入数据的表名，在当前示例中为 lists。

● 想插入数据的 Map。对此，将调用 list 参数的 toMap()函数。

● 作为可选项，conflictalgAlgorithm 指定当尝试插入具有相同 id 的记录两次时，应该遵循的行为。在当前示例中，如果多次插入相同的列表，它将用传递给函数的新列表替换以前的数据。

（8）在 insertList()方法中编写下列代码。

```
int id = await this.db.insert(
    'lists',
    list.toMap(),
    conflictAlgorithm: ConflictAlgorithm.replace,
);
```

insert()是一个异步方法，因此利用 await 命令调用该方法。id 将包含插入的新记录的 ID。

（9）利用下列代码返回 id。

```
return id;
```

（10）在 DbHelper 类中，创建名为 insertItem()的第二个方法，其功能与 insertList()方法相同，用于将一个 ListItem 插入 items 表中，代码如下。

```
Future<int> insertItem(ListItem item) async {
    int id = await db.insert(
    'items',
    item.toMap(),
    conflictAlgorithm: ConflictAlgorithm.replace,
  );
    return id;
 }
```

（11）现在准备测试这两个方法，从 main.dart 文件中调用它们。在文件的顶部导入两个模型类，代码如下。

```
import './models/list_items.dart';
import './models/shopping_list.dart';
```

这里需要做一些重构，因为主屏幕的内容会在应用的生命周期中发生变化，需要一个有状态微件重新绘制屏幕的内容。因此，在只有少量代码的情况下，现在进行重构可能是值得的。

（12）在 main.dart 的底部 MyApp 类之后，使用 stful 快捷方式创建一个新的有状态微件，将其命名为 ShList，代码如下。

```
class ShList extends StatefulWidget {
  @override
  _ShListState createState() => _ShListState();
}
class _ShListState extends State<ShList> {
  @override
  Widget build(BuildContext context) {
    return Container();
  }
}
```

（13）在_ShListState 类顶部，创建 DbHelper 类实例，代码如下。

```
DbHelper helper = DbHelper();
```

（14）移除 MyApp 类的 build()方法中的如下代码，这些代码将不再使用。

```
DbHelper helper = DbHelper();
helper.testDb();
```

（15）在_ShListState 类中，添加名为 showData()的异步方法。稍后，该方法将在屏幕上显示数据。当前，我们使用该方法测试新的 insertList()和 insertItem()方法，代码如下。

```
Future showData() async {}
```

（16）在 showData()函数中，在 helper 对象上调用 openDb()方法。使用 await 命令确保在尝试向数据库插入数据之前，数据库已经打开，代码如下。

```
await helper.openDb();
```

（17）创建一个 ShoppingList 实例，并调用 helper 对象上的 insertList()方法。将把 insertList 返回的值放置在整数 listId 中，代码如下。

```
ShoppingList list = ShoppingList(0, 'Bakery', 2);
int listId = await helper.insertList(list);
```

（18）对 ListItem 重复相同的操作。这里，列表 ID 将从 listId 变量中获取，代码如下。

```
ListItem item = ListItem(0, listId, 'Bread', 'note', '1 kg');
int itemId = await helper.insertItem(item);
```

（19）将检索值输出至调试控制台，以确保一切工作正常，代码如下。

```
print('List Id: ' + listId.toString());
print('Item Id: '+ itemId.toString());
```

（20）调用 showData()方法。在_ShListState 类的 build()方法中，调用 showData()方法，代码如下。

```
showData();
```

（21）在 MyApp 类的 build()方法中，通过设置 MaterialApp 的 home 属性，创建一个 Scaffold，其 body 调用 ShList 类，代码如下。

```
home: Scaffold(
    appBar: AppBar(title: Text('Shopping List'),),
    body: ShList()
));
```

如果一切正常，现在应该看到插入数据库中的记录的 ID（看到的数字可能根据数据库中记录的数量而变化），代码如下。

```
I/flutter ( 4589): List Id: 2
I/flutter ( 4589): Item Id: 3
```

我们已经创建了模型类，这将使处理数据库变得更容易，并使用 insert 辅助方法将数据插入表中。现在是时候向用户显示这些数据了，下面将对此进行操作。

6.6　向用户显示数据库数据

我们已经将一些数据添加到 shopping.db 数据库中，现在是时候向用户显示这些数据了。首先将在第一个屏幕（ListView）中显示可用的购物清单。在用户单击购物清单中的任何一项后，他们将进入应用程序的第二个屏幕，该屏幕将显示购物清单中的所有商品。

我们将创建一个函数，并使用 sqflite 辅助方法检索数据库中 lists 表的内容，步骤如下。

（1）在 DbHelper 类中，添加名为 getLists() 的新方法，该方法将返回 Future，包含一个 ShoppingList 对象的 List。像往常一样，这将是异步的。代码如下。

```
Future<List<ShoppingList>> getLists() async {}
```

（2）在函数内，调用数据库的 query 辅助方法。由于这将检索 lists 表中的全部数据，因而所需的唯一参数为表名。代码如下。

```
final List<Map<String, dynamic>> maps = await db.query('lists');
```

注意，query() 辅助方法返回一个 Map 条目的 List。为了方便使用它们，需要将 List<Map<String, dynamic> 转换为 List<ShoppingList>。对此，可调用 List.generate() 方法来实现，这可用于生成一个值列表。这里，第一个参数指定了列表的大小，第二个参数表示一个函数，用于生成列表值。

（3）在 getLists() 函数中添加下列代码。

```
return List.generate(maps.length, (i) {
    return ShoppingList(
      maps[i]['id'],
      maps[i]['name'],
      maps[i]['priority'],
    );
});
```

这里的返回值是 ShoppingList 对象的 List。一旦得到了 ShoppingList 对象的 List，则需要在应用程序的第一个屏幕上显示它们。

（4）在 main.dart 文件_ShListState 类的顶部，创建一个 shoppingList 属性，该属性是 ShoppingList 条目的 List，代码如下。

```
List<ShoppingList> shoppingList;
```

（5）在 showData()方法中，删除所有的测试代码，除 await helper.openDb();一行代码之外。随后调用 helper 对象的 getLists()函数，代码如下。

```
shoppingList = await helper.getLists();
```

（6）调用 setState()方法并通知应用程序 ShoppingList 发生了变化，代码如下。

```
setState(() {
    shoppingList = shoppingList;
});
```

（7）现在已经检索了所需的数据，需要将其显示在屏幕上。在_ShListState 类的 build()方法中，返回一个 ListView.builder，它将包含 shoppingList 属性中可用的条目数量。如果 shoppingList 为 null，那么 ListView 的 itemCount 将为 0。为了实现这一点，像往常一样，我们将使用三元操作符语法，代码如下。

```
return ListView.builder(
    itemCount: (shoppingList != null)?
shoppingList.length : 0,
);
```

（8）在 itemBuilder 中，返回一个 ListTile，其标题为 shoppingList 列表的 name 属性，且位于 index 位置，代码如下。

```
itemBuilder:(BuildContext  context,  int
index) {
  return ListTile(
  title: Text(shoppingList[index].name));
});
```

（9）如果一切正常，当尝试运行应用程序时，可以看到插入的购物清单的名称列表，如图 6.6 所示。

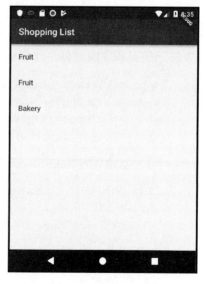

图 6.6

为了完成这个屏幕的内容，我们将针对条目添加更多的数据，步骤如下。

（1）为了让用户界面（UI）更吸引人，在 ListTile 的 leading 属性中添加一个 CircleAvatar，并包含优先级，代码如下。

```
return ListTile(
    title: Text(shoppingList[index].name),
    leading: CircleAvatar(child:
Text(shoppingList[index].priority.toString()),),
);
```

（2）在 ListTile 中，添加一个 trailing 图标，稍后用于编辑 shoppingList，代码如下。

```
trailing: IconButton(
    icon: Icon(Icons.edit),
    onPressed: (){},
)
```

现在可以看到购物清单，还应显示每个清单上的条目。为此，需要一个新文件，步骤如下。

（1）为了更好地组织代码，创建一个名为 ui 的新文件夹，它将包含项目的 UI 文件，除了 main.dart，它将保留在 lib 文件夹中。

（2）在 ui 文件夹中创建一个名为 items_screen.dart 的新文件。在新文件中，首先导入显示条目所需的文件，代码如下。

```
import 'package:flutter/material.dart';
import '../models/list_items.dart';
import '../models/shopping_list.dart';
import '../util/dbhelper.dart';
```

（3）创建名为 ItemsScreen 的有状态微件，代码如下。

```
class ItemsScreen extends StatefulWidget {
  @override
  _ItemsScreenState createState() => _ItemsScreenState();
}
class _ItemsScreenState extends State<ItemsScreen> {
  @override
  Widget build(BuildContext context) {
```

```
    return Container();
  }
}
```

每次显示这个屏幕，都是因为选择了一个 ShoppingList 对象。我们永远不需要单独调用这个屏幕。因此，当创建 ItemsScreen 微件时，传递一个 ShoppingList 是有意义的。

（4）在 ItemsScreen 类顶部，创建一个名为 shoppingList 的 final ShoppingList 变量，并创建一个构造函数以设置 shoppingList 属性，代码如下。

```
final ShoppingList shoppingList;
ItemsScreen(this.shoppingList);
```

（5）对 State 执行相同的操作。在_ItemsScreenState 类顶部，声明一个 ShoppingList，创建一个构造函数并对其进行设置，代码如下。

```
final ShoppingList shoppingList;
_ItemsScreenState(this.shoppingList);
```

（6）当调用 createState()时，加入 shoppingList 参数，代码如下。

```
@override
 _ItemsScreenState createState() =>
_ItemsScreenState(this.shoppingList);
```

（7）现在已经设置了 shoppingList，在_ItemsScreenState 类的 build()方法中，返回一个 Scaffold，并在 AppBar 标题中显示 shoppingList 的名称，代码如下。

```
@override
Widget build(BuildContext context) {
   return Scaffold(
     appBar: AppBar(
       title: Text(shoppingList.name),
     ),
     body:Container()
   );
}
```

（8）为了测试应用程序，当用户单击主屏幕的 ListView 中的一个项目时，调用 ItemsScreen。回到 main.dart 文件，首先导入 items_screen.dart 文件，代码如下。

```
import './ui/items_screen.dart';
```

（9）在_ShLstState 类的 build()方法中，ListView 的 ListTile 内部，添加一个 onTap

参数。其中，调用 Navigator.push()方法来调用 ItemsScreen，同时传递 shoppingList 中位于 index 位置的对象，代码如下。

```
onTap: (){
 Navigator.push(
 context,
 MaterialPageRoute(builder: (context) =>
ItemsScreen(shoppingList[index])),
);},
```

（10）尝试运行应用程序。如果单击 ListView 中的某个条目，将看到第二个屏幕，该屏幕仅显示 shoppingList 的标题，如图 6.7 所示。

下一步是将列表显示到第二个屏幕，该列表将包含从第一个屏幕中选择的购物清单中的项目。因此，需要创建一个方法，该方法在 items 表中查询数据库，传递所选 ShoppingList 的 ID，并返回所有检索到的元素。我们将在 DbHelper 类中添加这个方法以及处理数据库的所有其他方法。

（1）像往常一样，这将是一个异步方法，返回 List<ListItem>类型的 Future，代码如下。

```
Future<List<ListItem>> getItems(int idList)
async { }
```

图 6.7

（2）就像对 getLists()方法所做的那样，通过数据库调用 query()方法，传递表的名称 items 作为第一个参数。此外，还将设置第二个参数 where，它将根据特定字段（在本例中为 idList）筛选结果。idList 变量将等于在 whereArgs 命名参数中设置的值。在当前示例中，idList 必须等于传递给 getItems()函数的值。这将返回一个 List<Map<String, dynamic>>类型的结果。将查询结果放在一个名为 maps 的变量中，代码如下。

```
final List<Map<String, dynamic>> maps =
    await db.query('items',
    where: 'idList = ?',
    whereArgs: [idList]);
```

（3）将 List<Map<String, dynamic>>转换为一个 List<ListItem>，并将其返回给调用者。

```
return List.generate(maps.length, (i) {
    return ListItem(
      maps[i]['id'],
      maps[i]['idList'],
      maps[i]['name'],
      maps[i]['quantity'],
      maps[i]['note'],
    );
});
```

（4）下面向用户显示条目。返回 items_screen.dart 文件，在_ItemsScreenState 类顶部创建两个属性。其中，一个属性是 DbHelper，另一个属性将包含所显示的全部 ListItem。

```
DbHelper helper;
List<ListItem> items;
```

考虑一下，我们不需要在整个应用程序中拥有多个 DbHelper 类的实例，有一个与数据库的连接才是我们真正需要的。

在 Dart 和 Flutter 中，有一个称为工厂构造函数（factory）的特性，它在调用类的构造函数时覆盖默认行为：工厂构造函数只返回类的一个实例，而不是创建一个新实例。

在当前示例中，这意味着第一次调用工厂构造函数时，它将返回 DbHelper 的一个新实例。在 DbHelper 已经被实例化之后，工厂构造函数将不会构建另一个实例，而只是返回现有的实例。对此，在 DbHelper 类中添加如下代码。

```
static final DbHelper _dbHelper = DbHelper._internal();

DbHelper._internal();

factory DbHelper() {
    return _dbHelper;
}
```

具体来说，首先创建一个名为_internal 的私有构造函数。然后，在工厂构造函数中，只需将其返回给外部调用者即可。

☀ 提示：

在 Dart 和 Flutter 中，工厂构造函数用于实现单例模式，该模式将类的实例化限制为一个单一实例。当应用程序只需要一个对象时，这非常有用。例如，可以将工厂构造函数用于数据库，或者连接到 Web 服务，或者一般情况下，当需要访问整个应用程序共享的资源时，都可以采用这种方法。

（5）在_ItemsScreenState 类的 items_screen.dart 文件中，创建一个名为 showData()的异步方法，该方法接收传递至该类的 ShoppingList 的 ID。

（6）在类内部，首先调用 openDb()方法以确保数据库是可用且已被打开，然后调用传递 idList 的 helper 对象中的 getItems()方法。getItems()方法的结果将放在 items 属性中。

（7）调用 setState()方法以更新 items 属性的 State，以便重新绘制 UI，代码如下。

```
Future showData(int idList) async {
    await helper.openDb();
    items = await helper.getItems(idList);
    setState(() {
        items = items;
    });
}
```

（8）在_ItemsScreenState 类中，在 build()方法的顶部，将 helper 设置为 DbHelper()的新实例，调用 showData()方法并传递 shoppingList 的 ID，代码如下。

```
helper = DbHelper();
showData(this.shoppingList.id);
```

接下来创建 UI，具体步骤如下。

（1）在_ItemsScreenState 类的 build()方法返回的 Scaffold 的 body 中，我们将放置一个 ListView，并调用它的 builder()构造函数。与前面处理 ShoppingList 的 ListView 一样，对于 itemCount 参数，将使用一个三元操作符。当 items 属性为 null 时，itemCount 将被设置为 0；否则，它将被设置为 items 列表的长度。代码如下。

```
ListView.builder(
    itemCount: (items != null) ? items.length : 0,
    itemBuilder: (BuildContext context, int index) {}
)
```

（2）在 itemBuilder 中，返回一个 ListTile。

（3）这里，我们希望显示列表中每个条目的 name、quantity 和 note。将名称放在 ListTile 的 title 中，subtitle 将同时包含 quantity 和 note。

（4）我们还将把 onTap 参数设置为空方法，并放置一个带有编辑图标的尾随（trailing）图标。当用户单击该图标时，就可以编辑 ShoppingList 中的条目。现在将其留空。代码如下。

```
itemBuilder: (BuildContext context, int index) {
    return ListTile(
    title: Text(items[index].name),
```

```
subtitle: Text(
    'Quantity: ${items[index].quantity} - Note:
    ${items[index].note}'),
onTap: () {},
trailing: IconButton(
icon: Icon(Icons.edit),
onPressed: () {}, ), );
})
```

如果尝试运行应用程序，应可看到购物清单中的每个条目，其中包含尾随编辑图标，如图 6.8 所示。

当前，应用程序向用户显示了所有数据，当首次进入应用程序时，将立刻看到保存的购物清单。随后，如果单击某个条目，则显示第二个屏幕，其中包含清单条目的详细信息。

目前，用户还不能插入、编辑或删除任何数据，接下来将对此加以讨论。

图 6.8

6.6.1　插入和编辑数据

现在需要允许用户插入、编辑或删除数据库中的现有记录。插入和编辑函数都需要一些 UI，其中可以包含用户输入的文本，为此，我们将使用对话框，当需要从用户获取一些信息，并在用户完成后返回调用者时，对话框是较为理想的工具。

因此，创建两个新文件，一个用于 ShoppingList，另一个用于 ListItems。将其分别命名为 shopping_list_dialog.dart 和 list_item_dialog.dart。并将它们放在应用的 ui 文件夹中。

下面先讨论 shopping_list_dialog.dart 文件，此处须完成的操作是向用户显示一个对话框，以插入或编辑 ShoppingList，如图 6.9 所示。

该对话框通常从主屏幕中被调用，具体步骤如下。

（1）导入所需的依赖项：material.dart、dbHelper 和 listItems.dart 文件，代码如下。

图 6.9

```
import 'package:flutter/material.dart';
import '../util/dbhelper.dart';
import '../models/shopping_list.dart';
```

（2）创建将包含对话框 UI 的类，将其命名为 ShoppingListDialog，代码如下。

```
class ShoppingListDialog {}
```

（3）对于这个类，我们需要向用户显示两个文本框，一个用于 ShoppingList 的标题，另一个用于用户将选择的优先级。因此，在 ShoppingListDialog 类的顶部，创建两个 TextController 微件，它们将包含 ShoppingList 的名称和优先级。可以将它们称为 txtName 和 txtPriority，代码如下。

```
final txtName = TextEditingController();
final txtPriority = TextEditingController();
```

（4）创建一个名为 buildDialog()的方法，该方法将接收当前 BuildContext（在 Flutter 中需要显示对话框窗口）、想操作的 ShoppingList 对象以及一个布尔值，该值将告诉 list 是新列表还是需要更新现有列表。buildDialog()方法将返回一个 Widget，代码如下。

```
Widget buildDialog(BuildContext context, ShoppingList list, bool
isNew) {}
```

（5）在 buildDialog()方法中，调用 DbHelper 类。在这里，不需要调用 openDb()方法，因为它已经被调用过，并且正在接收类的一个现有实例。代码如下。

```
DbHelper helper = DbHelper();
```

（6）将检查传递的 ShoppingList 实例是否为一个已存在的 list。如果是，将两个 TextController 的文本设置为传入的 ShoppingList 的值，代码如下。

```
if (!isNew) {
 txtName.text = list.name;
 txtPriority.text = list.priority.toString();
}
```

（7）返回 AlertDialog，它包含用户将看到的 UI，代码如下。

```
return AlertDialog();
```

（8）使用 title 通知该对话框是用于插入新列表还是更新现有列表。简单起见，这里可以使用三元操作符。在 AlertDialog()中添加如下代码。

```
return AlertDialog(
```

```
    title: Text((isNew)?'New shopping list':'Edit shopping list'),
);
```

（9）content 将包含此对话框窗口的所有 UI。将所有的微件放在 SingleChildScrollView 中，以便在微件不适合屏幕的情况下进行滚动。在 AlertDialog()中添加如下代码。

```
content: SingleChildScrollView()
```

（10）在 SingleChildScrollView 中放置一个 Column，使这个对话框中的微件垂直放置，代码如下。

```
child: Column(children: <Widget>[]),
```

（11）Column 中的第一个元素将是两个 TextField 微件，一个用于 name，另一个用于 priority。在为这两个 TextField 设置了相关的控制器之后，设置一个 InputDecoration 对象的 hintText，以指导用户使用 UI。将微件添加到 Column 中，代码如下。

```
TextField(
    controller: txtName,
    decoration: InputDecoration(
        hintText: 'Shopping List Name'
    )
),
TextField(
    controller: txtPriority,
    keyboardType: TextInputType.number,
    decoration: InputDecoration(
        hintText: 'Shopping List Priority (1-3)'
    ),
),
```

（12）接下来，放置一个 RaisedButton 以保存更改。该按钮的子元素将是一个带有'Save Shopping List'的文本。在 onPressed()方法中，首先将使用来自两个 TextField 的新数据更新列表对象。随后将调用 helper 对象的 insertList()方法，并传递 list。在两个 TextField 微件下面的 Column 中添加如下代码。

```
RaisedButton(
    child: Text('Save Shopping List'),
    onPressed: (){
        list.name = txtName.text;
        list.priority = int.parse(txtPriority.text);
        helper.insertList(list);
```

```
        Navigator.pop(context);
},),
```

（13）将 Dialog 的形状更改为 RoundedRectangleBorder，将 borderRadius 设为 30.0，对其 4 个角进行圆角处理。随后为 AlertDialog 添加 shape 属性，代码如下。

```
shape: RoundedRectangleBorder(
    borderRadius: BorderRadius.circular(30.0)
)
```

在进行尝试之前，需要从主屏幕调用 alertDialog 的步骤如下。

（1）在 main.dart 文件顶部，导入 shopping_list_dialog.dart 文件，代码如下。

```
import './ui/shopping_list_dialog.dart';
```

（2）在_ShListState 类中，首先声明一个名为 dialog 的 ShoppingListDialog，随后重载 initState()方法以创建类实例，代码如下。

```
ShoppingListDialog dialog;
@override
void initState() {
    dialog = ShoppingListDialog();
    super.initState();
}
```

（3）对于编辑功能，在 ListTile 中编辑按钮的 onPressed 参数中，调用 showDialog 方法。在该方法的 builder 参数中，调用已经创建的 buildDialog()方法，并传递 context、当前的 ShoppingList 和 false（因为这是编辑而不是插入操作），代码如下。

```
onPressed: (){
    showDialog(
        context: context,
        builder: (BuildContext context) =>
        dialog.buildDialog(context, shoppingList[index], false)
    );
},
```

我们可以测试一下。只需按下 List 中的任意编辑按钮，就可以编辑 ShoppingList 的名称和优先级。

现在，只需要添加插入新的 ShoppingList 所需的用户界面。可以将其视为应用程序第一个屏幕上的主要操作。

💡 **提示：**

根据 Material Design 指南，FAB 代表屏幕的主要操作。

由于这对屏幕来说是一个非常重要的操作，我们将使用 FAB 插入一个新的 ShoppingList。这需要对 main.dart 文件进行少量重构，以便将正确的 context 传递给对话框屏幕。只需将 MyApp 无状态微件中的 Scaffold 移到 ShList 有状态微件中，步骤如下。

（1）在 MaterialApp 的 home 微件中，调用 ShList 微件，代码如下。

```
home: ShList()
```

（2）在 _ShListState 微件的 build()方法中，将返回一个 Scaffold（而不是返回 ListView.builder），其 body 属性中包含 ListView.builder，代码如下。

```
Widget build(BuildContext context) {
    ShoppingListDialog dialog = ShoppingListDialog();
    showData();
    return Scaffold(
        appBar: AppBar(
          title: Text("Shopping List"),
        ),
        body: ListView.builder(
[...]
```

（3）现在，在 Scaffold 的 body 下面，添加一个 FloatingActionButton。对于 onPressed 参数中的函数，调用 showDialog()方法，并传递当前的 context。在它的 build()中，将调用 dialog.buildDialog()方法，同样传递 context、一个新的 ShoppingList（其 id 将为 0，名称为空，优先级为 0）和 true，以告诉函数这是一个新的 ShoppingList，代码如下。

```
floatingActionButton: FloatingActionButton(
    onPressed: () {
        showDialog(
            context: context,
            builder: (BuildContext context) =>
                dialog.buildDialog(context, ShoppingList(0, '', 0), true),
            ); },
    child: Icon(Icons.add),
        backgroundColor: Colors.pink,
),
```

如果进行尝试并单击 FAB，则能够向数据库插入新的购物清单，如图 6.10 所示。

图 6.10

📝 **注意:**

CRUD(Create、Read、Update 和 Delete)是存储数据的 4 项基本功能。缩写词中的每个字母都可以映射到 SQL 语句(INSERT、SELECT、UPDATE 和 DELETE)或 HTTP 方法(POST、GET、PUT 和 DELETE)。

当前,我们可创建、读取和更新 ShoppingLists。CRUD 中最后一个动词是 Delete(删除),稍后将对此加以讨论。

6.6.2　删除元素

随着时间的推移,在移动应用程序中广泛采用的触摸手势之一是"滑动删除"手势,用户只需在一个条目上拖动手指,然后向左滑动即可删除,有时也可以向右滑动。

这是苹果公司在 Mail 应用程序中引入的,如今它在 iOS 和 Android 系统中广泛使用。这里要完成的任务是通过向左(或向右)滑动手指删除 ListView 中的一个条目。对此,首先在 DbHelper 类中创建一个方法,该方法将从数据库中删除一条记录。

(1)对应方法称作 deleteList()。通常这是一个异步方法,返回 int 类型的 Future,并使用需要被删除的 ShoppingList 对象。

(2)在该方法中,我们将执行两项操作:首先删除所有属于 ShoppingList 的条目,随后删除 ShoppingList 自身。

（3）因此，在函数内部调用数据库对象的 delete()方法，同时传递表名（items）和一个命名参数 where：该参数将包含要用作过滤器的字段名。在本例中，希望删除所有 idList 与传入的 ShoppingList 的 id 相同的条目，因此将指定 idList = ?，其中的问号将由 whereArgs 命名参数设置。

（4）whereArgs 将接收一个包含单个元素的数组，即 list 的 id。

（5）delete()方法返回被删除记录的 id，这就是我们将返回的内容，代码如下。

```
Future<int> deleteList(ShoppingList list) async {
  int result = await db.delete("items", where: "idList = ?",
    whereArgs: [list.id]);
  result = await db.delete("lists", where: "id = ?", whereArgs:
    [list.id]);
  return result;
}
```

现在，deleteList()方法已经完成，可以在用户滑动主屏幕的项目时调用它。Flutter 中有一个非常有用的微件，当使用这种模式删除一个条目时，它可视为最佳选择，即 Dismissible。

💡 提示：

还可以使用滑动操作来显示上下文菜单，避免在用户界面中添加一些并不常需要的元素。这相当于在传统 PC 上通过单击鼠标右键来显示上下文菜单。

Flutter 通过提供 Dismissible 微件，使得滑动删除条目的任务变得非常简单。在已实现的 DismissDirection 方向上拖动 Dismissible 微件，条目就会滑出视线，并伴有漂亮的动画效果。下面查看如何在代码中使用 Dismissible 微件从主屏幕中删除 ShoppingList 的步骤。

（1）在 Scaffold 主体部分的 ListView.builder 的 itemBuilder 参数中，返回一个 Dismissible 微件。

（2）Dismissible 微件需要一个键，使得 Flutter 唯一地识别微件，这是一个必需的参数。

（3）设置 onDismissed 参数。当向指定方向滑动时，该参数将被调用。在本例中，我们并不关心方向：无论向左还是向右滑动，都会删除项目。

（4）在函数内部的 onDismissed 参数中，可以获取当前条目的名称，用来向用户提供一些反馈。

（5）调用 helper.deleteList()方法，并传递 ListView 中的当前条目。

（6）调用 setState()方法，从列表中删除当前条目。

（7）调用当前 Scaffold 的 showSnackBar()方法，通知用户 ShoppingList 已被移除。

💡 提示：

　　SnackBar 是一种在应用程序底部显示消息的微件。一般来说，可以使用 SnackBar 通知用户已经执行了某项操作。当想为成功的任务提供一些可见的反馈时，它十分有用。在实际应用中，还应为用户提供撤销操作的选项。

下列代码显示了 Dismissible 微件，可将其添加至 ListView 中的 itemBuilder。

```
itemBuilder:(BuildContext context, int index) {
      return Dismissible(
        key: Key(shoppingList[index].name),
        onDismissed: (direction) {
          String strName = shoppingList[index].name;
          helper.deleteList(shoppingList[index]);
          setState(() {
              shoppingList.removeAt(index);
          });
          Scaffold
            .of(context)
            .showSnackBar(SnackBar(content: Text("$strName deleted")));
        },
        child:ListTile(
[...]
```

delete()函数已经定义完毕。如果在主屏幕上尝试向左或向右滑动任何条目，将看到列表元素消失，且屏幕底部出现了 SnackBar，如图 6.11 所示。

完成应用程序的最后一步是处理条目的 CRUD 功能，下面将对此加以讨论。

6.6.3　完成 Items 屏幕功能

　　此时，应用程序中的第二个屏幕列出了数据库 items 表中可用的项目，但尚无法插入、删除或更新表中的项目。基本上，完成实现所需的步骤与 ShoppingList 执行的步骤相同，只是进行了一些调整。作为一项挑战和练

图 6.11

习，建议读者尝试自己实现这些特性。具体步骤如下。

（1）创建 UI，允许用户插入和更新条目，如图 6.12 所示。

（2）向 ListTile 添加一个 IconButton，以使用户可编辑现有条目。

（3）向条目屏幕添加 FAB，以使用户可插入一个新条目。

（4）在 DbHelper 类中创建一个名为 deleteItem() 的函数，并删除作为参数传递的 ListItem。

（5）添加一个 Dismissible 微件，使用户可删除现有的条目。

（6）测试所添加的功能，并确保一切工作正常。

稍后将讨论完整的解决方案。

图 6.12

6.6.4　解决方案

这里解释了操作的每个步骤。对于每项任务，关键点将在步骤开始时突出显示，然后显示完整的代码。

1. 步骤 1

关键点：

● 针对用户看到的每个 TextField，创建一个 TextEditingController 微件。

● 针对插入和更新使用相同的 UI。isnew 布尔值将确定执行哪项任务。

● 将微件放置在滚动微件中是一个较好的方法，此处使用 SingleChildScrollView 微件。

处理方法：

在 list_item_dialog.dart 文件中创建 ListItemDialog 类，代码如下。

```dart
import 'package:flutter/material.dart';
import '../models/list_items.dart';
import '../util/dbhelper.dart';

class ListItemDialog {
  final txtName = TextEditingController();
  final txtQuantity = TextEditingController();
```

```
final txtNote = TextEditingController();

  Widget buildAlert(BuildContext context, ListItem item, bool
  isNew) {
  DbHelper helper = DbHelper();
  helper.openDb();
  if (!isNew) {
  txtName.text = item.name;
  txtQuantity.text = item.quantity;
  txtNote.text = item.note;
  }
  return AlertDialog(
    title: Text((isNew)?'New shopping item':'Edit shopping item'),
    content: SingleChildScrollView(
      child: Column(children: <Widget>[
        TextField(
          controller: txtName,
          decoration: InputDecoration(
              hintText: 'Item Name'
          )
        ),
        TextField(
          controller: txtQuantity,
          decoration: InputDecoration(
              hintText: 'Quantity'
          ) ,
        ),
        TextField(
          controller: txtNote,
          decoration: InputDecoration(
              hintText: 'Note'
          ) ,
        ),
        RaisedButton(
          child: Text('Save Item'),
          onPressed: (){
            item.name = txtName.text;
            item.quantity = txtQuantity.text;
            item.note = txtNote.text;
            helper.insertItem(item);
```

```
        Navigator.pop(context);
    },
    shape: RoundedRectangleBorder(
    borderRadius: BorderRadius.circular(30.0)
) ) ],), ), ); }}
```

至此，ListItemDialog 已完成，下面将其添加至 ItemsScreen。

2. 步骤 2

关键点：

- 使用尾随参数或 ListTile 放置编辑图标。
- 在 IconButton 的 onPressed 参数中，在其 builder 参数中调用 ListItemDialog 实例的 buildAlert()方法。

处理方法：

（1）在 items_screen.dart 文件的 build()方法中，创建名为 dialog 的 ListItemDialog 类实例，代码如下。

```
ListItemDialog dialog = new ListItemDialog();
```

（2）在同一方法中，更新 itemBuilder 中的 ListTile。

```
return ListTile(
    title: Text(items[index].name),
    subtitle: Text(
        'Quantity: ${items[index].quantity} - Note:
${items[index].note}'),
onTap: () {},
    trailing: IconButton(
    icon: Icon(Icons.edit),
    onPressed: () {
        showDialog(
            context: context,
            builder: (BuildContext context) =>
                dialog.buildAlert(context, items[index], false));
}, ), )
```

下面将 FAB 添加至屏幕。

3. 步骤 3

关键点：

- 使用 Scaffold 的 floatingActionButton 参数向用户显示 FAB。

● 通过在 FloatingActionButton 构造函数的 onPressed()参数中创建一个函数，来响应
用户的单击操作。

在_ItemsScreenState 类的 build()方法返回的 Scaffold 中添加一个 FloatingActionButton，
代码如下。

```
floatingActionButton: FloatingActionButton(
    onPressed: () {
      showDialog(
      context: context,
      builder: (BuildContext context) => dialog.buildAlert(
          context, ListItem(0, shoppingList.id, '', '', ''), true),
      );
    },
    child: Icon(Icons.add),
    backgroundColor: Colors.pink,
),
```

下面编写方法删除 items 表中的条目。

4. 步骤 4

关键点：

● 数据库对象的 delete()辅助方法是异步的，与其他数据库任务一样。
● 在 delete()方法中，使用 where 和 whereArgs 命名参数筛选要删除的数据。

解决方法：

在 dbhelper.dart 文件的 DbHelper 类中，添加一个 deleteItem()方法，代码如下。

```
Future<int> deleteItem(ListItem item) async {
    int result = await db.delete("items", where: "id = ?",
    whereArgs:[item.id]);
    return result;
}
```

下面向 Items 屏幕中添加一个 Dismissible 微件。

5. 步骤 5

关键点：

● 使用 Dismissible 微件删除列表中的条目。
● 每个 Dismissible 须包含唯一一个 key。
● 可使用 SnackBar 向用户生成反馈。

解决方法：

在 items_screen.dart 文件中的_ItemsScreenState 类的 build()方法中，针对 ListView.builder 的 itemBuilder 添加一个 Dismissible 微件。

```
itemBuilder: (BuildContext context, int index) {
     return Dismissible(
        key: Key(items[index].name),
        onDismissed: (direction) {
          String strName = items[index].name;
          helper.deleteItem(items[index]);
          setState(() {
            items.removeAt(index);
          });
          Scaffold.of(context)
            .showSnackBar(SnackBar(content: Text("$strName
              deleted")));
        },
        child: ListTile(
```

应用程序现已完成。唯一须执行的步骤是确保该程序正常工作。

6. 步骤 6

关键点：

在添加新功能后尝试运行应用程序可能是开发过程中最有成就感的环节，尤其是当所有功能第一次都能完美运行时。

通常情况下，需要多次调试和微调代码，才能使其完全按照要求运行。注意：真正的代码学习是在不断的尝试和错误中进行的。如果出了问题，可以使用多种工具。例如，首先应该充分利用断点来检查代码的实际运行情况。

解决方法：

尝试在 Items 屏幕中添加新条目，然后多次编辑它们。尝试添加意外值，看看应用程序的表现如何。此外，还可以尝试左右滑动删除条目。

6.7　本　章　小　结

将数据存储到设备是 Flutter 开发中的一项关键技能。本章利用 SQLite 数据库创建了一个数据驱动应用程序。

　　为了在 Flutter 中添加 SQLite 功能，使用了 sqflite 库，该库包含 SELECT、INSERT、UPDATE 和 DELETE 查询的异步辅助方法。

　　我们使用了 openDb()方法，它返回一个数据库对象。第一次调用这个方法时，根据指定的名称和版本创建了数据库，而在接下来的几次操作中，只打开了数据库。

　　我们调用了 execute()方法并使用 SQL 语言插入记录，调用 rawQuery()方法对数据库使用 SELECT 语句。

　　我们创建了反映数据库中表结构的模型类，使代码更可靠、易于阅读，并防止数据不一致。

　　我们使用了 insert()、update()和 delete()辅助方法来指定 where 和 whereArgs 参数，使用 Map 对象来处理数据。

　　我们考察了工厂构造函数，它允许在调用类的构造函数时重写默认行为。工厂构造函数只返回类的一个实例，而不是创建一个新实例，从而实现了单例模式，将类的实例化限制为一个单一实例。

　　我们使用 showDialog()方法来构建部分 UI，以便与用户进行交互，并利用带有 Dismissible 对象的滑动操作来删除数据。

　　现在，我们已经了解了如何将数据存储到设备中，以及如何从互联网连接中读取数据。让我们利用这些知识，在第 7 章中借助 Firebase 为应用程序添加新特性。

6.8　本　章　练　习

　　在项目的最后，我们提供了一些问题帮助读者记忆和复习本章所涵盖的内容。尝试回答以下问题，如果有疑问，可查看本章的内容，你会在那里找到所有的答案。

　　（1）调用 openDatabase()方法时会发生什么？

　　（2）数据库对象的 rawQuery()和 query()方法有什么区别？

　　（3）如何使用工厂构造函数？什么时候使用它？

　　（4）Dismissible 微件的目的是什么？

　　（5）如何使用 query()方法的 where 和 whereArgs 参数？

　　（6）什么时候应该在应用中使用模型类？

　　（7）什么时候使用 SnackBar？

　　（8）在 SQLite 数据库中 insert()方法的语法是什么？

（9）键在 Dismissible 微件中的用途是什么？

（10）什么时候使用 FAB？

6.9　进一步阅读

如果打算在 Flutter 中开发数据驱动的应用程序，读者应该学习一些数据库概念。特别地，如果读者对 SQLite 感兴趣，可以访问 https://www.sqlitetutorial.net/。这里，读者可以找到包含示例和应用场景的详细教程。

如果你以前从未听说过 SQL，或者想学习这门语言，在 https://www.w3schools.com/sql/default.asp 上有一个很棒的免费指南/教程可供读者参考。

单例模式是一个令人着迷的主题，如果读者想进一步研究它，一个很好的起点是维基百科的 https://en.wikipedia.org/wiki/Singleton_pattern 条目。

第 7 章 　 将 Firebase 集成至 Flutter 应用程序

我们需要面对的一个事实是，开发人员往往倾向于"懒惰"，所以他们总是在寻找用最小的工作量构建可靠且易于维护的软件的方法。好的消息是，Flutter 和 Firebase 可以很好地协同工作，因此可以在较短的时间内构建全栈应用程序，这就是我们将在本章中介绍的内容。

我们将在项目中构建的应用程序是一个事件应用程序。用户将能够看到事件的日程安排，如开发者会议、音乐会或商务会议，并且一旦认证，用户能够选择他们最喜欢的日程安排部分。所有数据都将远程保存在 Cloud Firestore 数据库中。

本章主要涉及下列主题。

● 创建 Firebase 项目。

● 向应用程序中添加 Firebase 和 Firestore。

● 从 Firestore 数据库中读取数据，将其显示在 Flutter 应用程序中。

● 实现身份验证页面并将其连接至 Firebase。

● 向 Firestore 数据库中写入数据（创建、读取、更新和删除，即 CRUD）。

7.1 　 技 术 需 求

读者可访问本书的 GitHub 存储库查看完整的应用程序代码，对应网址为 https://github.com/PacktPublishing/Flutter-Projects。

为了理解书中的示例代码，应在 Windows、Mac、Linux 或 Chrome OS 设备上安装下列软件。

● Flutter 软件开发工具包（SDK）。

● 当进行 Android 开发时，需要安装 Android SDK。Android SDK 可通过 Android Studio 方便地进行安装。

● 当进行 iOS 开发时，需要安装 MacOS 和 Xcode。

● 模拟器（Android）、仿真器（iOS）、连接的 iOS 或 Android 设备，以供调试使用。

● 编辑器：建议安装 Visual Studio Code (VS Code)、Android Studio 或 IntelliJ IDEA。

● 使用 Firebase 所需的 Google 账户。

7.2　Firebase 简介

Firebase 是一组用于在云中构建可伸缩应用程序的工具。在这些工具中，可实现身份验证、存储、数据库、通知和托管等功能。

实际上，我们可以在两个数据库之间进行选择，即 Firebase 实时数据库和 Cloud Firestore。本章将使用 Cloud Firestore 数据库，它是一个 NoSQL 文档数据库，简化了在云中存储、查询和更新数据的过程。更重要的是，在本书的上下文中，可以使用 Cloud Firestore 作为 iOS 和 Android 应用程序的后端，而不需要为 Web 服务编写代码，在许多情况下，甚至不需要为服务器端服务编写任何代码。

关系数据库使用表来存储数据，所有记录都必须遵循固定的模式。例如，如果存储用户数据，则可以创建一个包含 3 个字段的 users 表：user_id、name 和 password。表中的每条记录都遵循在设计表时定义的约束（规则）。

☑ 注意：

在关系数据库中，可将数据存储在表中。表的列称为字段，表的行称为记录。例如，如果存储用户数据，表名可能是 Users，字段可能是 Name 和 Surname。"John" - "Doe"和 "Bill" - "Smith"则表示记录。

另一方面，NoSQL 数据库是自描述的，因此它不需要预定义的模式。它的所有文档都是 JSON 文档，理论上，每个文档都可以有不同的字段和值（或键值对）。对于之前提到的例子，在 users 表中，第一个用户可能有 user_id、name 和 password 字段，但后续用户也可能包含"user_role"或"user_age"字段。这两个文档仍然有效。

另一个巨大的区别是使用的语言。SQL 数据库使用结构化查询语言来定义和操作数据。这使得 SQL 数据库易于使用并广泛传播，但是 SQL 要求使用预定义的模式来设计数据结构。NoSQL 数据库则持有一个动态模式，数据是非结构化的，可以以多种不同的方式存储。

一般来说，当需要在多个表中执行复杂查询并且拥有结构化数据时，SQL 是最佳选择。如果不需要执行在表之间进行多次 JOIN 操作的查询，并且想要一个易于扩展和快速的解决方案，那么可能会选择 NoSQL 数据库。

另外，使用 Firebase 创建的后端可以扩展到 Google 服务器集群，所以它实际上是无限的。

7.3　项　目　概　述

我们将在本章中构建的应用程序是一个事件应用程序，用户能看到事件的日程安排以及日程的详细信息。所有数据都将远程托管在 Firebase 项目中。事件存储在 Cloud Firestore 数据库中。

一旦通过认证，用户能够通过单击星形图标来选择他们最喜欢的事件部分。这样，收藏夹也将被远程保存。

图 7.1 显示了应用程序的主屏幕。

该应用程序的另一个有趣之处是处理身份验证。这通常是一个烦琐的过程，但好在使用 Firebase 和 Flutter 处理身份验证相当简单。图 7.2 显示了应用程序的认证屏幕。

图 7.1

图 7.2

7.4　向 Flutter 应用程序中添加 Firebase

如前所述，Firebase 是一组工具，可用于在云中构建应用程序。因为它是云服务，因而不需要在设备上安装任何软件。Firebase 由 Google 运营，所以需要一个 Google 账户来创建第一个项目。

　　与编写客户端应用程序和服务器端（或后端）服务的传统方法相比，使用 Firebase 有哪些优势呢？

　　Firebase 中提供的工具涵盖了大多数通常需要自己构建的服务，包括身份验证、数据库和文件存储等。连接到 Firebase 的客户端（在我们的例子中是一个 Flutter 应用程序）直接与这些后端服务交互，而不需要任何中间件服务器端服务。这意味着，当使用 Firestore 数据库时，将直接在 Flutter 应用程序中编写查询。这与传统应用程序开发完全不同，传统应用程序开发通常需要编写客户端和服务器端软件，这可能是在开发需要后端服务的应用程序时使用 Firebase 的主要优势。这里不需要使用 PHP、Java 或 C#编写、安装或维护 Web 服务，可直接从 Flutter 应用程序处理 Firebase。

　　涉及使用 Firebase 的每个项目都从 Firebase 控制台开始，可以通过 https://console.firebase.google.com/访问。

　　系统将要求在访问控制台之前进行身份验证。如果没有任何 Google 账户，则可以从身份验证页面免费创建一个账户，具体操作步骤如下。

　　（1）在 Firebase 中，所有服务的容器是一个项目。因此，我们将通过创建新的 Firebase 项目构建应用程序。

☑ 注意：

　　Firebase 项目是 Firebase 的顶级实体。每个 Firebase 特性（包括 Cloud Firestore 和 Authentication）都属于 Firebase 项目，并且客户端应用程序的连接是通过项目本身建立的。

　　（2）单击 Add Project 按钮后（或 New Project 按钮，取决于控制台界面），需要选择一个项目名称，这里为 Events，如图 7.3 所示。

　　（3）单击 Continue 按钮，继续配置新项目并接受 Terms 和 Conditions。

　　（4）随后用户将被询问设置 Firebase 项目的 Google Analytics。在当前环境中，这并非必需。但在真实的项目中，建议设置此项内容。

　　（5）再次单击 Continue 按钮，稍后将创建项目。当前，我们有一个在应用中使用的 Firebase 项目。在过程结束后，读者将看到类似于图 7.4 所示的页面。

　　图 7.4 显示了 Firebase Project Overview 页面，其中包含了项目名称（在当前示例中为 Events）以及付费计划（Spark plan 意味着这是一项免费计划）。页面左侧是可添加至项目的主要工具。

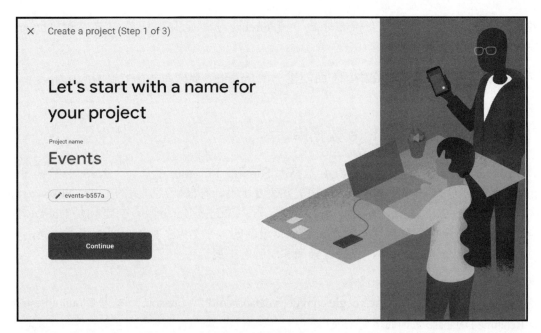

图 7.3

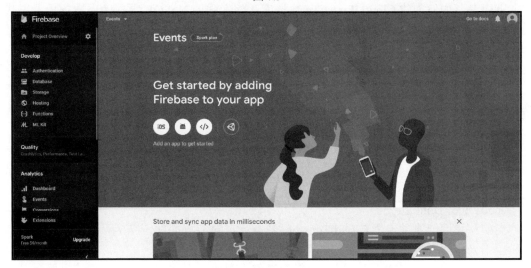

图 7.4

⊘ 注意：

　　Firebase 对于流量相对较小的应用是免费的，但随着应用的增长和功能的不断增加，用户将被要求根据应用的使用情况付费。关于 Firebase 价格的详细信息，读者可访问 https://firebase.google.com/pricing。

当前。Firebase 已构建完毕，下面创建一个 Firestore 数据库并添加一些应用中读取的数据。

7.4.1　创建一个 Firestore 数据库

在第 6 章中构建了一个使用 SQL 数据库的应用。Firestore 则是一个 NoSQL 数据库。这两种数据库拥有不同的数据存储方式，并改变了设计存储解决方案的方式。Firebase 包含两种不同的数据库工具，即 Cloud Firestore 和 Realtime Database，二者均是 NoSQL 数据库，但架构不同。其中，Cloud Firestore 是最新的，它是大多数新项目的推荐选择，因为它具有更直观的数据模型、更快的查询和增强的扩展选项。

☀ 提示：

读者可访问 https://firebase.google.com/docs/database/rtdb-vsfirestore 以查看 Cloud Firestore 和 Realtime Database 之间的不同之处。

下面考察如何创建 Cloud Firestore 数据库，随后强调 NoSQL 数据库中数据思考方式的一些提示。当创建 Firestore 数据库时，需要遵循下列步骤。

（1）在 Firebase Project Overview 页面左侧，单击 Database 超链接。

（2）在 Cloud Firestore 面板下，单击 Create Database 按钮。

（3）在 Create database 窗口中，选择 Start in test mode，该选项无须认证即可访问数据，如图 7.5 所示。

稍后向项目中添加身份验证机制。

（4）单击 Next 按钮。按要求在 Cloud Firestore 的位置中进行选择。这里，可选择一个靠近用户和用户访问数据的位置。例如，如果用户居住在欧洲，则可选择 europe-west 中的一个选项。

（5）单击 Done 按钮。

当前，我们创建了一个 Cloud Firestore 数据库，对应页面如图 7.6 所示。

接下来将插入一些数据，步骤如下。

（1）单击 Start collection。用一个集合表作为存放一组文档的容器，将该容器命名为 event_details 并单击 Next 按钮。

（2）在 Document ID 选项中，单击 Auto-ID 并添加一些字段和值，如图 7.7 所示，随后单击 Save 按钮。

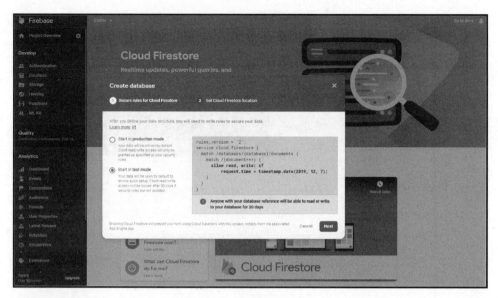

图 7.5

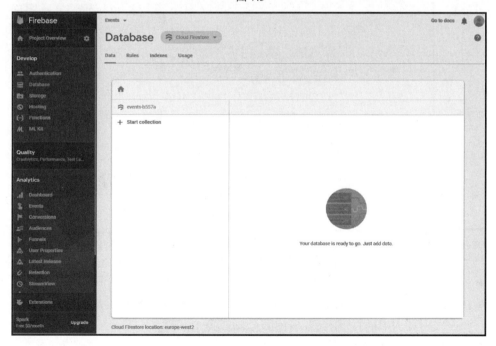

图 7.6

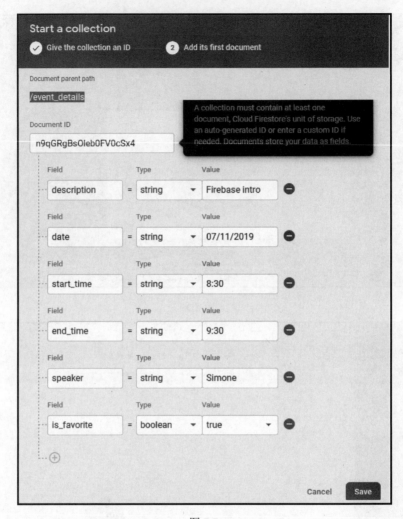

图 7.7

（3）对另外两个文档重复此过程，使用相同的字段并根据你的喜好更改值。

当处理 Cloud Firestore 中的集合和文档时，存在如下相关规则。

● 集合只能包含文档，不能包含其他集合、字符串或 blob。

● 文档必须占用小于 1MB 的空间，这对于大多数用例来说是足够的，但是当内容占用超过 1MB 时，则需要将内容分割成多个文档。

● 文档不能包含另一个文档。

● 一个文档可以包含子集合，而子集合又可以包含其他文档。

● Firebase 仅可包含集合而非文档。

前述内容创建了 Firebase 项目、一个 Cloud Firestore 数据库，并插入了一些数据，下面将创建 Flutter 应用并将 Firebase 与其集成。

7.4.2　将 Firebase 集成至 Flutter 应用程序的方法

将 Cloud Firestore 数据库集成至 Flutter 应用程序，需要执行下列步骤。

（1）创建一个 Firebase 项目，可在 Firebase 控制台中完成该操作。随后执行登录操作。如果有 Google 账户，则可将其用于 Firebase 项目中。

（2）创建 Firestore 数据库实例，随后在必要时插入集合和文档。

（3）在项目中注册 Android 和/或 iOS 应用，并下载配置文件。如果打算在两个平台上发布应用，则需要在两个操作系统上重复该操作。

（4）创建 Flutter 项目并添加之前下载的配置文件。

（5）向项目中添加 Google 服务（针对特定平台）。

（6）向 pubspec.yaml 文件添加依赖项。

前述内容已经执行了步骤（1）和步骤（2），接下来将考察如何处理剩余步骤。

1. 配置 Android 应用

下面创建一个称为 events 的 Flutter 项目，并更新 main.dart 文件，代码如下。

```
import 'package:flutter/material.dart';
void main() => runApp(MyApp());

class MyApp extends StatelessWidget {
  // This widget is the root of your application.
  @override
  Widget build(BuildContext context) {
    return MaterialApp(
    title: 'Events',
    theme: ThemeData(
        primarySwatch: Colors.orange,
    ),
    home: Scaffold(),
    ); } }
```

当目标为 Android 设备时，需要在 Firebase 控制台中将应用注册为 Android 应用。首先需要设置一个包名，对此，可在应用的 build.gradle 文件中设置 applicationId 来实现如下操作。

（1）在下列路径中打开文件。

```
<project-name>/android/app/build.gradle
```

（2）在 defaultConfig 节点中，应可看到一个 applicationId 键，其对应值为 com.example.events。这是 Android 应用程序的唯一标识符。相应地，可将其更改为自己的域名（如果存在），或者更改为唯一标识用户的名称。例如，在当前示例中，可将其更改为下列内容。

```
it.softwarehouse.events_book
```

（3）这是在 Firebase 上注册应用，并为了将应用发布到 Google Play Store。

（4）访问 Firebase 中的 Project Overview 页面。其中，在 Project 下的 name 中，单击 Add App 按钮并选择 Android。

（5）插入 Android 包名称。填写该名称并添加一个可选的昵称，如图 7.8 所示。

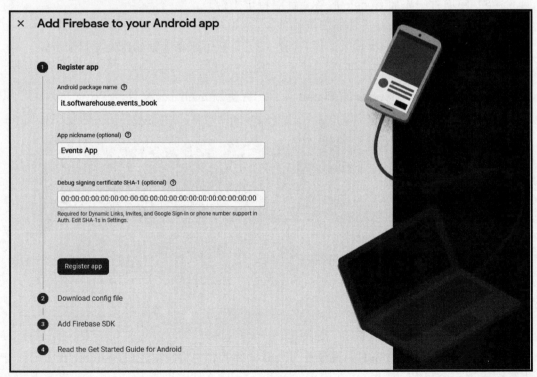

图 7.8

💡 提示：

应用昵称对用户不可见，但会用于 Firebase 控制台中以表示应用。

（6）单击 Register app 按钮，下载 google-services.json 文件，随后将其置于项目的 android/app 文件夹。

（7）向 Gradle 文件中添加 google-services 插件。

（8）在项目级别的 Gradle 文件（android/build.gradle）中，添加下列规则（访问 https://developers.google.com/android/guides/google-services-plugin 并查看最新版本的 google-services 插件）。

```
dependencies {
  // ...

  // Add the line below:
  classpath 'com.google.gms:google-services:4.3.2' }
```

（9）打开 pubspec.yaml 文件并添加所需依赖项。对于当前应用，须针对身份验证使用 Firebase 的 firebase_auth 代码依赖项以及 cloud_firestore 来存储数据（可访问 https://firebaseopensource.com/projects/firebaseextended/flutterfire/查看最新的依赖项版本）。

```
# Firebase dependencies
  firebase_core: ^0.4.0+9
  firebase_auth: ^0.14.0+5
  cloud_firestore: ^0.12.9+5
```

当前，可针对 Android 应用使用 Firebase。接下来考察如何配置 iOS 应用。

2. 配置 iOS 应用

在 Mac 环境下，在编辑器中打开刚刚创建的 Flutter 项目，并确保更新了 main.dart 文件。下面需要修改 Flutter 项目的 bundle ID，它表示 iOS 应用的值，步骤如下。

（1）在 Xcode 中打开应用（仅需打开应用的 iOS 文件夹），随后访问顶级 Runner 目录中的 General 选项卡。

（2）将 Bundle Identifier 修改为唯一标识项目的字符串，如图 7.9 所示。

在域名中可以使用该字符串（如 it.softwarehouse.events）。这是利用 Firebase 注册应用，并最终将应用发布至 App Store 所必需的操作。

（3）保存项目并返回 Firebase 控制台。

（4）访问 Firebase 的 Project Overview 页面。其中，在 Project Name 下，单击 Add App

按钮并选择 iOS。

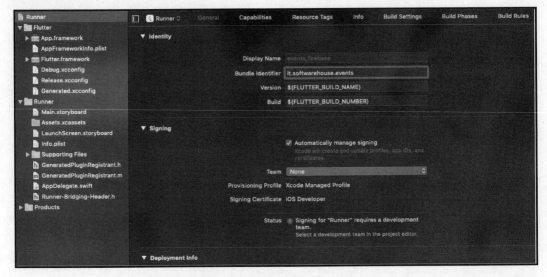

图 7.9

（5）此处需要填写 iOS bundle ID，如图 7.10 所示，随后单击 Register app 按钮。

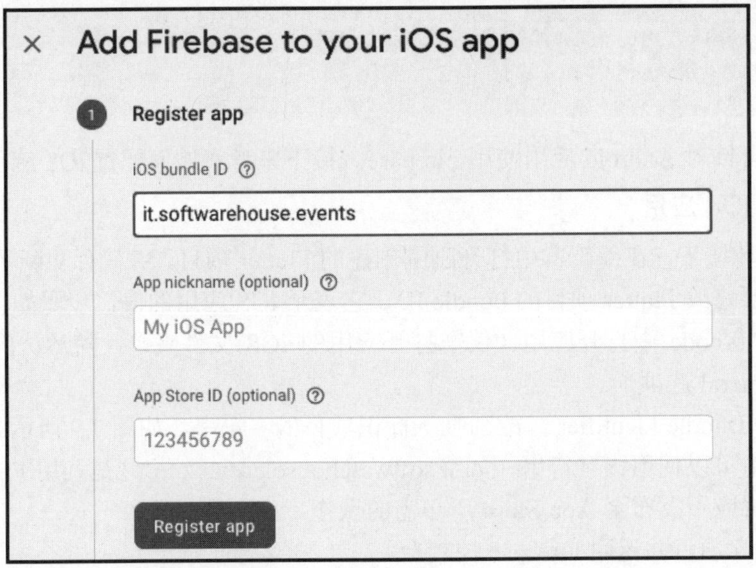

图 7.10

（6）单击 Download GoogleService-Info.plist 获取名为 GoogleService-Info.plist 的 Firebase iOS 配置文件。

（7）在 Xcode 中，将下载后的文件移至 Flutter 应用的 Runner 目录，如图 7.11 所示。

返回 Firebase 控制台，单击 Next 按钮。随后可省略配置的其余步骤。

图 7.11

3. 利用应用测试 Firebase 集成

当前，我们已完成了应用配置，并需要测试是否可连接至 Firestore 数据库，步骤如下。

（1）在 pubspec.yaml 文件中，确保包含最新的 FlutterFire 依赖项。

☞ **注意：**

FlutterFire 是一组 Flutter 插件集合，使 Flutter 应用能够使用 Firebase 服务。读者可访问 https://firebaseopensource. com/projects/firebaseextended/flutterfire/ 查找最新版本的 FlutterFire 库。

为了使用 Firebase，firebase_core 是必需的。firebase_auth 用于身份验证服务，而 cloud_firestore 顾名思义是为了云数据库服务。

（2）在 main.dart 文件中，添加下列导入语句并使用 Cloud Firestore 包。

```
import 'package:cloud_firestore/cloud_firestore.dart';
```

（3）创建一个名为 testData() 的异步方法，该方法将连接至 Cloud Firestore 数据库，并在 Debug 控制台输出一些数据，代码如下。

```
Future testData() async {}
```

（4）在该方法内，将生成一个名为 db 的 Firestore 数据库，代码如下。

```
Firestore db = Firestore.instance;
```

（5）随后将在名为 event_details 的集合上调用 getDocuments() 异步方法。该方法将从指定的集合中获取全部有效数据，并将结果置于 data 变量中，代码如下。

```
var data = await db.collection('event_details').getDocuments();
```

（6）如果 data 不为 null，将获取包含在 details 变量中的文档，并将它们放入名为 details

的 List 中，代码如下。

```
var details = data.documents.toList();
```

（7）针对 details 列表中的每个条目，将输出该条目的 documentId。documentId 是 Firestore 集合中的唯一标识符。代码如下。

```
details.forEach((d) {
    print(d.documentID);
});
```

（8）在 MyApp 的 build()方法中添加 testData()方法调用，代码如下。

```
testData();
```

（9）如果一切工作正常，Debug 控制台中将看到下列内容。

```
I/flutter (11381): n9qGRgBsOleb0FV0cSx4
```

这意味着可从 Cloud Firestore 中检索数据，并将其导入应用。在 Android 中，可能会收到一个与应用中引用数量有关的错误。此时，需要在 app.gradle 文件中 defaultConfig 节点的末尾添加下列代码。

```
defaultConfig {
…
   multiDexEnabled true
}
```

至此，我们已经成功地将应用连接至 Firestore，下面开始设计用户界面（UI），使用户能够在屏幕上查看事件详细信息列表。

7.4.3　EventDetail 模型类

现在应用程序能够成功地从 Cloud Firestore 数据库读取数据，但是只能看到一个带有空白主体的 Scaffold。我们需要创建一个包含所有详细事件的列表，但首先可以为单个事件细节创建一个模型，就像在创建数据库应用程序时一样，步骤如下。

（1）在应用的 lib 文件夹中，创建一个名为 models 的新文件夹，并于其中生成一个名为 event_detail.dart 的新文件。

（2）创建名为 EventDetail 的类。

（3）创建与 Firestore 文档中指定的字段相对应（镜像）的字段，代码如下。

```
class EventDetail {
  String id;
  String _description;
  String _date;
  String _startTime;
  String _endTime;
  String _speaker;
  String _isFavorite;
  }
```

（4）在该类中，还将创建一个构造函数，该函数接收之前定义的所有字段，代码如下。

```
EventDetail(this.id, this._description, this._date,
this._startTime, this._endTime, this._speaker, this._isFavorite);
```

☑ 注意：

EventDetail 类中的全部字段（除了 id）均包含一个下画线（_）。当字段以下画线开头时，仅可在定义它们的同一个文件中访问。

（5）由于除 id 之外的所有字段都是私有的，因而需要为 EventDetail 属性创建 getter，运行以下代码使其可读。

```
String get description => _description;
String get date => _date;
String get startTime => _startTime;
String get endTime => _endTime;
String get speaker => _speaker;
String get isFavourite => _isFavourite;
```

（6）创建一个名为 fromMap() 的命名构造函数，该函数接收一个 dynamic 对象，并将其转换为 EventDetail，代码如下。

```
EventDetail.fromMap(dynamic obj) {
    this.id = obj['id'];
    this._description = obj['description'];
    this._date = obj['date'];
    this._startTime = obj['start_time'];
    this._endTime = obj['end_time'];
    this._speaker = obj['speaker'];
    this._isFavourite = obj['is_favourite'];
}
```

（7）此外还需创建一个方法，并将 EventDetail 对象转换为 Map。回忆一下，Dart 中的 Map 是键值对的集合，这是与 Web 服务交互时共享数据的一种好方法。

我们将这个方法称为 toMap()。该方法将返回一个<String, dynamic>类型的 Map 实例。这是因为键始终是一个 String，而值可以是任何类型的数据，在 EventDetail 类中，同时使用 String 和 Boolean 作为数据类型。代码如下。

```
Map<String, dynamic> toMap() {
    var map = Map<String, dynamic>();
    if (id != null) {
        map['id'] = id;
    }
    map['description'] = _description;
    map['date'] = _date;
    map['start_time'] = _startTime;
    map['end_time'] = _endTime;
    map['speaker'] = _speaker;
    return map;
```

至此，EventDetail 类定义完毕。当从 Cloud Firestore 数据库中检索数据时，需要使用该类并向用户显示数据。

7.4.4　创建事件细节屏幕

当应用程序执行完毕后，用户将与两个屏幕交互，即事件细节列表（它是事件的程序），第二个屏幕用于身份验证。接下来将创建事件细节屏幕。

（1）在应用的 lib 文件夹中创建名为 screens 的新文件夹。

（2）向 screens 文件夹中添加名为 event_screen.dart 的新文件。

（3）在 event_screen.dart 文件中，导入 material.dart 库，然后创建名为 EventScreen 的无状态微件，代码如下。

```
import 'package:flutter/material.dart';
class EventScreen extends StatelessWidget {
 @override
 Widget build(BuildContext context) {
   return Container(
   );
 }
}
```

（4）在 EventScreen 类的 build()方法中，返回 Scaffold。在 Scaffold 的 appBar 中创建标题为 Event 的新 AppBar，代码如下。

```
return Scaffold(
  appBar: AppBar(
    title: Text('Event'),
),
```

（5）在 Scaffold 的 body 中，设置一个名为 EventList 的微件，代码如下。

```
body: EventList()
```

（6）在 EventScreen 类外部，将创建名为 EventList 的新的有状态微件，代码如下。

```
import 'package:flutter/material.dart';

class EventScreen extends StatelessWidget {
  @override
  Widget build(BuildContext context) {
    return Scaffold(
      appBar: AppBar(title: Text('Event'),),
      body: EventList()
    );
}}

class EventList extends StatefulWidget {
  @override
  _EventListState createState() => _EventListState();
}
class _EventListState extends State<EventList> {
  @override
  Widget build(BuildContext context) {
    return Container();
}}
```

当加载该屏幕时，需要从 Cloud Firestore 数据库中检索事件细节，并将其以 ListView 的形式显示给用户，具体步骤如下。

（1）在_EventsScreenState 类的顶部，声明一个 Firestore 的 final 实例和一个 EventDetails 列表（List），该列表将使用从实例中获取的数据填充，代码如下。

```
final Firestore db = Firestore.instance;
List<EventDetail> details = [];
```

（2）创建一个检索数据的方法，即 getDetailsList()方法。该方法是一个异步方法，并返回一个 EventDetail 类型的 List 实例，代码如下。

```
Future<List<EventDetail>> getDetailsList() async {}
```

（3）在 getDetailList()方法中，将检索 event_details 集合中的全部文档，代码如下。

```
var data = await db.collection('event_details').getDocuments();
```

（4）如果 data 变量不为 null，对 getDocuments()方法检索的文档调用 map()方法，并于其中创建一个 EventDetail 对象列表，调用之前创建的 fromMap 构造函数，代码如下。

```
if (data!= null) {details = data.documents.map((document) =>
EventDetail.fromMap(document)).toList();
```

（5）对于 details 列表中的每个 EventDetail，将 id 设置为文档的 documententID 实例（这是因为 id 保存在比对象本身更高的级别上）。最后返回 details，代码如下。

```
int i = 0;
details.forEach((detail){
    detail.id = data.documents[i].documentID;
    i++;
  });
  }
  return details;
}
```

（6）现在需要调用 getDetails()方法，但是不能从 build()方法调用它。这是因为只要状态发生变化，build()方法就会被自动调用。当从 getDetails()中调用 setState 时，将自动触发 build()方法。如果构建包含对 getDetails()的调用，则会得到一个无限调用循环。

因此，调用 getDetails()方法的最佳位置是在 initState()方法中，该方法只在创建微件时调用一次。

（7）因为 getDetailsList()返回的是 Future，而不是细节（details）本身，所以在 Future 上调用 then()方法，其中，在检查微件是否挂载之后，调用 setState()方法并将细节设置为 getDetailsList()调用的结果。在_EventListState 类的 initState()方法中添加以下代码。

```
@override
void initState() {
    if (mounted) {
      getDetailsList().then((data){
          setState(() {
            details = data;
          });
```

```
        });
    }
    super.initState();
}
```

因此，当加载屏幕时，可调用 getDetailsList()方法。一段时间后，details 列表被更新并包含正在查看的事件的 EventDetail 对象。

（8）剩下唯一要执行的步骤是向用户显示结果，在_EventListState 类的 build()方法中完成此操作。在 build()方法中，返回一个 ListView.builder，而不是返回一个 Container，itemCount 属性将设置为 details 列表的长度。itemBuilder 参数接收一个返回 ListTile 的函数，代码如下。

```
@override
Widget build(BuildContext context) {
  return ListView.builder(
    itemCount: (details!= null)? details.length : 0,
    itemBuilder: (context, position){
      return ListTile();
    },
  );
}
```

（9）在 ListTile 中，目前仅指定 title 和 subtitle。将 title 设置为包含 EventDetail 的描述，对于 subtitle，将连接事件细节的日期、开始时间和结束时间，代码如下。

```
@override
Widget build(BuildContext context) {
  return ListView.builder(
    itemCount: (details!= null)? details.length : 0,
    itemBuilder: (context, position){
      String sub='Date: ${details[position].date} - Start:
${details[position].startTime} - End:
${details[position].endTime}';
  return ListTile(
  title: Text(details[position].description),
  subtitle: Text(sub),
  );
  },
  );
}
```

（10）当尝试在 main.dart 文件中运行应用程序时，需要调用 EventScreen 微件，代码如下。

```
home: EventScreen(),
```

此时，当运行应用程序时，将看到如图 7.12 所示的屏幕。

图 7.12

现在，我们已经看到了事件的规划，接下来将讨论应用的 Firebase 身份验证问题，以及如何通过添加一个登录页面以改进该问题。

7.5　向应用中添加身份验证

大多数应用程序都需要了解用户的身份。例如，在本章构建的应用中，需要用户能够选择他们最喜爱的事件规划部分，并远程保存数据。对此，需要了解用户的身份。确认用户身份通常意味着以下两项不同的任务。

（1）身份验证意味着确认用户的身份。

（2）身份验证还意味着用户允许访问应用的不同部分或者应用背后的数据。

Firebase 身份验证提供了多项服务，其中包括：

● 通过用户名和密码或提供商（如谷歌、微软、Facebook 等）进行身份验证。基本可将身份验证处理过程托管至外部提供商，用户无须记住另一套用户名和密码以访问数据。

● 创建用户身份。

- 提供登录、注销、注册和重置密码等方法。
- 与 Firebase 中的其他服务集成，因此，一旦身份创建完毕，即可方便地处理身份验证规则。

在当前应用中，添加基于用户名和密码的身份验证机制，并允许用户注册和登录。随后设计一条规则：仅授权用户可以访问 Cloud Firestore 数据库中的数据。另外，从应用程序角度来看，用户能够在应用中读写他们喜爱的事件规划。具体实现步骤如下。

（1）为了能够启用身份验证机制，需要返回 Firebase 控制台，并访问 Firebase 项目仪表板的 Develop 中的 Authentication 选项，随后单击 Sign-in method 选项卡。

（2）可以看到，默认状态下所有的身份验证方法均处于禁用状态。此处仅需启用 Email/Password 身份验证方法。由于仅启用了这一提供商，因而能够利用电子邮件和密码进行注册和登录。在许多应用中，还可能会添加其他提供商（如谷歌和 Facebook）以实现登录操作。

（3）最终结果如图 7.13 所示。

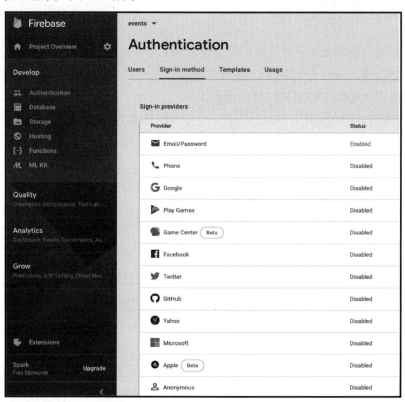

图 7.13

☀ **提示：**

如果读者希望了解与其他提供商相关的更多登录问题，可参见 7.9 节。

（4）确保向 pubspec.yaml 文件中添加了 firebase_auth 的最新版本，这是由 Firebase 团队维护的官方身份验证插件。关于该插件的最新版本，读者可访问 https://pub.dev/packages/firebase_auth。

```
dependencies:
  [...]
  firebase_auth: ^0.15.5+2
```

当前，身份验证机制在 Firebase 项目中已处于启用状态，接下来将在应用中创建登录页面。

7.5.1　添加登录/注册页面

登录页面包含两项功能：允许用户登录至应用程序，或者注册并获取一个身份。采用电子邮件和密码这一身份验证机制，因此需要设计一个界面以允许用户输入登录名和密码，且并不需要或使用来自用户的其他数据。

（1）在应用程序代码中，在 screens 文件夹中创建名为 login_screen.dart 的新文件。

（2）在 login_screen.dart 文件中，导入 material.dart 库，并利用 stful 快捷方式创建一个新的有状态微件，该微件称作 LoginScreen。

（3）在_LoginScreenState 类中，创建一些状态级变量，代码如下。

```
bool _isLogin = true;
String _userId;
String _password;
String _email;
String _message;
```

_userId、_password 和_email 是用于存储身份验证信息的变量。当使用_islogin 布尔变量时，执行登录操作，若对应值为 false，则启用注册操作。_message String 保存登录或注册过程中可能出现的错误消息。

对应页面应包含基于 5 个微件的一列，即针对电子邮件和密码的两个 TextFormField 微件、两个按钮以及一个针对消息的 Text。对于每个微件创建一个方法，以便代码可轻松地读取和维护。最终的登录页面如图 7.14 所示。

（4）下面开始电子邮件输入。对此创建一个方法并返回名为 emailInput 的微件。

```
Widget emailInput() {
    return Padding(
      padding: EdgeInsets.only(top:120),
      child: TextFormField(
        controller: txtEmail,
        keyboardType: TextInputType.emailAddress,
        decoration: InputDecoration(
          hintText: 'email',
          icon: Icon(Icons.mail)
        ),
        validator: (text) => text.isEmpty ? 'Email
is required' :
          '',
      )
    );
}
```

图 7.14

emailInput()方法返回一个 Padding，且顶部有一些空格。在它的子方法中包含一个 TextFormField。这是一个微件，将 TextField 包装到 FormField 中，并允许轻松验证。注意，我们添加了一个 keyboardType，用于显示电子邮件的特定键盘，并且添加了一个带有 hintText 和 Icon 的 InputDecoration。

（5）此外还需要一个 TextEditingController 微件，可以在 State 类的顶部声明它，然后调用 txtEmail，代码如下。

```
final TextEditingController txtEmail = TextEditingController();
```

（6）针对 passwordInput()方法重复相同的模式，修改 keyboardType 和 Icon，并添加 obscureText 参数，将其设置为 true 以便字符在输入时不可见，代码如下。

```
Widget passwordInput() {
  return Padding(
    padding: EdgeInsets.only(top:120),
    child: TextFormField(
      controller: txtPassword,
      keyboardType: TextInputType.emailAddress,
      obscureText: true,
      decoration: InputDecoration(
        hintText: 'password',
```

```
      icon: Icon(Icons.enhanced_encryption)
    ),
    validator: (text) => text.isEmpty ? 'Password is required'
    : '',
  )
 );
}
```

（7）这里，TextEditingController 被称为 txtPassword，代码如下。

```
final TextEditingController txtPassword = TextEditingController();
```

（8）接下来添加两个按钮。根据_isLogin 字段，显示一个不同的主按钮和一个次级按钮。这是因为当_isLogin 为 true 时，用户需要登录，主按钮是登录操作，而次级按钮启用注册过程。当_isLogin 为 false 时，主按钮是注册提交动作，次级按钮使我们进入登录过程。

当按下时，主按钮调用 submit()方法（稍后将创建该方法），验证并提交用户输入的数据。它位于两个文本框的正下方。

（9）为了进一步改进，此处将设置一个包含圆形半径的 RoundedRectangleBorder 形状，以及一个取自当前主题的背景颜色，以便主题变化时按钮颜色被更新，代码如下。

```
Widget mainButton() {
  String buttonText = _isLogin ? 'Login' : 'Sign up';
  return Padding(
    padding: EdgeInsets.only(top: 120),
    child: Container(
      height: 50,
      child: RaisedButton(
        shape: RoundedRectangleBorder(borderRadius:
          BorderRadius.circular(20)),
        color: Theme.of(context).accentColor,
        elevation: 3,
        child: Text(buttonText),
        onPressed: submit,
      )
    )
  );
}
```

次级按钮将在登录和注册功能之间转换，反之亦然。当按下该按钮时，调用 setState()方法，并使用类似于转换开关的_isLogin。也就是说，如果_isLogin 为 true，它将变为 false；

如果_isLogin 为 false，它将变为 true。次级按钮位于主按钮的下方且稍小，因为主按钮表示屏幕的最主要的操作。代码如下。

```
Widget secondaryButton() {
  String buttonText = !_isLogin ? 'Login' : 'Sign up';
    return FlatButton(
      child: Text(buttonText),
      onPressed: () {
        setState(() {
          _isLogin = !_isLogin;
        });
      },
    );
```

（10）屏幕中的最后一个微件是包含错误消息的 Text，当用户未在电子邮件或密码框中输入任何数据时，该微件被激活。如果不存在验证错误，不会显示任何内容。此处调用的最后一个方法是 validationMessage()，并返回一个 Text，代码如下。

```
Widget validationMessage() {
    return Text(_message,
      style: TextStyle(
        fontSize: 14,
        color: Colors.red,
        fontWeight: FontWeight.bold),);
}
```

（11）在完成了微件后，接下来需要在_LoginScreenState 类的 build()方法中组合屏幕 UI。与往常一样，build()方法返回一个包含 appBar 和 body 的 Scaffold。在 Scaffold 的 body 中，放置一个包含 Form 的 Container。Flutter 中的 Form 是一个字段容器，并简化了字段验证操作。

（12）在 Form 中，放置一个包含之前创建的所有微件的滚动 Column，代码如下。

```
Widget build(BuildContext context) {
    return Scaffold(
      appBar: AppBar(title: Text('Login'),),
      body: Container(
        padding: EdgeInsets.all(24),
        child:SingleChildScrollView(
          child: Form(child: Column(
            children: <Widget>[
              emailInput(),
```

```
          passwordInput(),
          mainButton(),
          secondaryButton(),
          validationMessage(),
        ],),),),),),);
```

在完成了 LoginScreen 的 UI 后，需要添加身份验证逻辑，并与 Firebase 身份验证进行交互。

7.5.2　添加身份验证逻辑

把身份验证逻辑放置在一个新类中，该类包含如下 4 个方法。

（1）登录方法。

（2）注册方法。

（3）注销方法。

（4）检索当前用户的方法。

下面添加登录方法，具体步骤如下。

（1）在应用的 lib 文件夹中创建一个名为 shared 的新文件夹。在 shared 文件夹中，创建一个名为 authentication.dart 的新文件。

（2）在该文件内，导入 firebase_auth 包和 async.dart，

（3）创建一个名为 Authentication 的新类，代码如下。

```
import 'dart:async';
import 'package:firebase_auth/firebase_auth.dart';
class Authentication {}
```

（4）在 Authentication 类中，声明一个 FirebaseAuth 实例，它允许使用 Firebase Authentication 的方法和属性，代码如下。

```
final FirebaseAuth firebaseAuth=FirebaseAuth.instance;
```

☑ 注意：

FirebaseAuth 中的所有方法均是异步的。

（5）创建一个允许用户登录的方法，该方法是异步的，返回一个类型为 String 的 Futrue，并接收两个字符串参数，分别用于用户名和密码，代码如下。

```
Future<String> login(String email, String password) async {}
```

（6）在 login()方法中，仅需调用 signInWithEmailAndPassword()方法，顾名思义，该方法如下。

```
AuthResult authResult = await
_firebaseAuth.signInWithEmailAndPassword(
    email: email, password: password
  );
```

（7）创建一个 FirebaseUser 对象，该对象表示为一个用户并包含可供应用程序使用的多个属性，如 uid（用户 ID）和 email。在当前示例中，函数将返回用户的 uid，代码如下。

```
FirebaseUser user = authResult.user;
return user.uid;
```

☀ 提示：

读者可访问 https://pub.dev/documentation/firebase_auth/latest/firebase_ auth/FirebaseUser-class.html 并查看 FirebaseUser 类的完整属性列表。

（8）注册过程也十分类似。我们将创建一个名为 signUp()的异步方法，并调用 createUserWithUserNameAndPassword()方法（而不是调用 signInWithUserNameAndPassword()方法），该方法将在 Firebase 项目中创建一个新的用户。该方法的代码如下。

```
Future<String> signUp(String email, String password) async {
    AuthResult authResult = await
    _firebaseAuth.createUserWithEmailAndPassword(
    email: email, password: password
    );
    FirebaseUser user = authResult.user;
    return user.uid;
  }
```

（9）创建一个注销登录用户的方法，该方法较为简单，仅需调用 FirebaseAuth 实例的 signOut()方法，代码如下。

```
Future<void> signOut() async {
   return _firebaseAuth.signOut();
}
```

（10）添加至 Authentication 类的最后一个方法将检索当前用户。当检查某个用户是否登录时，该方法十分有用。该方法被命名为 getUser()，调用 firebaseAuth.currentUser()方法，代码如下。

```
Future<FirebaseUser> getUser() async {
    FirebaseUser user = await _firebaseAuth.currentUser();
    return user;
}
```

在完成了身份验证逻辑后，接下来需要在身份验证页面中添加 Authentication 类的各种方法。另外，当用户首次进入应用程序时，还应查看身份验证页面。一旦登录，用户应可看到事件页面。

对此，可使用 getUser()方法检查 CurrentUser 是否有效，并可在一个名为 LaunchScreen 的新页面中完成该操作。该页面的任务是在检索用户数据时加载动画，随后将用户转至适当的页面，即身份验证页面或事件页面。

接下来创建应用程序的启动页面，步骤如下。

（1）在 screens 文件夹中创建名为 launch_screen.dart 的新文件。在该文件的开始处，导入 material.dart、可能由启动页面打开的两个页面、firebase_auth 包和 cloud_firestore 包。

（2）创建名为 LaunchScreen 的有状态微件。在_launchScreenState 类的 build()方法中，将显示一个 CircularProgressIndicator 微件，该微件在加载数据时显示一个动画，代码如下。

```
import 'package:flutter/material.dart';
import 'package:firebase_auth/firebase_auth.dart';
import 'package:cloud_firestore/cloud_firestore.dart';
import 'login_screen.dart';
import 'event_screen.dart';

class LaunchScreen extends StatefulWidget {
  @override
  _LaunchScreenState createState() => _LaunchScreenState();
}

class _LaunchScreenState extends State<LaunchScreen> {
  @override
  Widget build(BuildContext context) {
    return Scaffold(
    body: Center(child: CircularProgressIndicator(),),
    );
  }
}
```

（3）重载 InitState()方法，并检查当前用户状态。

（4）在该方法中，将调用 Authentication 类的实例，随后调用 getUser()方法。

（5）如果存在登录用户，则向用户显示 EventScreen，否则将显示 Login 页面。

（6）注意，我们没有在导航器上使用 push()方法，而是使用 pushReplacement()方法。这不仅将新路由推到页面顶部，而且还删除了之前的路由，从而阻止用户导航到 LaunchScreen，代码如下。

```
@override
 void initState() {
  super.initState();
  Authentication auth = Authentication();
  auth.getUser().then((user) {
   MaterialPageRoute route;
   if (user != null) {
    route = MaterialPageRoute(builder: (context) =>
     EventScreen());
   }
   else {
    route = MaterialPageRoute(builder: (context) =>
     LoginScreen());
   }
   Navigator.pushReplacement(context, route);
  }).catchError((err)=> print(err));
 }
```

为了验证这一点，需要改变用户第一次打开应用时发生的情况。目前，当应用打开时，它将显示 EventScreen，但我们打算对此进行修改。这是因为如果用户已经登录，他们将看到 EventScreen，否则需要显示 LoginScreen。在尝试 LaunchScreen 之前，需要从 main.dart 文件的 MyApp 类中调用它。因此，修改 MaterialApp 的 home，调用 LaunchScreen，代码如下。

```
home: LaunchScreen(),
```

如果当前调用应用程序，在短暂的 CircularProgressIndicator 动画后（取决于设备，动画可能快到无法看到），用户可看到 Login 页面。

我们仍无法登录或注册，但已经很接近了。下面返回 loginscreen.dart 文件，并添加登录和注册任务的逻辑。

（1）导入包含调用 Firebase Authentication 服务的 authentication.dart 文件。

```
import '../shared/authentication.dart';
```

（2）创建名为 auth 的 Authentication 变量，重载 initState()方法并创建 Authentication 类实例，代码如下。

```
Authentication auth;
  @override
 void initState() {
   auth = Authentication();
   super.initState();
 }
```

（3）在_LoginScreenState 类的 submit()方法中（当用户按下主按钮时，该方法将被调用），重置_message，如果之前存在验证信息，它将从页面上删除。另外，使该方法设置为异步状态，代码如下。

```
Future submit() async {
   setState(() {
     _message = "";
   });
```

（4）在 try-catch 块中，根据_isLogin 布尔变量的值，调用 auth 对象的 login 或 signup 方法。在每次操作后，还将在调试控制台中输出与已登录或已注册用户相关的信息，代码如下。

```
try {
     if (_isLogin) {
      _userId = await auth.login(txtEmail.text,
      txtPassword.text);
      print('Login for user $_userId');
     }
     else
     {
      _userId = await auth.signUp(txtEmail.text,
      txtPassword.text);
      print('Sign up for user $_userId');
     }
     if (_userId != null) {
      Navigator.push(context, MaterialPageRoute(builder:
      (context)=> EventScreen()));
     }
     } catch (e) {
      print('Error: $e');
      setState(() {
```

```
        _message = e.message;
      });
    }
```

如果成功执行了登录或注册任务，_userId 将包含登录用户的 ID。然而，如果用户名或密码错误，或者调用不成功，Firebase Authentication 调用也将失败。此时输出错误消息，以便用户能够看到当前问题。

为了尝试登录过程，可使用格式错误的电子邮件，跳过密码，或输入错误的电子邮件和密码，建议尝试登录失败几次，进而查看 Firebase Authentication 服务在出现问题时返回的不同错误消息。

在尝试了不同的错误消息后，用户可使用正确的信息进行登录。如果该过程成功，用户将被重定向至事件页面。当前，如果重启应用程序，用户将跳过登录过程，并立即被重定向至事件页面，因为应用程序保存了登录数据。

（5）我们需要为用户添加一种注销方式。对此，可在 EventScreen 类 Scaffold 的 AppBar 的动作中使用一个 IconButton 微件，调用 Authentication 类的注销方法，代码如下。

```
final Authentication auth = new Authentication();
  return Scaffold(
    appBar: AppBar(
      title: Text('Event'),
      actions:[
          IconButton(
             icon: Icon(Icons.exit_to_app),
             onPressed: () {
               auth.signOut().then((result) {
                 Navigator.push(context,
                   MaterialPageRoute(builder: (context) =>
                     LoginScreen()));
               });
            },
          )
      ],
    ),
```

如果尝试执行应用程序并按下注销 IconButton，用户应再次被重定向至注册页面。如果执行登录操作，用户将被转至 EventScreen。当前，在应用程序中，仅登录用户可访问事件信息。但此处实现的安全性仅限于客户端，安全专家指出这几乎等同于没有任何安全性。好的一面是，我们可以在 Firebase 中很容易地设置服务器端安全性。接下来让我们看看如何实现这一功能。

7.5.3　引入 Firebase 规则

在 Firebase 中，特别是在 Cloud Firestore 中，可以利用用户身份验证信息和设置身份验证规则实现服务器端的安全性，从而根据用户身份控制对数据的访问。例如，可确定只有经过身份验证的用户才能读取数据，或者写入他们自己的数据。

通过单击 Rules 面板，可访问 Cloud Firestore 数据库页面中的身份验证规则，如图 7.15所示。

图 7.15

自此，我们希望只允许已登录的用户访问数据（具有读写权限）。对此，可设置下列规则。

```
// Allow read/write access on all documents to any user signed in to the
application
service cloud.firestore {
  match /databases/{database}/documents {
    match /{document=**} {
      allow read, write: if request.auth.uid != null;
  } } }
```

如果现在尝试运行应用程序，用户应该像以前一样看到所有数据，但会获得服务器端安全性。我们将添加至应用程序的唯一功能是让用户有机会在事件日历中选择他们喜欢的项目。

7.6　向 Firebase 中写入数据：添加喜欢的特性

我们希望用户能够选择事件规划中最喜欢的部分。通过这种方式，还能够看到如何将数据写入 Cloud Firestore 数据库，并根据特定的选择标准查询数据。

类似于 EventDetail 类所做的那样，下面将创建一个包含用户收藏夹的新模型类，步骤如下。

（1）在 models 目录中创建一个名为 favorite.dart 的新文件。

（2）收藏夹对象需要包含 ID、用户 ID（UID）和所选事件详细信息的 ID。将所有属性标记为私有，并创建一个未命名的构造函数来设置收藏夹的新实例，代码如下。

```
class Favorite {
  String _id;
  String _eventId;
  String _userId;
  Favourite(this._id, this._eventId, this._userId);
}
```

（3）创建一个名为 map 的构造函数，它将接收一个 DocumentSnapshot，其中包含从 Cloud Firestore 数据库中的文档读取的数据。在 DocumentSnapshot 对象中，总能找到一个 documentId（文档的 ID）和一个 data 对象（包含在文档中指定的键值对），代码如下。

```
Favourite.map(DocumentSnapshot document) {
  this._id = document.documentID;
  this._eventId = document.data['eventId'];
  this._userId = document.data['userId'];
}
```

（4）此外还需要创建一个返回 Map 的方法，以便简化向 Cloud Firestore 数据库中写入数据。该方法可称作 toMap()。Map 的键为 Strings，其值为 dynamic。toMap()方法的代码如下。

```
Map<String, dynamic> toMap() {
  Map map = Map<String, dynamic>();
  if (_id!= null) {
    map['id'] = _id;
  }
  map['eventId'] = _eventId;
  map['userId'] = _userId;
  return map;
}
```

至此，Favourite 类定义完毕。接下来将构建相应的方法并执行所需的读取任务。由于存在多个方法，因而较好的方法是将应用程序的逻辑与 UI 分离。相应地创建一个新文件托管这些方法，步骤如下。

（1）在 shared 文件夹中，创建名为 firestore_helper.dart 的新文件。这将包含与 Cloud

Firestore 数据库交互的帮助方法。

（2）在该文件中，导入两个模型类和 Cloud Firestore 包。

（3）创建一个静态 db 属性，该属性是 Firestore 的一个实例，并在类中加以使用，代码如下。

```
import '../models/event_detail.dart';
import '../models/favourite.dart';
import 'package:cloud_firestore/cloud_firestore.dart';
class FirestoreHelper {
    static final Firestore db = Firestore.instance;
}
```

该类的所有方法都是静态的，因为实际上我们不需要实例化该类就能使用它们。

（4）我们要在这个类中创建的第一个方法是在 Firestore 数据库中添加一个新的收藏夹。这是一个名为 addFavourite 的静态方法，它将使用当前登录用户的 uid 和要添加为收藏夹的 Event，代码如下。

```
static Future addFavourite(EventDetail eventDetail, String uid) {
  Favourite fav = Favourite(null, uid, eventDetail.id);
  var result = db.collection('favourites').add(fav.toMap())
    .then((value) => print(value))
    .catchError((error)=> print (error));
  return result;
}
```

在该方法内部，我们创建了 favorite 类的实例并将其命名为 fav。然后，从数据库实例中，将 fav 对象（转换为 Map）添加到名为 favorites 的集合中。

如果一切工作顺利，我们将在调试控制台中输出结果；否则，如果出现错误，将输出错误信息。

当前，需要一种方式使用户能够从 UI 中添加收藏夹。对此，可以在事件日历列表中添加一个星形图标，这样当用户按下星形图标时，收藏夹就会被添加。稍后，我们还将改变图标的颜色，以便收藏夹能被一眼识别出来。

在添加星形 IconButton 之前，登录后向事件页面发送登录用户的 UID。这样，从页面本身读取和写入收藏夹数据就会更加容易。

具体操作步骤如下。

（1）在 EventScreen 类中，添加一个 String 类型的 uid 属性并在构造函数中进行设置，代码如下。

```
final String uid;
```

（2）当从 Scaffold 的 body 中调用 EventList 类时，将传递 uid，代码如下。

```
EventList(uid);
```

（3）在 EventList 类中执行相同的操作，添加 uid 属性并在构造函数中接收该属性。

```
final String uid;
EventList(this.uid);
```

（4）这样，把 uid 从身份验证过程传播回了_EventListState，现在我们就有了读写用户收藏夹所需的所有数据。

（5）创建一个名为 toggleFavourite()的方法，它将接收需要成为收藏夹的 EventDetail，并调用 FirestoreHelper 的 addFavourite()方法，代码如下。

```
void toggleFavourite(EventDetail ed) {
  FirestoreHelper.addFavourite(ed, widget.uid);
}
```

（6）在 event_screen.dart 文件的 EventListState 类的 build()方法中，在 ListViewBuilder 微件的 ListTile 中添加一个 IconButton 微件。该微件将从 Cloud Firestore 数据库中添加收藏夹；稍后，还将使用颜色来通知用户列表中的当前项目是否为收藏夹，以及是否要从数据库中删除收藏夹。代码如下。

```
trailing: IconButton(
        icon: Icon(Icons.star, color: Colors.grey),
        onPressed: () {toggleFavourite(details[position]);},
      ),
```

（7）在尝试这项新功能之前，需要修改对 EventScreen 类的调用。其中一个在 launchscreen.dart 文件的 LaunchScreenState 类中。当设置调用 EventScreen 类的路由时，需要修改该路由，代码如下。

```
route = MaterialPageRoute(builder: (context) =>
EventScreen(user.uid));
```

（8）在 login_screen.dart 文件中，在_LoginScreenState 类的 submit()方法中，需要向 MaterialPageRoute 中添加_userId 变量，代码如下。

```
if (_userId != null) {
        Navigator.push(
```

```
        context, MaterialPageRoute(builder: (context)=>
        EventScreen(_userId))
      );
    }
```

（9）尝试运行应用程序。在 events 页面中，单击列表中任意项目上的星形图标按钮。如果一切正常，当进入 Firebase 控制台查看数据库时，应该会发现收藏夹集合中包含一些数据，如图 7.16 所示。

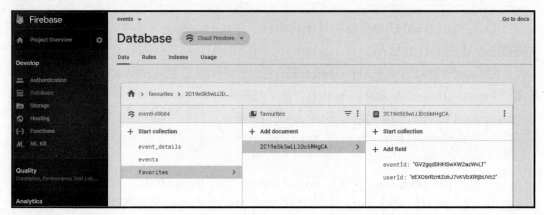

图 7.16

这意味着，应用程序将收藏夹写入 Cloud Firestore 数据库中。接下来需要读取收藏夹、向用户生成一些反馈信息并从数据库中删除收藏夹。

在 FirestoreHelper 类中，需要添加两项新特性，即从数据库中删除已有收藏夹的方法，以及检索当前登录用户的所有收藏夹的另一个方法。

下面首先定义 deleteFavourite()方法。该方法接收所删除收藏夹的 ID，像往常一样，它是静态和异步的。为了在 Cloud Firestore 数据库的集合中真正删除一项内容，仅需访问相应的集合、利用其 ID 访问特定的文档，随后调用 delete()方法即可，代码如下。

```
static Future deleteFavourite(String favId) async {
   await db.collection('favourites').document(favId).delete();
}
```

静态且异步的 getUserFavourites()方法接收用户 id 作为参数，并返回包含 Favourite 对象列表的 Future。

在该函数内部，我们有机会看到 Cloud Firestore 数据库的一个非常有用的功能，即使用 where()方法在集合内部进行查询。该方法获取要使用的过滤器的字段、需要使用的过滤器类型（本例中为 isEqualTo）以及过滤器本身的值。使用 getDocuments()方法返回一个 QuerySnapshot 类型的对象，可以用它将查询结果转换为 Favourite 的 List，并将其返回给调用者。

　　基本上，该方法将返回一个列表，其中包含作为参数传递用户 ID 的所有收藏文档，代码如下。

```
static Future<List<Favourite>> getUserFavourites(String uid) async
{
  List<Favourite> favs;
  QuerySnapshot docs = await db.collection('favourites')
    .where('userId', isEqualTo: uid).getDocuments();
  if (docs != null) {
    favs = docs.documents.map((data)=>
    Favourite.map(data)).toList();
  }
  return favs;
}
```

　　现在，我们需要显示事件日历中哪些项目是用户的收藏，为此，需要给星形图标涂上明亮的琥珀色，具体步骤如下。

　　（1）在 eventscreen.dart 文件的_EventListState 类中，声明一个 Favourite 类型的 List，命名为 favourites。

```
List<Favourite> favourites = [];
```

　　（2）在 initState()方法中，将调用 FirestoreHelper.getUserFavourites()方法，该方法将调用 setState()方法更新收藏夹数组，代码如下。

```
FirestoreHelper.getUserFavourites(uid).then((data){
    setState(() {
      favourites = data;
    });
  });
```

　　（3）由于收藏夹和细节信息是两个独立的对象，因而需要一种方法能快速检查事件细节信息是否确实为一个收藏夹。接下来创建一个方法执行该操作，如果事件细节信息是一个收藏夹，该方法将返回 true，否则返回 false，代码如下。

```
bool isUserFavourite (String eventId) {
```

```
Favourite favourite = favourites
  .firstWhere((Favourite f) => (f.eventId == eventId),
orElse: () => null );
if (favourite==null)
  return false;
else
  return true;
}
```

从 List 中调用 firstWhere() 方法时，检索 List 中满足测试参数指定条件的第一个元素。如果可用，favorite 变量将包含第一个 id 等于传递给函数的 eventId 的 Favorite。否则，将返回空值。

（4）为了使代码能够工作，还需要在 favourite.dart 文件的 Favourite 类中创建一个 getter 方法，代码如下。

```
String get eventId => _eventId;
```

（5）现在，只需利用到目前为止准备的一切为列表中的星形图标着色。在 _EventListState 类的 build() 方法中，在 ListView.builder 构造函数的 itemBuilder 参数中，将声明一个 Color 微件，它将取决于 EventDetail 是否是收藏夹。如果细节信息是收藏夹，将其设置为琥珀色，否则设置为灰色，代码如下。

```
Color starColor = (isUserFavourite(details[position].id) ?
Colors.amber : Colors.grey);
```

（6）对于图标，返回一个 starColor 值，而非固定颜色，代码如下。

```
trailing: IconButton(
            icon: Icon(Icons.star, color: starColor),
```

（7）现在，如果重启应用程序，则会看到之前单击的值显示为琥珀色的星号。这可以帮助用户看到列表中哪些项目是他们的收藏夹。

（8）当前，我们可以添加收藏夹，但无法删除它们。对此，需要对 toggleFavourite() 方法稍作调整，代码如下。

```
toggleFavourite(EventDetail ed) async{
  if (isUserFavourite(ed.id)) {
    Favourite favourite = favourites
      .firstWhere((Favourite f) => (f.eventId == ed.id));
    String favId = favourite.id;
    await FirestoreHelper.deleteFavourite(favId);
```

```
}
else {
  await FirestoreHelper.addFavourite(ed, uid);
}
List<Favourite> updatedFavourites =
    await FirestoreHelper.getUserFavourites(uid);
setState(() {
  favourites = updatedFavourites;
});
}
```

现在可以看到，该方法可以像以前一样调用 addFavourite()，也可以调用 deleteFavourite()，这取决于对 isUserFavourite()方法的调用结果以及传给该方法的 EventDetail 的 ID。

从数据库中添加或删除 Favourite 后，该方法还调用 getUserFavourites()方法更新状态。这将通过收藏夹列表变化更新 UI。根据设备的网络连接速度，当用户按下星形图标按钮时，用户可能会察觉到有一点延迟，但这在网络请求完成时是正常的。

当尝试运行应用程序时，可以看到，通过单击星形 IconButton 添加或移除收藏夹，从而进一步完善了应用程序，并利用 Flutter 和 Firebase 创建了全栈应用程序。

7.7 本 章 小 结

本章讨论了如何从零开始构建一个全栈应用程序。在服务器端，我们使用 Firebase 创建了一个网络服务，包括数据库和身份验证服务；在客户端，使用 Flutter 向云端读写数据。

具体而言，我们考察了如何创建一个新的 Firebase 项目，该项目是所有 Flutter 服务的入口。在该项目中，使用 Cloud Firestore 数据库创建了一个新的 NoSQL 数据库。该数据库包含集合，而集合又包含文档。文档由键值对或字段组成。然后，我们了解了如何将 Firebase 集成到 Flutter 项目（包括 iOS 和 Android）中。这个过程包括下载两个不同操作系统的配置文件，并将其添加到项目中。当然，还包括将相关软件包添加到 pubspec.yaml 文件中。

另外，本章还讨论了如何添加 Cloud Firestore 数据库实例，以及如何使用或不使用过滤器从集合中检索文档。还介绍了如何从 Flutter 代码中添加和删除文档。注意，Firebase 中的所有读写方法都是异步的。我们已经了解了 Firebase 中的身份验证服务是如何工作的。本章为应用程序添加了新用户，并在他们检索数据前实现了登录操作。在此背景下，还考察了 Firestore 身份验证规则，同时还介绍了如何实现服务器端安全。

最后，我们考察了如何通过查询数据库和插入新文档时添加用户信息来为用户提供个性化内容。将 Firebase 添加到工具箱中，用户就可以创建远程服务，而无须编写服务器端代码或创建数据库，并且可以获得几乎无限的扩展能力。

在第 8 章中，我们将使用应用程序的两个非常重要的特性，即地理定位和地图。

7.8　本章练习

（1）在 Cloud Firestore 数据库中，文档和集合有什么区别？文档可以包含集合吗？

（2）简述 SQL 数据库和 NoSQL 数据库的 3 个主要区别。

（3）查看下面的代码。

```
docs = await db.collection('favourites')
.where('userId', isEqualTo: uid).getDocuments();
```

上述查询将执行什么操作？docs 变量的数据类型是什么？

（4）在 Cloud Firestore 数据库中，是否可能只允许通过身份验证的用户访问数据？如果可以，如何实现？

（5）如何创建 FirebaseAuth 类的实例？

（6）查看下面的代码。

```
var result = db.collection('favourites').add(fav.toMap()
.then((value) => print(value.documentID))
.catchError((error)=> print (error));
```

试解释这些指令的执行结果。

（7）何时为类中的一个属性创建 getter 方法？如何编写创建它的代码？

（8）何时需要 Map 对象与 Cloud Firestore 数据库交互？

（9）如何从 Cloud Firestore 数据库中删除文档？

（10）如何将数据从一个页面传递到另一个页面？

7.9　进一步阅读

如果想了解更多有关 Firebase 的信息，尤其是如何将 Firebase 与所选择的技术集成，那么 Firebase 官方文档则是最全面的资源，对应网址为 https://firebase.google.com/docs/

guides。

　　在官方文档中，读者还可看到与 Firebase 数据库相关的操作指南，对应网址为 https://firebase.google.com/docs/firestore。关于 Firestore Authentication，读者则可访问 https://firebase.google.com/docs/firestore/security/get-started。关于如何使用 Flutter 安装 Firebase，读者可访问 https://firebase.google.com/docs/flutter/setup。对于身份验证提供商的更新列表，读者可访问 https://firebase. google.com/docs/reference/js/firebase.auth.AuthProvider。

　　要详细了解 NoSQL 数据库以及 NoSQL 数据库的不同类型，IBM 提供了一份非常易于阅读的文档，对应网址为 https://www.ibm.com/cloud/learn/nosql-databases。

　　第一次接触安全问题时，可能感到困惑的一个概念是身份验证和授权之间的区别。https://auth0.com/docs/authorization/concepts/authz-and-authn 提供了一个简短但非常清晰的解释。

第8章 Treasure Mapp——集成地图并使用设备相机

当你走在街上，看到一家新开的商店，这给了你灵感；或者，也许你在一家令人难忘的餐厅吃过晚饭，想记住它的位置和样子；或者，你停好车，需要记住把车停在了哪里。如果可以标记任何地方，并添加简要描述和图片，那不是很好吗？

Treasure Mapp 是一款允许用户在地图上标记位置，然后添加名称和图片的应用程序，图片可使用设备摄像头现场拍摄。用户可以通过地图或列表查看所有保存的位置。此外，用户还可以编辑或删除这些位置。

本项目涉及移动编程的两个重要功能：地理定位和设备摄像头。此外，它还包括处理设备权限。

本章主要涉及下列主题。

- 地理定位和相机：强强联手。
- 将 Google Maps 集成至 Flutter。
- 使用设备相机。

8.1 技 术 需 求

读者可访问本书的 GitHub 存储库查看完整的应用程序代码，对应网址为 https://github.com/PacktPublishing/Flutter-Projects。

为了理解书中的示例代码，应在 Windows、Mac、Linux 或 Chrome OS 设备上安装下列软件。

- Flutter 软件开发工具包（SDK）。
- 当进行 Android 开发时，需要安装 Android SDK。Android SDK 可通过 Android Studio 方便地进行安装。
- 当进行 iOS 开发时，需要安装 MacOS 和 Xcode。
- 模拟器（Android）、仿真器（iOS）、连接的 iOS 或 Android 设备，以供调试使用。

● 编辑器：建议安装 Visual Studio Code (VS Code)、Android Studio 或 IntelliJ IDEA。
● 本章需要使用 iOS 或 Android 设备，进而使用硬件相机和地理定位功能。

8.2　地理定位和相机：强强联手

如果一定要说出移动设备最重要的一些功能，照相机和内置全球定位系统（GPS）可能会列入其中。这两项我们今天认为理所当然的功能，对于移动开发来说非常特殊，可以让你的应用程序在众多应用程序中脱颖而出。

作为开发者，地理定位功能可识别应用程序用户的坐标，特别是他们的经纬度，它还可以保存这些坐标，以备将来使用。这给开发者带来了巨大的潜力，如社交网络会根据用户位置推荐附近的活动，旅行社会推荐餐厅或酒店，交友应用程序会推荐新的联系人。不难发现，为用户提供相关个性化信息的潜在场景非常多。

图片的作用则更为明显：人们喜欢拍摄并分享他们的图片。即使是手机制造商，相机的质量也是其市场营销的一个重要部分。因此，作为开发者，我们应该利用好这个机会，为用户提供他们喜欢的内容，即使用相机的能力，无论何时它都能为你的应用程序增添品质。

那么，将地理定位和相机整合至单独的应用程序后，情况又当如何呢？接下来将讨论 Treasure Mapp 应用程序。

8.3　将 Google Maps 集成至 Flutter

针对当前项目，我们将使用 Google Maps API 向用户显示一幅地图，并在其中添加标记。与其他谷歌服务一样，地图在一定限度内是免费的。作为一名开发者，应该能够在大多数情况下免费使用它。但是，对于生产目的，情况则有些不同。

💡 提示：
有关 Google Maps 中生产应用程序的定价和准入门槛的详细信息，可访问 https://cloud.google.com/mapsplatform/pricing/。

下面将地图集成至 Flutter，步骤如下。

（1）创建一个新的 Flutter 应用程序，并将其命名为 treasure_mapp。

（2）在 pubspec.yaml 文件中，添加 Google Maps 插件作为依赖项。对应的包称作

google_maps_flutter，读者可访问 pub.dartlang.org 查看其最新版本。对应代码如下。

```
dependencies:
    google_maps_flutter: ^0.5.24+1
```

（3）获取 API 密钥以使用 Google Maps。对此，可访问 https://console.cloud.google.com 并从 Google Cloud Platform（GCP）中获取密钥。

（4）在登录谷歌账户后，应可看到如图 8.1 所示的控制台。

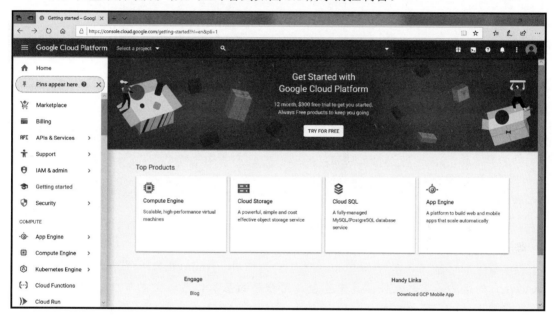

图 8.1

（5）每个 API 密钥都属于一个项目，因此在获取证书之前，需要创建一个项目或选择一个现有项目。当前项目称作 Treasure-Mapp，Location 则选择 No organization，随后单击 CREATE 按钮，如图 8.2 所示。

（6）单击菜单按钮并选择 APIs & Services | Credentials，在 Credentials 页面中选择 Create credentials | API key。

（7）有了密钥后，还需要将其添加至项目。对于 Android，需要将该信息添加至 android/app/src/main/AndroidManifest.xml 应用程序清单文件。对此，只需在应用程序节点的 icon 下输入如下代码。

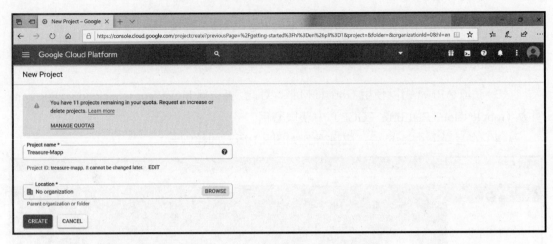

图 8.2

```
<application
        android:name="io.flutter.app.FlutterApplication"
        android:label="testing"
        android:icon="@mipmap/ic_launcher">
        <meta-data android:name="com.google.android.geo.API_KEY"
            android:value="ADD YOUR KEY HERE"/>
```

☑ 注意:

　　读者可能想知道该文件在 Flutter 项目中的作用。Android 应用程序清单文件是任何 Android 构建所必需的文件，其中包含应用程序的基本信息。当发布应用程序时，这些信息将用于 Android 构建工具、Android 操作系统（OS）本身和 Google Play 商店。例如，除其他一些内容外，清单文件还包含应用程序的软件包名称、应用程序访问系统受保护部分（如摄像头或互联网连接）或其他应用程序所需的权限、应用程序所需的硬件和软件功能。

　　（8）对于 iOS 应用程序，情况则有些不同。在获取 API 密钥后，需要在下列位置打开 AppDelegate。

```
ios/Runner/AppDelegate.swift
```

　　（9）在该文件开始处，导入 GoogleMaps，代码如下。

```
import UIKit
import Flutter
```

```
import GoogleMaps
```

（10）在 AppDelegate 类中添加下列粗体代码。

```
@objc class AppDelegate: FlutterAppDelegate {
   override func application(
      _ application: UIApplication,
      didFinishLaunchingWithOptions launchOptions:
      [UIApplication.LaunchOptionsKey: Any]?
        ) -> Bool {
   GMSServices.provideAPIKey("YOUR API KEY HERE")
   GeneratedPluginRegistrant.register(with: self)
   return super.application(application,
   didFinishLaunchingWithOptions: launchOptions)
}
```

AppDelegate.swift 文件管理应用程序的共享行为，是 iOS 应用程序的根对象。

对于 iOS 项目，还需要选择启用嵌入式视图预览。对应方法是在应用程序的 Info.plist 文件中添加一个布尔属性。

（11）打开项目的 ios/Runner/Info.plist 文件，并在<dict>节点中添加下列代码。

```
<key>io.flutter.embedded_views_preview</key>
<true/>
```

至此，Google Maps 在 Android 或 iOS 应用程序中设置完毕，接下来将在屏幕中显示一幅地图。

8.3.1　利用 Google Maps 显示一幅地图

在 iOS 和 Android 内容准备完毕后，可将 GoogleMap 添加至应用程序的主屏幕，步骤如下。

（1）当使用一个包时，可将其在文件开始处导入。对此，可在 main.dart 文件中包含所需的 Google Maps 依赖项，代码如下。

```
import 'package:flutter/material.dart';
import 'package:google_maps_flutter/google_maps_flutter.dart';
```

🖉 注意：

可访问 https://github.com/PacktPublishing/Flutter-Projects/blob/master/ch_08/lib/main.dart 查看 main.dart 文件的完整代码。

（2）从默认的应用程序中移除有状态微件，并创建名为 MainMap 的新的有状态微件，代码如下。

```
class MainMap extends StatefulWidget {
 @override
 _MainMapState createState() => _MainMapState();
}

class _MainMapState extends State<MainMap> {
 @override
 Widget build(BuildContext context) {
   return Container(
   );
}}
```

（3）在_MainMapState 类中，将返回一个标题为"The Treasure Mapp "的 Scaffold，主体包含一个 Container，其子元素是一个 GoogleMap 微件。GoogleMap 是屏幕上显示地图的对象。在我们的应用程序中，它将占据所有可用空间。下面的代码块对此进行了说明。

```
Widget build(BuildContext context) {
   return Scaffold(
     appBar: AppBar(title: Text('The Treasure Mapp'),),
     body: Container(child: GoogleMap(),),
   );
 }
```

读者可能会注意到，GoogleMap 微件需要一个 initialCameraPosition 参数。这是地图第一次向用户显示时的中心位置。Google 使用地理坐标（纬度和经度）来定位地图或在地图上放置标记。

☑ 注意：

自数学家、天文学家和地理学家克罗狄斯·托勒密（Claudius Ptolemy）于公元 150年撰写《地理学》世界地理地图集以来，经纬度系统一直在使用，只是略有改动。相应地，无论你在地球的哪个角落，两个数字就能准确地展示所处的位置，这真是令人着迷。

直到最近，航海者一直是该系统的主要使用者，但现在，随着全球定位系统的出现和地图的便捷获取，了解这一系统的工作原理就显得尤为重要。读者可访问 https://gisgeography.com/latitude-longitude-coordinates/了解更多内容。

下面暂时为地图的 initialCameraPosition 创建一个固定坐标。这些坐标是意大利罗马的坐标，但也可以选择自己喜欢的位置，最好在自己的位置附近。

（4）CameraPosition 需要一个 target，它采用一个 LatLng 来表示实际位置。此外还可以选择一个指定缩放级别——数字越大，地图的比例越高。我们从缩放级别 12 开始。在 _MainMapState 类的顶部，编写下列代码。

```
final CameraPosition position = CameraPosition(
    target: LatLng(41.9028, 12.4964),
    zoom: 12,
);
```

（5）在 GoogleMap 构造函数中，指定 initialCameraPosition，代码如下。

```
body: Container(
  child: GoogleMap(
    initialCameraPosition: position,
),),
```

（6）当尝试运行应用程序时，可看到如图 8.3 所示的一幅地图。

这意味着目前一切正常。接下来向地图中添加标记，并突出显示我们的位置。

图 8.3

1. 使用地理定位查看当前位置

一个名为 Geolocator 的 Flutter 插件可以访问特定平台的位置服务，代码如下。

（1）在 pubspec.yaml 文件中添加依赖项。

```
geolocator: ^5.3.0
```

（2）在 main.dart 文件中导入 Geolocator 库。

```
import 'package:geolocator/geolocator.dart';
```

（3）为了查找用户的当前位置，创建一个名为 _getCurrentLocation()的新方法，该方法使用设备的 GPS 查找当前位置的经度和纬度，并将其返回给调用者。

```
Future _getCurrentLocation() async {}
```

Geolocator()方法是异步的，因此相关方法均为异步。

（4）并非所有设备均提供地理定位服务，因此，在_getCurrentLocation()方法中，在查找当前位置之前，可检查该功能是否有效。

```
bool isGeolocationAvailable = await
Geolocator().isLocationServiceEnabled();
```

（5）若服务可用，则尝试获取当前位置；否则将返回之前设置的固定位置，代码如下。

```
Position _position = Position(latitude:
this.position.target.latitude, longitude:
this.position.target.longitude);
   if (isGeolocationAvailable) {
     try {
       _position = await Geolocator().getCurrentPosition(
       desiredAccuracy: LocationAccuracy.best);
     }
     catch (error) {
       return _position;
     }
   }
   return _position;
```

💡 **提示：**

Geolocator().getCurrentPosition()方法返回一个 Position 对象。该对象不仅包含经度和纬度，还可以包含其他数据，如海拔、速度和航向，虽然这些数据在本应用程序中并不需要，但在其他应用程序中可能有用。

在获取了用户的当前位置后，下面考察在地图的指定位置处设置标记。

2. 向地图中添加标记

Marker 用于在地图上标识一个位置。我们使用标记向用户显示其当前位置。此外还将在地图上添加已保存位置的标记。具体步骤如下。

（1）在_MainMapState class 类上方创建一个 markers 的 List，代码如下。

```
List<Marker> markers = [];
```

（2）添加一个通用方法，将 Marker 添加到 markers 列表中。它将接收一个 Position、一个包含 Marker 标识符的字符串和另一个表示标题的字符串。向用户显示标记信息的方法是通过 infoWindow 参数。具体来说，它需要一个包含文本的 title，当用户单击 Marker 时，文本就会出现。

（3）Marker 使用默认图片，但也可以为 Marker 选择自定义图片。我们使用本应用

的默认图标，但更改当前位置标记的颜色。Marker 的默认颜色是红色。在应用中，如果
MarkerId 是 currpos，选择天蓝色来帮助用户识别他们的位置。对于其他标记选择橙色。

（4）添加标记后，调用 setState()方法更新屏幕。以下是前面所述步骤的代码——将
其添加到_MainMapState 类的底部。

```
void addMarker(Position pos, String markerId, String markerTitle )
{
   final marker = Marker(
         markerId: MarkerId(markerId),
         position: LatLng(pos.latitude, pos.longitude),
         infoWindow: InfoWindow(title: markerTitle),
             icon: (markerId=='currpos') ?
             BitmapDescriptor.defaultMarkerWithHue
             (BitmapDescriptor.hueAzure):BitmapDescriptor
             .defaultMarkerWithHue(BitmapDescriptor
             .hueOrange)
   );
   markers.add(marker);
   setState(() {
     markers = markers;
   });
}
```

（5）现在，我们需要在找到当前位置后调用该方法。因此，重载 initState()方法，并
在其中调用_getCurrentLocation()方法。在获取结果后，调用 addMarker()方法在地图上显
示标记。如果出现错误，在调试控制台中输出错误信息。代码如下。

```
@override
void initState() {
   _getCurrentLocation().then((pos){
     addMarker(pos, 'currpos', 'You are here!');
   }).catchError(
     (err)=> print(err.toString()));
   super.initState();
}
```

（6）这一部分内容的最后一步是向地图中添加标记。在 build()方法中，当调用
GoogleMap 构造函数时将添加标记，代码如下。

```
child: GoogleMap(
         initialCameraPosition: position,
```

```
markers: Set<Marker>.of(markers),
```

当尝试运行应用程序时，将看到如图 8.4 所示的
当前位置。

当前，用户可保存他们喜爱的位置，并将其显示
在地图上。

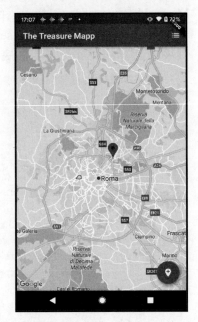

8.3.2　创建位置模型和帮助类

为了保存用户喜爱的位置，这里将使用 SQLite 数据
库（第 6 章中曾对此有所讨论），使用一个模型将位置
插入数据库。

（1）在项目中创建一个名为 place.dart 的新文件，
在该文件中，将创建一个名为 Place 的类，其中包含如
下 5 个属性。

- 整数 id。
- 字符串 name。
- 针对 latitude 和 longitude 的两个双精度数字。
- 稍后将包含 image 的字符串。

图 8.4

Place 中的上述属性如下。

```
class Place {
  int id;
  String name;
  double lat;
  double lon;
  String image;
}
```

（2）创建一个构造函数并设置全部属性，代码如下。

```
Place(this.id, this.name, this.lat, this.lon, this.image);
```

（3）创建一个 toMap()方法，该方法返回一个 String、dynamic 类型的 Map。Map 是
一个键/值对的集合：键是字符串，由于表中有不同的类型，所以值将被设置为 dynamic。
对应代码如下。

```
Map<String, dynamic> toMap() {
```

```
return {
  'id': (id==0)?null:id,
  'name': name,
  'lat': lat,
  'lon': lon,
  'image': image
};
}
```

（4）在 Place 类定义完毕后，还需要创建一个辅助文件并与数据库交互，该文件称为 dbhelper.dart 并包含了一些创建数据库以及检索和写入数据的方法。由于需要使用 sqflite 包，因此需要在 pubspec.yaml 文件中添加依赖项，代码如下。

```
dependencies:
  [...]
sqflite: ^1.2.1
path: ^1.6.4
```

注意：

为了查找依赖项的最新版本，可访问 https://pub.dev/packages/sqflite。除此之外还将使用 path 包，进而针对 iOS 和 Android 使用相同的代码访问数据库。

（5）在 dbHelper.dart 文件中，导入 sqflite.dart 和 path.dart，代码如下。

```
import 'package:path/path.dart';
import 'package:sqflite/sqflite.dart';
```

（6）创建 DbHelper 类。

```
class DbHelper {}
```

（7）在该类中创建两个变量。其中，一个变量表示数据库版本的整数，一开始为 1；随后创建包含数据库自身的另一个变量 db，代码如下。

```
final int version = 1;
Database db;
```

（8）创建 openDb()方法。如果数据库存在，该方法则打开数据库，否则将创建数据库。这里，所有的数据库操作均为异步，因此 openDb()方法也将是异步的，并返回类型为 Database 的 Future，代码如下。

```
Future<Database> openDb() async { }
```

（9）在该方法中，首先检查 db 是否为 null，代码如下。

```
if (db == null) {}
```

如果 db 为 null，则需要打开数据库。调用 sqflite 的 opendatabase()方法，传入数据库的路径和版本以及 onCreate 参数（如果在指定路径下的数据库未找到，将调用该参数）。把这个数据库命名为 mapp.db，它只包含一个与 Place 类具有相同模式的表。

（10）在打开或创建数据库后，将其返回至调用者，代码如下。

```
Future<Database> openDb() async {
    if (db == null) {
        db = await openDatabase(join(await getDatabasesPath(),
        'mapp.db'),
          onCreate: (database, version) {
        database.execute(
            'CREATE TABLE places(id INTEGER PRIMARY KEY, name TEXT,
              lat DOUBLE, lon DOUBLE, image TEXT)');
    }, version: version);
    }
    return db;
}
```

（11）在整个应用程序中不需要使用多个 DbHelper 类实例，因此创建一个 factory 构造函数，它不会在每次调用时都创建一个新实例，只会返回该类的一个实例，代码如下。

```
static final DbHelper _dbHelper = DbHelper._internal();
DbHelper._internal();

factory DbHelper() {
    return _dbHelper;
}
```

下面插入一些虚拟数据，以便在地图上看到标记，并测试一切工作是否正常。

（12）创建一个名为 insertMockData()的新方法，其目的是向数据库中插入一些默认数据。在 places 表中插入 3 条记录（可随意更改坐标，使其更接近现在所在的位置），与往常一样，该方法将是异步的，代码如下。

```
Future insertMockData() async {
  db = await openDb();
  await db.execute('INSERT INTO places VALUES (1,
  "Beautiful park", 41.9294115, 12.5380785, "")');
  await db.execute('INSERT INTO places VALUES (2,
```

```
"Best Pizza in the world", 41.9294115, 12.5268947, "")');
await db.execute('INSERT INTO places VALUES (3,
"The best icecream on earth", 41.9349061, 12.5339831, "")');
List places = await db.rawQuery('select * from places');
print(places[0].toString());
}
```

（13）在 DbHelper 类的顶部，声明一个 Place 对象的 List，其中包含查询结果，代码如下。

```
List<Place> places = List<Place>();
```

（14）创建一个从 places 表中检索所有记录的方法。此处将使用 query()辅助方法来检索 places 表中的所有记录。query()方法返回一个 Map 的 List，进而将每个 Map 转换成一个 Place。对应方法称作 getPlaces()方法，代码如下。

```
Future<List<Place>> getPlaces() async {
    final List<Map<String, dynamic>> maps = await
    db.query('places');
    this.places = List.generate(maps.length, (i) {
        return Place(
            maps[i]['id'],
            maps[i]['name'],
            maps[i]['lat'],
            maps[i]['lon'],
            maps[i]['image'],
        );
    });
    return places;
}
```

（15）在 main.dart 文件中，导入 dbhelper.dart 和 place.dart 文件，代码如下。

```
import 'dbhelper.dart';
import 'place.dart';
```

（16）在 _MainMapState 类中，声明一个 DbHelper 对象，代码如下。

```
DbHelper helper;
```

（17）在 initState()方法中，调用该对象实例，代码如下。

```
helper = DbHelper();
```

（18）在_MainMapState 类中，创建一个新方法，该方法将从数据库中检索地址。该方法称作_getData()，代码如下。

```
Future _getData() async {}
```

在该方法中，调用 openDb()辅助方法，然后调用 insertMockData()方法将第一个标记添加到应用程序中，最后使用 getPlaces()方法读取标记。_places 列表将包含检索到的位置。

（19）对于_places 列表中的每一个 Place，将调用之前创建的 addMarker()方法，代码如下。

```
await helper.openDb();
// await helper.testDb();
List <Place> _places = await helper.getPlaces();
for (Place p in _places) {
  addMarker(Position(latitude: p.lat, longitude: p.lon),
    p.id.toString(), p.name) ;
}
setState(() {
  markers = markers;
});}
```

（20）在 initState()方法的末尾还要调用 insertMockData()方法（仅在应用程序首次执行时）和_getData()方法，代码如下。

```
helper.insertMockData();
_getData();
```

从第二次执行应用程序起，将注释掉 helper.insertMockData()指令。

在检索了当前位置和所有保存地点后，下面尝试运行应用程序，读者将看到如图 8.5 所示的画面。

单击地图上的任何标记，将看到对应的标题。

总之，应用程序当前向用户显示了所有数据。当首次运行应用程序时，将在地图上看到当前位置和保存的位置。

当前，用户无法插入、编辑或删除任何与保存位置相关的数据，这也是接下来将要讨论的问题。

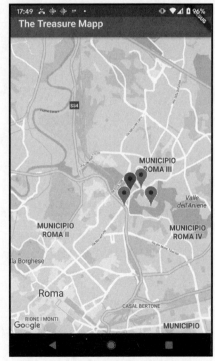

图 8.5

8.3.3 在地图上插入新位置

应用程序应能够使用户插入、编辑或删除数据库中的现有记录。

首先创建一个异步方法，该方法将向 places 表中添加新记录。这将使用到 Place 实例，并调用 insert()数据库辅助方法添加新位置。对此，在 dbhelper.dart 文件的 DbHelper 类中添加下列代码。

```
Future<int> insertPlace(Place place) async {
   int id = await this.db.insert( 'places',
      place.toMap(),
      conflictAlgorithm: ConflictAlgorithm.replace,
   );
   return id;
}
```

插入和编辑功能都需要一些用户界面（UI），以便包含用户输入的文本。我们将使用另一个对话框来实现添加和编辑功能，步骤如下。

（1）在应用程序的 lib 文件夹中，创建一个名为 place_dialog.dart 的新文件。此处将向用户显示一个对话框窗口，并允许用户插入或编辑一个 Place（位置），包括其坐标。当用户添加一个新 Place 时，该对话框将从主屏幕中被调用。

（2）在新文件上方，导入所需的依赖项，即 material.dart、dbhelper.dart 和 places.dart 文件，代码如下。

```
import 'package:flutter/material.dart';
import './dbhelper.dart';
import './place.dart';
```

（3）创建一个类，并包含对话框的 UI，代码如下。

```
class PlaceDialog{}
```

（4）对于该类，需要向用户显示一些文本框。因此，在 PlaceDialog 类上方，首先创建 3 个 TextEditingControllers，它们将包含 Place 的名称和坐标，代码如下。

```
final txtName = TextEditingController();
final txtLat = TextEditingController();
final txtLon = TextEditingController();
```

（5）针对该类创建另外两个字段，其中，一个布尔值表示这是否是新地址以及一个 Place 对象，代码如下。

```
final bool isNew;
final Place place;
```

（6）在调用 PlaceDialog 时，我们希望它始终接收一个布尔值和一个 Place，以确定 Place 是否是新的，因此将创建一个构造函数，同时接收这两个参数，代码如下。

```
PlaceDialog(this.place, this.isNew);
```

（7）创建一个名为 buildDialog()的方法，该方法将获取当前的 BuildContext，在 Flutter 中显示对话框窗口需要使用到该方法。buildDialog()方法将返回一个通用 Widget，代码如下。

```
Widget buildDialog(BuildContext context) {}
```

（8）在 buildDialog()方法中，首先调用 DbHelper 类。此处不需要调用 openDb()方法，因为从这个窗口中，我们已经知道该方法之前被调用过，而且我们正在接收该类的一个现有实例，代码如下。

```
DbHelper helper = DbHelper();
```

（9）将 TextEditingController 微件的文本设置为传递的 Place 的值，代码如下。

```
txtName.text = place.name;
txtLat.text = place.lat.toString();
txtLon.text = place.lon.toString();
```

（10）返回 AlertDialog，其中包含了用户看到的 UI，代码如下。

```
return AlertDialog();
```

（11）AlertDialog 的标题将是一个包含'Place'的 Text 微件，代码如下。

```
title: Text('Place'),
```

（12）对于当前内容，把所有微件放入一个 SingleChildScrollView，以便屏幕无法容纳微件的情况下实现滚动，代码如下。

```
content: SingleChildScrollView()
```

（13）在 SingleChildScrollView 中，将放置一个 Column，因为我们希望对话框中的微件垂直放置，代码如下。

```
child: Column(children: <Widget>[]),
```

（14）Column 内的第一个元素将是 3 个 TextField 微件，分别对应名称、纬度和经度。为所有 TextField 设置相关控制器后，将设置一个 InputDecoration 对象的 hintText，以指导用户使用界面，代码如下。

```
TextField(
    controller: txtName,
    decoration: InputDecoration(
        hintText: 'Name'
    ),
),
TextField(
    controller: txtLat,
    decoration: InputDecoration(
        hintText: 'Latitude'
    ),
),
TextField(
    controller: txtLon,
    decoration: InputDecoration(
        hintText: 'Longitude'
    ),
),
```

（15）稍后还将添加一张图片，当前先放置一个 RaisedButton 作为 Column 的最后一个微件。按下按钮后，所有更改将被保存。按钮的子元素将是一个带有'OK'字符串的 Text。在 onPressed 属性中，使用来自 TextFields 的新数据更新 Place 对象，然后在 helper 对象上调用 insertPlace()方法，并传递包含 TextFields 中的数据的 Place 对象。

（16）调用 Navigator 的 pop()方法关闭对话框并返回调用者，此时调用者是地图屏幕，代码如下。

```
RaisedButton(
    child: Text('OK'),
    onPressed: () {
        place.name = txtName.text;
        place.lat = double.tryParse(txtLat.text);
        place.lon = double.tryParse(txtLon.text);
        helper.insertPlace(place);
        Navigator.pop(context);
    },
)
```

下一步是从地图中调用对话框。从地图中添加一个新地点是屏幕的主要操作，因此可以在_MainMapState 类的 Scaffold 中添加一个 FloatingActionButton 微件。

　　回到 main.dart 文件，在_MainMapState 类的 build()方法中，当调用 Scaffold 时，添加一个 floatActionButton 参数，该参数将包含一个 FloatingActionButton 微件。这里，有一个名为 add_location 的图标非常适合我们的目的，我们将把这个作为它的子元素。

　　当用户单击 FloatingActionButton 时，首先找到一个标记，其 markerId 包含字符串 currpos，该字符串包含之前找到的当前位置。如果没有找到该标记，则创建一个 LatLng 对象，其纬度和经度均为 0。如果找到了包含当前位置的标记，在 LatLng 对象上获取坐标，并创建一个包含当前位置的 Place 对象。

　　接下来创建一个 PlaceDialog 实例，传入 Place 对象和 true 值，因为这是一个新的 Place。最后将调用 showDialog()方法，并传递当前上下文，代码如下。

```
floatingActionButton: FloatingActionButton(
    child: Icon(Icons.add_location),
    onPressed: () {
      int here = markers.indexWhere((p)=> p.markerId ==
      MarkerId('currpos'));
      Place place;
      if (here == -1) {
       // the current position is not available
         place = Place(0, '', 0, 0, '');
      }
      else {
      LatLng pos = markers[here].position;
         place = Place(0, '', pos.latitude, pos.
longitude, '');
      }
      PlaceDialog dialog = PlaceDialog(place,
true);
      showDialog(
        context: context,
        builder: (context) =>
          dialog.buildAlert(context));
    },
)
```

　　如果尝试运行应用程序，将看到一个新的 FloatingActionButton，当单击该按钮时，将看到包含当前坐标的对话框，如图 8.6 所示。

　　如果输入一个名称并单击 OK 按钮，新地址将保

图 8.6

存在数据库中。在列表中添加了新的 Place 后，还需要一种方式来编辑和删除数据库中的
项目，接下来将对此加以讨论。

8.3.4　编辑和删除现有地址

要添加编辑和删除数据库中项目的功能，最简单的方法是创建一个带有 ListView 微件的
新页面，其中包含所有已保存的项目。为此，可在应用程序中创建一个新页面，步骤如下。

（1）在 lib 文件夹中，创建一个名为 manage_places.dart 的新文件。

（2）在导入了 material.dart 库后，还需要导入 place_dialog.dart 文件和 dbhelper.dart
文件，代码如下。

```
import 'package:flutter/material.dart';
import 'place_dialog.dart';
import 'dbhelper.dart';
```

（3）在该文件中，将创建一个名为 ManagePlaces 的新的无状态微件，这将包含一个
Scaffold，其 AppBar 标题为'Manage Places'，并且在 body 中将调用一个名为 PlacesList 的
新微件，代码如下。

```
class ManagePlaces extends StatelessWidget {
  @override
  Widget build(BuildContext context) {
    return Scaffold(
      appBar: AppBar(title: Text('Manage Places'),),
      body: PlacesList(),
    );
  }
}
```

（4）创建 PlacesList 类，该类是一个有状态微件。在该类上方，调用名为 helper 的
DbHelper 实例，其中包含与数据库交互的一些方法。在 build()方法中，返回一个
ListView.builder()构造函数，代码如下。

```
class PlacesList extends StatefulWidget {
  @override
  _PlacesListState createState() => _PlacesListState();
}

class _PlacesListState extends State<PlacesList> {
  DbHelper helper = DbHelper();
```

```
@override
Widget build(BuildContext context) {
 return ListView.builder()
}
}
```

itemCount 参数包含 helper 对象的 placesList 长度。对于 itemBuilder，返回一个
Dismissible，以便于用户通过手势删除项目。Disissible 需要一个 key，在本例中，它将是
places 列表中当前位置上的项目名称。

（5）在 dbhelper.dart 文件的 DbHelper 类中，添加相应方法从 places 表中删除一条记
录。此处将使用数据库的 delete()辅助方法移除 Place，代码如下。

```
Future<int> deletePlace(Place place) async {
  int result = await db.delete("places", where: "id = ?", whereArgs:
[place.id]);
  return result;
}
```

对于 onDismissed 函数，可以调用 helper 对象的 deletePlace()方法，并传递当前位置
的地址。随后调用 setState()方法更新用户界面，并使用 SnackBar 显示一条信息，告知用
户地址已被删除，代码如下。

```
Widget build(BuildContext context) {
 return ListView.builder(
   itemCount: helper.places.length,
   itemBuilder: (BuildContext context, int index) {
    return Dismissible(
         key: Key(helper.places[index].name),
         onDismissed: (direction) {
          String strName = helper.places[index].name;
          helper.deletePlace(helper.places[index]);
          setState(() {
           helper.places.removeAt(index);
          });
          Scaffold.of(context)
             .showSnackBar(SnackBar(content: Text("$strName
             deleted")));
         },
    ));
 },
);
```

（6）对于 Dismissible 的子元素，可使用 ListTile，其标题是当前位置 Place 的名称。对于 trailing 参数，使用一个 IconButton，其图标是 edit 图标。当用户单击 IconButton 时，将调用一个 PlaceDialog 实例，以使用户编辑现有的 Place。注意，当创建 PlaceDialog 实例时，将传递 false 作为第二个参数，因为这并不是一个新的 Place，而是一个已有的 Place。代码如下。

```
child:ListTile(
    title: Text(helper.places[index].name),
    trailing: IconButton(
        icon: Icon(Icons.edit),
        onPressed: () {
            PlaceDialog dialog = PlaceDialog(helper.places[index], false);
            showDialog(
                context: context,
                builder: (context) =>
                    dialog.buildAlert(context));
                },
),
```

（7）当前需要一种方式从应用程序的主屏幕中调用该屏幕。在 main.dart 文件中，在 _MainMapState 类的 build()方法中，可向 Scaffold 添加一个 actions 参数。

此处可以添加一个带有 list 图标的 IconButton，单击后创建一个 MaterialPageRoute，并构建 ManagePlaces 的实例，同时调用 Navigator.push()方法更改屏幕并显示已保存地址的 ListView，而不是显示地图，代码如下。

```
return Scaffold(
    appBar: AppBar(title: Text('The Treasure Mapp'),
    actions: <Widget>[
        IconButton(
            icon: Icon(Icons.list),
            onPressed: () {
                MaterialPageRoute route =
                MaterialPageRoute(builder: (context)=>
                ManagePlaces());
                Navigator.push(context, route);
            },
        ),
    ],
),
```

（8）如果运行当前应用程序，当单击 IconButton 列表时，应可看到保存后的地址列表，如图 8.7 所示。

图 8.7

如果滑动列表中的任何地址，该地址就会被删除，同时会看到 SnackBar 的确认信息。如果按下编辑 IconButton，就会看到显示所选地址名称和坐标的对话框，可以更改地址数据。

现在，我们还需要在应用程序中引入最后一项功能，即拍摄图片并将其添加到地址中。接下来将对这一问题加以讨论。

8.4　使用设备相机

相机功能是任何移动开发框架的重要组成部分，Flutter 为此提供了 camera 插件。camera 插件允许获取设备中可用相机的列表，显示预览以及拍摄照片和视频。

使用相机的第一步是设置应用程序，具体步骤如下。

（1）在 pubspec.yaml 文件中添加依赖项。当然，我们需要 camera，还需要 path（在项目开始时已经添加）和 path_provider，以便保存和检索应用程序中拍摄的照片，代码如下。

```
camera: ^0.5.7
path_provider: ^1.4.4
```

对于 Android，需要在 android/app/build.gradle 文件中将 Android SDK 的最低版本更改为 21（或更高），代码如下。

```
minSdkVersion 21
```

对于 iOS，则需要向 ios/Runner/Info.plist 文件中添加下列代码。

```
<key>NSCameraUsageDescription</key>
<string>Enable TreasureMapp to access your camera to capture your
photo</string>
<key>NSMicrophoneUsageDescription</key>
<string>Enable TreasureMapp to access mic to record your
voice</string>
```

在应用程序配置完毕后，即可编写代码并使用相机。具体来说，当用户从 PlaceDialog 屏幕单击 IconButton 时，即可拍摄一幅图片。为了将图片保存至正确的位置，通常需要传递地址 Id。

（2）在当前应用程序中，创建一个名为 camera_screen.dart 的新文件，其中包含拍摄新照片的 UI。在该文件顶部，导入所需的库，代码如下。

```
import 'package:flutter/material.dart';
import 'package:camera/camera.dart';
import 'package:path/path.dart';
import 'package:path_provider/path_provider.dart';
import 'place.dart';
```

（3）创建名为 CameraScreen 的有状态微件，代码如下。

```
class CameraScreen extends StatefulWidget {
  @override
  _CameraScreenState createState() => _CameraScreenState();
}

class _CameraScreenState extends State<CameraScreen> {
  @override
  Widget build(BuildContext context) {
    return Container(
    ); } }
```

（4）在_CameraScreenState 类的上方声明两个字段，即名为 place 的 Place 和名为 _controller 的 CameraController。CameraController 建立与相机之间的连接，并以此拍摄照片。代码如下。

```
Place place;
CameraController _controller;
```

（5）修改 CameraScreen 以便可从其调用者处接收一个 Place，代码如下。

```
class CameraScreen extends StatefulWidget {
    final Place place;
    CameraScreen(this.place);
    @override
    _CameraScreenState createState() => _CameraScreenState();
}
```

☀ 提示：

大多数相机都配置了两个摄像头，即前置摄像头和后置摄像头。当前项目将只使用第一个摄像头，但从一个摄像头切换到另一个摄像头非常容易。如果读者想了解有关切换摄像头的更多信息，可访问以下网址：https://pub.dev/packages/camera。

（6）在_CameraScreenState 类中，声明一些其他变量，即可用摄像头列表、所选摄像头、用于预览的通用微件以及一幅图像。这里，CameraDescription 表示包含摄像头的微件，代码如下。

```
List<CameraDescription> cameras;
CameraDescription camera;
Widget cameraPreview;
Image image;
```

_CameraScreenState 类中创建的第一个方法将设置设备上的摄像头。availableCameras()方法返回所有可用摄像头，它返回一个 List<CameraDescription>类型的 Future。因此，setCamera()方法也将是异步的，它将把摄像头设置为设备背面的第一个摄像头（通常是主摄像头）。

（7）为了避免在没有相机的情况下出现错误，此处还将检查 List 是否为空。代码如下。

```
Future setCamera() async {
    cameras = await availableCameras();
```

```
        if (cameras.length != 0) {
            camera = cameras.first;
        }
}
```

（8）重载 initState()方法。在该方法中，将调用 setCamera()，当异步方法返回时，将创建一个新的 CameraController，传递将用于该控制器的相机，并定义要使用的分辨率——本例中为 ResolutionPreset.medium。

（9）调用 CameraController 的异步 initialize()方法，然后在 then()函数中调用 setState()方法，将 cameraPreview 微件设置为控制器的 CameraPreview 微件，代码如下。

```
@override
  void initState() {
    setCamera().then((_) {
     _controller = CameraController(
        // Get a specific camera from the list of available
        // cameras.
        camera,
        // Define the resolution to use.
        ResolutionPreset.medium,
      );
     _controller.initialize().then((snapshot) {
        cameraPreview = Center(child: CameraPreview(_controller));
        setState(() {
            cameraPreview = cameraPreview;
        });
      });
    });
    super.initState();
}
```

☑ 注意：

CameraPreview 微件可显示相机画面的预览。

（10）重载_CameraScreenState 类的 dispose()方法——这将在微件本身被处置时处置控制器，代码如下。

```
@override
void dispose() {
   _controller.dispose();
   super.dispose();
}
```

此时，屏幕将向用户显示相机预览。下面将构建 UI 以测试该功能。

（1）在 build()方法中，返回一个 Scaffold。在 Scaffold 的 appBar 中，显示带有'Take Picture'的一个 Text。稍后使用该 appBar 拍摄照片，当前仅显示预览。

（2）在 Scaffold 的 body 中，设置一个 Container，其子元素为 initState()方法中设置的 cameraPreview，代码如下。

```
@override
 Widget build(BuildContext context) {
  return Scaffold(
    appBar: AppBar(
      title: Text('Take Picture'),
    ),
    body: Container(
      child: cameraPreview,
    ));
}
```

（3）为了检查相机是否工作，需要从 PlaceDialog 类中调用该屏幕。因此，在 place_dialog.dart 文件的 buildAlert()方法中，在经度 TextField 下添加一个图标按钮。对应图标将是一个 camera_front 图标，当用户单击 IconButton 时，如果 Place 是一个新地址，首先通过调用 DbHelper 实例的 insertPlace()方法将其插入数据库。

（4）创建新的 MaterialPageRoute 以调用 CameraScreen 路由。

完整的代码如下。

```
IconButton(
    icon: Icon(Icons.camera_front),
    onPressed: () {
      if (isNew) {
          helper.insertPlace(place).then((data){
              place.id = data;
              MaterialPageRoute route = MaterialPageRoute(builder:
              (context)=>
              CameraScreen(place));
              Navigator.push(context, route);
              });
          }
      else {
          MaterialPageRoute route = MaterialPage Route(builder: (context)=>
          CameraScreen(place));
```

```
        Navigator.push(context, route);
      }
  }),
```

为了尝试相机预览，在 PlaceList 屏幕中单击任何位置。在对话框中，应该看到相机 IconButton，单击它，相机预览就会出现。图 8.8 是一个示例，可能与你现在看到的非常接近。

图 8.8

💡 提示：

如果正使用 iOS 模拟器，则无法使用相机功能——应使用真实的设备测试应用程序的相机功能。

接下来将实现照片自身的拍摄功能。

在 _CameraScreenState 类 build()方法的 AppBar 中，设置 actions 参数以便包含 IconButton。当单击它时，图片将存储在临时目录中，可以使用 path_provider 插件找到该目录。文件名是当前日期和时间。

最后调用 CameraController 的 takePicture()方法。这将图片保存至提供的路径中，代码如下。

```
actions: <Widget>[
  IconButton(
    icon: Icon(Icons.camera_alt),
    onPressed: () async {
      final path = join(
        (await getTemporaryDirectory()).path,
        '${DateTime.now()}.png',
      );
      // Attempt to take a picture and log where it's been saved.
      await _controller.takePicture(path);
    },
  )
],
```

拍摄完照片后，需要将其显示给用户。为此，创建另一个名为 PictureScreen 的屏幕。在 await_controller.takePicture(path);指令之后添加更改屏幕的代码，调用接下来将创建的新屏幕，代码如下。

```
MaterialPageRoute route = MaterialPageRoute(
  builder: (context) => PictureScreen(path, place)
);
Navigator.push(context, route);
```

💡 提示：

对于应用程序，可能想为图片选择一个不同的位置，也可能想与图库本身进行互动。如果想进一步了解如何使用 Flutter 将图片保存到设备图库，访问 image_gallery_saver 插件，网址如下：https://pub.dev/packages/image_gallery_saver。

现在创建 PictureScreen 微件。该屏幕的目的是显示拍摄的图片，并将其路径保存在数据库的相关 Place 记录中。

在 lib 文件夹中，创建名为 picture_screen.dart 的新文件。在该文件中，导入所需的依赖项并创建无状态微件，代码如下。

```
import 'dart:io';
import 'package:flutter/material.dart';
import './main.dart';
import 'place.dart';
import 'dbhelper.dart';
```

```
class PictureScreen extends StatelessWidget {
  @override
  Widget build(BuildContext context) {
    return Container(
    );
  }
}
```

该微件将接收两个变量：一个是从调用屏幕拍摄的图片的路径，另一个是拍摄图片的位置。因此，可在 PictureScreen 类的顶部创建字段和构造函数，代码如下。

```
final String imagePath;
final Place place;
PictureScreen(this.imagePath, this.place);
```

在 build()方法中，调用 DbHelper 实例，随后返回一个 Scaffold。在 Scaffold 的 body 中，将设置一个 Container，其子元素是一个 Image。

注意：

Image.file()构造函数创建一个微件，用于显示从设备中的文件获取的图像。

在 Scaffold 的 appBar 中，在 actions 属性中，设置一个 IconButton，其图标是 save 图标。在 onPressed 属性中，将图片的路径保存至数据库，并调用 insertPlace()方法。

提示：

即使数据库中已经存在 Place，仍然可以调用 insertPlace()方法，因为我们选择的冲突算法是 replace。

在保存了路径后，将返回应用程序的主屏幕，代码如下。

```
DbHelper helper = DbHelper();
  return Scaffold(
    appBar: AppBar(
      title: Text('Save picture'),
      actions: <Widget>[
        IconButton(
          icon: Icon(Icons.save),
          onPressed: () {
            place.image = imagePath;
            // save image
            helper.insertPlace(place);
            MaterialPageRoute route = MaterialPageRoute(
```

```
                        builder:(context)=> MainMap());
                        Navigator.push(context, route);
                  },
              )
          ],
      ),
      body:Container(
          child: Image.file(File(imagePath)),
      )
  );
```

目前，我们无法知道图片是否已正确保存。我们
希望在 PlaceDialog 屏幕中显示拍摄的图片（如果有的
话）。因此，在 PlaceDialog 类的 buildAlert()方法中，
在 IconButton 之前的纬度 TextField 下添加一张图片，
代码如下。

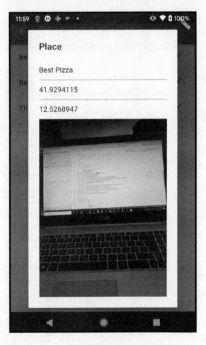

```
(place.image!= '')?Container(child:
Image.file(File(place.image))):Container
(),
```

现在尝试运行当前应用程序，看看能否在现有地
址上添加新图片。步骤如下。

（1）从 PlaceList 屏幕的 List 中选择一个项目。

（2）在对话框界面单击相机 IconButton。

（3）在预览界面使用应用栏 IconButton 按钮拍
照。

（4）在 pictureScreen 中，单击 AppBar 的 Save
IconButton。

（5）再次打开列表，并单击之前选择的条目，可
看到如图 8.9 所示的图片。

图 8.9

至此，我们完成了当前应用程序的所有功能。

8.5　本章小结

地理定位是一种可以识别设备物理位置的技术，对于移动开发人员来说，这是一个非

常有用的工具，因为如今，几乎每个人的口袋里都装着支持定位功能的智能手机。在本章中，我们学习了如何使用 Geolocator（提供平台特定位置服务访问的库）查找用户坐标。

　　本章项目的另一个非常有趣的功能是使用 google_maps_flutter 软件包将谷歌地图 API 集成到应用程序中。大家已经看到了如何显示地图以及如何在地图中添加标记。这是一个难得的机会，可以使用存储在 SQLite 数据库中的信息，并以一种不同的方式显示出来，不是使用常见的 ListViews 或表单，而是将所有数据都放在地图中。

　　此外，我们还看到了如何利用 camera 插件来使用设备的摄像头。其间，我们已经使用了相机预览、拍照，并使用 path 和 path_provider 库将图片保存到设备的临时目录中。

　　目前，该应用程序还只是一个原型：文件可能应该保存在不同的地方；图片和数据可以考虑通过网络共享和保存；与相机的交互可以更加流畅，应用程序本身也可以更加安全可靠。不过，我们在这里使用的主要功能可以作为一个起点，进而为用户创造个性化和吸引人的体验。

　　第 9 章将十分有趣，我们将利用 Flare 并通过动画创建一个骰子游戏。

8.6　本　章　练　习

　　（1）在应用程序中添加 path 和 path_provider 库的目的是什么？

　　（2）在 Android 和/或 iOS 项目中，在哪个文件中添加 Google 地图的 API 密钥？

　　（3）将 initialCameraPosition 传递给 GoogleMap 微件时，需要传递哪种类型的微件？

　　（4）如何获取设备的当前位置？

　　（5）什么是标记？何时使用？

　　（6）何时需要在标记中使用 LatLng 微件？

　　（7）哪种方法可以返回设备上可用摄像头的列表？

　　（8）如何向用户显示摄像头预览？

　　（9）CameraController 的作用是什么？如何创建一个 CameraController？

　　（10）如何在 Flutter 中拍照？

8.7　进一步阅读

　　Google Codelabs 提供了指导性教程，展示如何使用特定技术构建小型应用程序。其中有一个非常清晰易懂的教程，使用网络服务检索数据并将其显示在地图上。该教程非常适合在本章所构建的项目中添加新功能，对应网址为 https://codelabs.developers.google.com/codelabs/google-mapsin-flutter。

与 Google Codelabs 类似，专门针对 Flutter 的是 Flutter cookbooks，其中介绍了使用摄像头的方法。对应网址为 https://flutter.dev/docs/cookbook/persistence/reading-writing-files。

读者可以在 https://flutterawesome.com/a-simple-camera-app-built-with-flutter-and-using-sqlitefor-sqlite-storage/找到一个广泛使用相机插件的应用程序示例。

读者可以采取几种方式来改进本章的项目：一种是以更可靠的方式处理应用中的文件和文件夹。如果想了解更多信息，请查看以下关于使用 Flutter 读取和写入文件的示例：https://flutter.dev/docs/cookbook/persistence/reading-writing-files。

在创建生产应用程序时，使用地理位置和设备摄像头的应用程序需要权限。对此，Flutter 中有一个名为 permission_handler 的出色工具。读者可访问 https://pub.dev/packages/permission_handler 查看更多信息。

第 9 章　Knockout——利用 Flare 创建动画

用户界面（UI）中的动画是否引人入胜、流畅自如，是一款应用程序是否与众不同的重要因素。Flutter 提供了多种在应用程序中加入动画的方法，第 4 章曾对此有所介绍。本章将介绍另一款功能强大的软件，让你的动画技能更上一层楼，即 Flare。

本章主要涉及下列主题。

- 什么是 Flare？
- 利用 Flare 创建对象。
- 基于 Flare 的动画对象。
- 将 Flare 集成至 Flutter 应用程序。

9.1　技　术　需　求

读者可访问本书的 GitHub 存储库查看完整的应用程序代码，对应网址为 https://github.com/PacktPublishing/Flutter-Projects。

为了更好地理解书中的示例代码，应在 Windows、Mac、Linux 或 Chrome OS 设备上安装下列软件。

- Flutter 软件开发工具包（SDK）。
- 当进行 Android 开发时，需要安装 Android SDK。Android SDK 可通过 Android Studio 方便地进行安装。
- 当进行 iOS 开发时，需要安装 MacOS 和 Xcode。
- 模拟器（Android）、仿真器（iOS）、连接的 iOS 或 Android 设备，以供调试使用。
- 编辑器：建议安装 Visual Studio Code (VS Code)、Android Studio 或 IntelliJ IDEA。

9.2　项　目　概　览

本章要制作的应用程序是继第 4 章中制作的乒乓游戏之后，本书的第二个（也是最后一个）游戏。这一次，我们将处理骰子问题，并创建一个 Knockout 骰子游戏的翻新版。应用程序将包含两个屏幕：第一个屏幕只包含一个骰子，用户可以投掷骰子。这将显示使用 Flare 创建的动画。该屏幕看起来与图 9.1 类似。

第二个屏幕将包含 Knockout 游戏，对应的规则十分简单。

- 玩家与设备（在应用程序中称为 AI）对战。
- 玩家单击 Play 按钮。这将使两个骰子（有 6 个面，从 1～6）滚动，几秒后，将随机产生一个结果。
- 两颗骰子的总和将计入玩家的得分，除非两颗骰子的总和是 7（淘汰号码）。
- 如果两颗骰子的总和是 7，则不会增加任何分数。
- 同样的规则也适用于 AI，但动画只针对人类玩家。对于 AI，只有分数会发生变化。
- 当玩家或 AI 达到至少 50 分时，游戏结束。此时，如果玩家的得分高于 AI 的得分，则玩家获胜；如果相反，则玩家失败。如果是平局，则没有人获胜。
- 任何时候都可以单击 Restart 按钮重置游戏。

Knockout 游戏屏幕的布局如图 9.2 所示。

图 9.1　　　　　　　　　　　　　　　图 9.2

9.3　什么是 Flare

Flare 是一款矢量设计和动画工具，可直接输出到 Flutter 平台。它曾在 Flutter Live 2018

上亮相，其最大的特点之一是，可以在与 Flutter 应用程序中使用的相同数据资源上工作。使用 Flare 创建的动画可以在运行时从 Flutter 代码中进行更改，因此非常适合需要用户交互的应用程序。

这意味着用户拥有一个设计师工具，可以创建数据资源并将其制作成动画，然后将设计工作的最终结果直接封装到 Flutter 应用程序。

💡 提示：

Flare 不仅支持 Flutter，还支持 JavaScript、React、Swift 和 Framer。有关运行时的最新列表，访问以下链接：https://rive.app/runtimes。

在更大的工作团队中，通过 Flare，设计师可以创建文件、制作动画并与开发人员共享，而最终用户也可以在完成的应用程序中看到这些文件。

即使是开发人员也可以轻松地将数据资源导入 Flare，并通过流畅的学习曲线将其制作成动画。Flare 本身可直接在浏览器中使用，因此无须在 PC 或 Mac 上安装任何内容。Flare 的使用完全免费，只要你在社区分享你的作品即可。

9.4　利用 Flare 创建对象

要使用 Flare，用户只需登录 rive.app 网站（原 2dimensions.com），然后就可以通过浏览器免费使用它了。具体步骤如下。

（1）在浏览器中浏览 rive.app 网站，然后单击 Register 按钮。

（2）系统会要求创建一个免费账户，随后按照服务本身提供的说明操作即可。

（3）注册后，可以浏览多个项目。如果用户想了解其他设计师的作品，可以参考这些项目。此外，用户还可以在屏幕右上方找到 Your Files 按钮，并看到如图 9.3 所示的页面。

（4）单击"+"按钮创建新项目，并选取 Flare 项目类型。此处将新项目命名为 Dice。

（5）打开项目，随后开始利用 Flare 构建对象和动画。

💡 提示：

Flare 是开放设计运动的一部分。用户可以免费使用 Flare，但要与社区共享文件。这意味着其他设计师可以直接在浏览器中打开你创作的源代码。这在实验和学习时非常好，但在某些情况下，用户可能希望保护自己的作品，尤其是用于商业目的的作品。在这种情况下，Rive 提供了价格合理的付费计划。读者可访问 https://rive.app/pricing 查看与此相关的更多信息。

接下来将设计在 Flutter 中使用的骰子。

图 9.3

当在 Flare 中开始一个新项目时，将看到相应的 Stage。Stage 是一个工作区域，可在其中创建全部设计内容并放置 Artboard。

Artboard 是 Flare 层次结构的顶层节点，是放置所有对象和动画的地方。层次结构是一个树形视图，显示 Stage 上各项目之间的父子关系。因此，当有一个 Artboard 时，放入其中的所有内容都是它的子项目。可以通过添加其他对象并使其成为其祖先的子元素，从而将项目添加到层次结构中。

每一个 Flare 项目至少需要一个 Artboard，但也可创建任意多个 Artboard。Flare 包含两种操作模式，即 Design 和 Animate。在 Design 模式中，用户将创建图形对象；在 Animate 模式中，将实现所设计对象的动画效果。Flare 的界面和工具根据工作的模式而发生变化。

在后续截图中，将看到下列界面。

● 层次结构和数据资源（左侧 Current View 模式）。

● Create 工具按钮和 Artboard（中间）。

● 属性和 Options 面板（右侧）。

当对 Artboard 重命名时，仅需在 Hierarchy 面板中双击其名称即可，如图 9.4 所示。下面将设计骰子表面，具体步骤如下。

（1）在设计模式中，单击 Create tool 按钮，并向 Artboard 中添加一个 Rectangle（矩形），如图 9.5 所示。

图 9.4

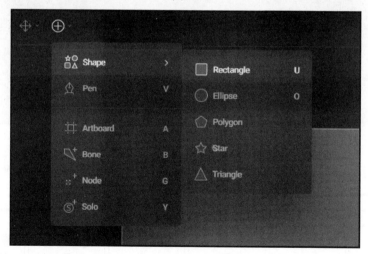

图 9.5

（2）当在 Artboard 绘制完矩形后，即可选取该矩形，以使其属性显示于右侧。

（3）将位置调整为 500（X 轴）和 400（Y 轴）。

（4）将大小调整为 600（Width 和 Height）。

（5）将 Corner Radius 设置为 25，这将平滑骰子的角度。

（6）将 Fill 颜色调整为白色（十六进制的#FFFFFF）。

（7）移除 Stroke。Stroke 是形状的边界。

当前形状如图 9.6 所示。注意，当选取一个对象后，其颜色为浅蓝色，即便所选的 Fill 颜色为白色。

图 9.6

至此，骰子表面已设计完成，接下来需要添加骰子每一面的数字。当前，我们使用经典的 6 面骰子，并利用相应的形状设计数字，如图 9.7 所示。

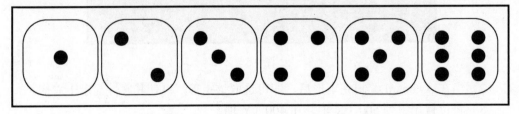

图 9.7

对此，我们将设计 7 个黑色圆形，涵盖骰子所有可能的数值组合，具体步骤如下。

（1）向 Artboard 中添加类型为 Ellipse 的新形状，这将是骰子的第一个圆形。

（2）将该形状放置在骰子的左上角。

（3）将 Ellipse 拖曳至层次面板中矩形的下方，使其成为矩形的子元素。

（4）双击 Ellipse 形状并将该形状重命名为 TopLeft。

（5）修改 TopLeft 形状的属性。

（6）位置：−180（X 轴和 Y 轴）。

（7）大小：80（Width 和 Height）。

（8）填充色（Fill）：黑色（十六进制的#000000）。

（9）移除 Stroke。

最终结果如图 9.8 所示。

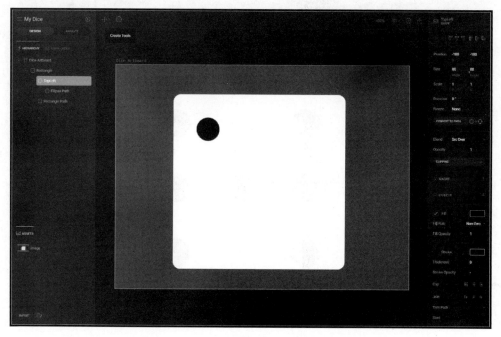

图 9.8

现在，将 TopLeft 复制 6 次。所有的椭圆形都应该是矩形的子元素。通过这种方式，将所有对象组合在一起，当移动矩形时，也可以移动它包含的所有内容。

针对每个圆，根据表 9.1 调整其名称和位置。

表 9.1

名　　　称	位　　置
CenterLeft	−180 0
BottomLeft	−180 180
TopRight	180 −180
CenterRight	180 0
BottomRight	180 180
CenterCenter	0 0

最终结果如图 9.9 所示。

图 9.9

至此，我们完成了骰子的设计过程，接下来创建动画，使应用程序使用起来更加有趣。

9.5　利用 Flare 实现对象的动画效果

下面从设计模式切换到动画模式，页面底部出现了一条时间轴。如果使用过其他动画工具，或者制作过视频或音频内容，你可能会对时间轴感到熟悉。时间轴是控制动画进度的地方。在 Flare 中，还可以指定动画的持续时间和每秒帧数（FPS）。

在图 9.10 中，可以看到项目的动画页面，这里应注意时间轴、持续时间和 FPS 设置。

✔ 注意：

FPS 即帧频表示每秒动画将显示多少图像。默认值 60 通常被认为是非常高的，可以创建非常流畅的动画。Flutter 的目标是提供 60 FPS 的性能，这也是它的优势之一。当然，如果想节省设备资源，可以尝试查看动画在 30 FPS 下的表现。在本章的示例中，将保留 60 FPS 的默认值。

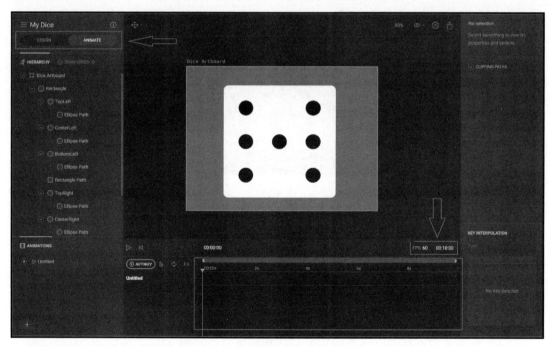

图 9.10

接下来将创建第一个动画，进而熟悉时间轴的概念。

选择矩形后，在页面右侧的 Properties 面板中，可以看到所有可以更改的设置，以便执行动画。例如，可以更改矩形的 Size/Position。具体步骤如下。

（1）假设需要将正方形旋转 90°。对此，可在 Dice Artboard 中选中这个正方形。

（2）检查播放头是否位于动画的开始位置（00.00.00s）。

（3）时间轴会显示已插入的对象和属性。在 Flare 中，插入是指在动画序列中添加一个对象。按下正方形 Rotation 属性附近的菱形，将在动画开始时在时间轴上插入旋转。随后，菱形会变色，矩形出现在时间轴上。在图 9.11 中，可以在 Properties 面板中看到结果。

图 9.11

（4）将时间轴中的播放头移至 2s 的位置，如图 9.12 所示。

图 9.12

（5）将正方形的旋转角度设置为 45°，并再次插入正方形，如图 9.13 所示。

图 9.13

（6）如果按下空格键，将看到正方形从初始位置旋转到 45°，这需要 2s 的时间。Flare 正在"神奇地"填充所有帧，以便在指定的 2s 内达到目标。

（7）根据表 9.2 重复这一过程。

表 9.2

0:00	0°
2:00	45°
4:00	90°
6:00	135°
8:00	180°

（8）将动画的持续时间设置为 8s。

（9）双击动画的名称并对其重命名。此处将其命名为 Rotate。

（10）按下 Loop 按钮，动画结束后自动重新启动，然后尝试播放动画：你会看到骰子无休止地旋转。

💡 提示：

在正方形表面设计的所有圆都在随着正方形旋转。这是因为圆形是正方形的子元素。

我们现在已经创建了第一个动画，希望读者已经熟悉了 Flare 界面。但是，我们不会在应用程序中使用这个特定的动画，但可以将它保留在这里以供参考。接下来，我们将创建应用程序所需的真正动画。

应用程序中将有几个动画。我们要制作的第一个动画是模拟骰子滚动。我们不会制作三维动画，因为这远远超出了本项目的范围，所以只需改变显示给用户的数字，即 1～6。将通过改变放置在矩形表面的每个圆的 Fill Opacity 来实现这一效果。具体步骤如下。

（1）单击动画面板中的 "+" 按钮创建新的动画，并将其称作 Roll。

（2）将动画的持续时间设置为 1s。

（3）按下键盘上的 Ctrl 键（Mac 上为 cmd 键），然后单击除 CenterCenter 以外的每个圆，即选中骰面中除中心圆以外的所有圆。

（4）将 Fill Opacity 设置为 0，并单击 Fill Opacity 值附近的 Key 按钮。

（5）将 KEY INTERPOLATION 值修改为 Hold。

（6）当按下 Ctrl/cmd 键时，选择 CenterCenter 圆，随后将 Fill Opacity 设置为 1，将 KEY INTERPOLATION 类型值设置为 Hold，并插入当前对象。

该项任务的最终结果如图 9.14 所示。

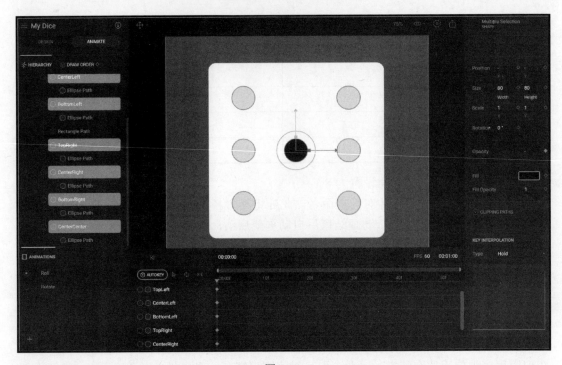

图 9.14

（7）将时间轴中的播放头设置为 00.00.10s。

（8）在层次面板中选取名为 CenterCenter 的中心圆，将 Fill Opacity 设置为 0，将 KEY INTERPOLATION 设置为 Hold，并插入相应的对象。

（9）选取 TopLeft 和 BottomRight 圆，将 Fill Opacity 设置为 1，将 KEY INTERPOLATION 设置为 Hold，并插入相应的对象。现在我们已经完成了圆 2 的动画。

（10）将时间轴中的播放头移至 00.00.20s。

（11）选取层次面板中的 CentralCentral 圆，将 Fill Opacity 设置为 1，将 KEY INTERPOLATION 设置为 Hold，并插入相应的对象。现在我们已经完成了圆 3 的动画。

（12）将时间轴中的播放头移至 00.00.30s。

（13）在层次面板中选取 CentralCentral 圆，将 Fill Opacity 设置为 0，将 KEY INTERPOLATION 设置为 Hold，并插入相应的对象。

（14）选取 TopRight 和 BottomLeft 圆，将 Fill Opacity 设置为 1，将 KEY INTERPOLATION 设置为 Hold，并插入相应的对象。现在我们已经完成了圆 4 的动画。

（15）将时间轴中的播放头移至 00.00.40s。

（16）选取层次面板中的 CentralCentral 圆，将 Fill Opacity 设置为 1，将 KEY INTERPOLATION 设置为 Hold，并插入相应的对象。现在我们已经完成了圆 5 的动画。

（17）将时间轴中的播放头移至 00.00.50s。

（18）选取层次面板中的 CentralCentral 圆，将 Fill Opacity 设置为 0，将 KEY INTERPOLATION 设置为 Hold，并插入相应的对象。

（19）选取 CenterLeft 和 CenterRight 圆，将 Fill Opacity 设置为 1，将 KEY INTERPOLATION 设置为 Hold，并插入相应的对象。现在我们已经完成了圆 6 的动画，同时完成了当前动画。

（20）单击 Loop 按钮，以便动画在结束时循环播放。

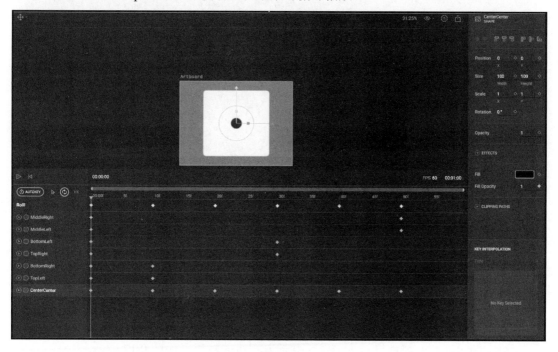

图 9.15

按键盘上的空格键试试动画效果。骰子在 1s 内从 1 变化到 6，如图 9.15 所示。

现在，Roll 动画已经完成。每当用户掷骰子时，应用程序都会调用该动画。掷出骰子后，结果将是 1～6 的任何数字。因此，现在需要为每个可能的结果创建一个动画。

这里，我们将尽量保持简单：只需左右旋转骰子表面，并显示结果的数字。先从 1 开始，然后从 2～6 重复如下步骤。

（1）单击动画面板中的"+"按钮创建新的动画，并将其称作 Set 1。

（2）将动画的持续时间设置为 1s。

（3）将 CenterCenter 圆的 Fill Opacity 属性设置为 1，将所有其他圆设置为 0，并插入相应的对象。

（4）将播放头移至 00:00:06s。

（5）选择骰子的表面。

（6）将 Rotation 属性设置为 5° 并插入相应的对象。最终结果如图 9.16 所示。

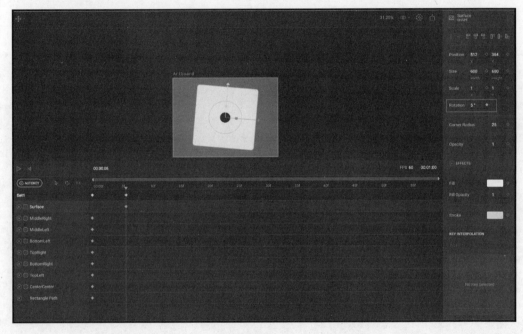

图 9.16

（7）将播放头移至 00:00:11s。

（8）将 Rotation 属性设置为-5° ，并插入相应的对象，如图 9.17 所示。

（9）将播放头移至 00:00:15s。

（10）将 Rotation 属性设置为 0° 并插入相应的对象，如图 9.18 所示。

尝试当前动画，骰子的表面快速左右移动，然后停止并显示结果为 1。

现在，对其余可能的结果重复前面的步骤，并将动画称为 Set2、Set3 直至 Set6。

在使用 Flutter 之前，只需创建一个小动画：在用户开始播放之前显示的动画。实际上，它甚至不是一个动画，而只是骰子表面数字 6 的静态图像。为此，可执行以下步骤。

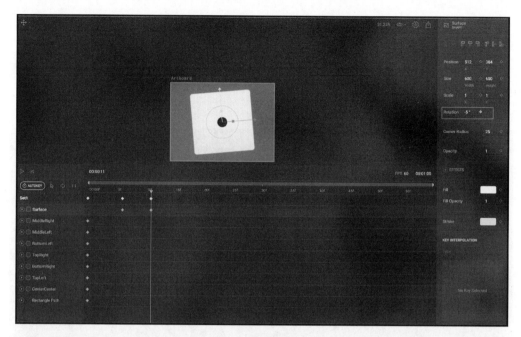

图 9.17

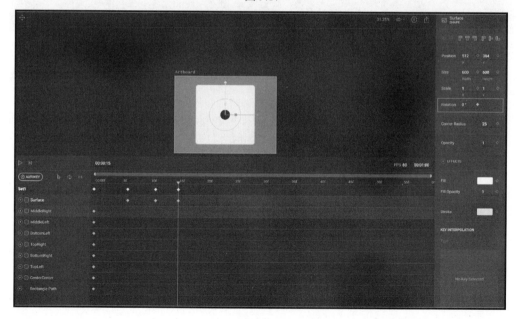

图 9.18

（1）单击动画面板中的"+"按钮创建新的动画，并将其称作 Start。

（2）将动画的持续时间设置为 1s。

（3）将 CenterCenter 圆的 Fill Opacity 属性设置为 0，所有其他圆设置为 1，并插入相应的对象。

最终结果如图 9.19 所示。

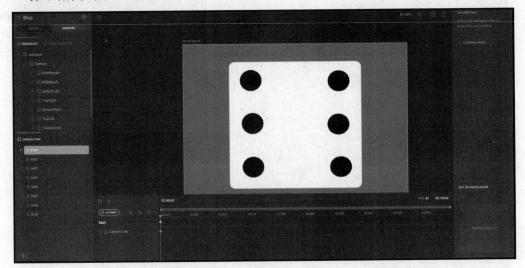

图 9.19

我们已经在 Flare 中完成了应用程序所需的一切。如果想在创建应用程序屏幕时移动骰子，可以随意尝试使用一些动画。

回顾一下，在 Flare 中，我们已经创建了以下动画，并从应用程序中调用这些动画：Start、Roll、Set1、Set2、Set3、Set4、Set5、Set6。

接下来将创建应用程序，并查看如何将 Flare 动画集成至 Flutter 应用中。

9.6　将 Flare 集成至 Flutter 应用中

可以看到，Flare 是构建动画的强大工具，但如果不能在 Flutter 应用程序中使用这些动画，那么它对我们的目标就毫无用处。以下几个简单的步骤可以实现这一点。

（1）添加 flare_flutter 包。

（2）将 Flare 动画导出为文件。

（3）将导出的文件纳入应用程序数据资源。

（4）在 pubspec.yaml 文件中声明数据资源。

设置完成后，还需要在 Dart 代码中集成 Flare，以便与用户交互并向他们展示相关动画，步骤如下。

（1）创建新的 Flutter 项目，将其称为'Dice'，并更新 main.dart 文件以便包含下列代码。

```dart
import 'package:flutter/material.dart';
void main() => runApp(MyApp());
class MyApp extends StatelessWidget {
@override
Widget build(BuildContext context) {
  return MaterialApp(
    title: 'Dice',
    theme: ThemeData(
      primarySwatch: Colors.orange,
    ),
    home: Scaffold(),
  );
}
}
```

（2）在应用程序的根部创建新的文件夹，并将其称为 assets。

（3）回到 Flare 文件，并导出要添加到 assets 文件夹的文件。访问 rive.app 网站，在 dice 文件中按下屏幕右上方的 Export 按钮，然后选择 Export 菜单，并选择 Binary 选项。

（4）根据系统的不同，将在本地下载名为 dice.flr 的文件。将下载的文件移至步骤（2）中创建的 assets 文件夹。

（5）打开 pubspec.yaml 文件，添加 flare_flutter 依赖项（在库页面检查版本是否正确），代码如下。

```yaml
dependencies:
   flutter:
      sdk: flutter
   flare_flutter: ^1.8.0
```

（6）在 pubspec.yaml 文件中，将动画添加至 assets 部分，代码如下。

```yaml
assets:
- assets/dice.flr
```

9.6.1 创建 Dice 类

我们在应用程序中创建的第一个屏幕将显示一个骰子。屏幕打开后，用户将看到骰子位于开始位置，并有一个按钮可以进行游戏。单击该按钮后，用户就可以掷骰子，看到 Roll 动画，并得到 1～6 的随机结果。图 9.20 显示了 Single Dice 屏幕示例。

在添加第一个屏幕之前，创建一个新的服务类，该类将包含获取随机数所需的方法以及结果的动画名称，步骤如下。

（1）在项目的 lib 文件夹中创建名为 dice.dart 的新文件。

（2）在新文件的开始处，导入生成随机数所需的 math 库，代码如下。

图 9.20

```
import 'dart:math';
```

（3）创建名为 Dice 的新类，代码如下。

```
class Dice {}
```

（4）在该类中，添加一个名为 animations 的静态动画列表。该列表包含应用程序显示结果时调用的动画，代码如下。

```
static List<String> animations = [
    'Set1',
    'Set2',
    'Set3',
    'Set4',
    'Set5',
    'Set6',
];
```

（5）创建名为 getRandomNumber() 的静态方法，该方法返回 1～6 的随机数，代码如下。

```
static getRandomNumber() {
  var random = Random();
   int num = random.nextInt(5) + 1;
```

```
    return num;
}
```

（6）创建另一个名为 getRandomAnimation 的静态方法，该方法返回一个类型为<int, String>的 Map。该方法的目的是生成一个 0~5 的随机数，并返回一个 Map，其中包含该数字及其在 animation 列表中对应位置的动画名称。代码如下。

```
static Map<int, String> getRandomAnimation() {
    var random = Random();
    int num = random.nextInt(5);
    Map<int, String> result = {num: animations[num]};
    return result;
}
```

（7）该类的最后一个方法仍是静态方法，名为 wait3seconds()。可以看到，该函数的目的就是等待 3s，这是骰子滚动动画的持续时间。回忆一下，掷骰子动画的原始持续时间只有 1s。通过等待 3s，将重复播放 3 次动画，因为每次播放的持续时间只有 1s。在当前类中添加下列代码。

```
static Future wait3seconds() {
    return new Future.delayed(const Duration(seconds: 3), () {});
}
```

至此，我们完成了 Dice 类。下面将创建 single.dart 屏幕。

9.6.2　创建 Single Dice 屏幕

我们将在应用程序中创建的第一个屏幕是一个允许用户投掷单个骰子的屏幕，且只需给用户一个 1~6 的随机数值。这将有机会在 Flutter 屏幕中看到 Flare 动画的实际效果。具体步骤如下。

（1）在项目的 lib 文件夹中创建名为 single.dart 的新文件。

（2）在文件的开始处，导入 3 个文件，即常用的 material.dart、dice.dart 文件和 flare_actor.dart（使用 Flare 的库），代码如下。

```
import 'dice.dart';
import 'package:flutter/material.dart';
import 'package:flare_flutter/flare_actor.dart';
```

（3）利用 stful 快捷方式创建一个有状态微件，并将该类称为 Single。

（4）在_SingleState 类开始处声明一个名为 currentAnimation 的 String，代码如下。

```
class _SingleState extends State<Single> {
String currentAnimation;
```

（5）重载 initState()方法，并在其中设置 currentAnimation 字符串，使其包含 Start。这是在首次加载屏幕时显示的 Flare 动画的名称。对应代码如下。

```
@override
void initState() {
   currentAnimation = 'Start';
   super.initState();
}
```

（6）在 build()方法的顶部，调用 MediaQuery.of(context).size 属性来获取应用程序可用的高度和宽度。

（7）在 build()方法中，返回一个 Scaffold，其 appBar 包含标题 Single Dice。

（8）Scaffold 的 body 包含一个 Center 微件，其子元素为 Column。

（9）Column 的第一个微件是一个 Container。这里，将 Container 的 height 设置为 height / 1.7，将宽度设置为 width * 0.8。读者可根据个人喜好调整这些设置。

（10）Container 微件的 child 是 Flare 动画。为了显示该动画，可调用 FlareActor 构造方法，其第一个参数接收打算显示的数据资源名称，此处为 assets/dice.flr。

（11）第二个参数是 fit 属性，将其设置为 BoxFit.contain，以便 Flare 内容包含在微件的边界内。最后一个参数是打算显示的动画的名称，此处将设置 currentAnimation 字符串。

（12）在动画的下方，插入一个用户播放按钮。根据屏幕的可用宽度和高度，将这个按钮设计得相对较大，因此使用一个 SizedBox 作为 MaterialButton 的父对象。按钮的文本为 Play。

（13）当单击 Play 按钮时，将显示 Roll 动画。

（14）3s 后，我们希望显示包含对应结果的动画。对此，可创建一个名为 callResult() 的函数。

最终，对应代码如下。

```
@override
Widget build(BuildContext context) {
   double width = MediaQuery.of(context).size.width;
   double height = MediaQuery.of(context).size.height ;
   return Scaffold(appBar: AppBar(
```

```
        title: Text('Single Dice'),
    ),
    body: Center(
        child: Column(
        children: <Widget>[
Container(
    height: height / 1.7,
    width: width * 0.8,
    child: FlareActor(
        'assets/dice.flr',
        fit: BoxFit.contain,
        animation: currentAnimation,
    )),
SizedBox(
    width: width/2.5,
    height: height / 10,
    child:RaisedButton(
    child: Text('Play'),
    shape: RoundedRectangleBorder(
        borderRadius: BorderRadius.circular(24)
    ),
    onPressed: () {
        setState(() {
            currentAnimation = 'Roll';
        });
        Dice.wait3seconds().then((_){
        callResult();
});},))],)),);}
```

（15）添加 callResult()异步方法。

（16）在该方法中，声明一个名为 animation 的<int, String>类型的 Map，并调用 Dice 类中的 getRandomAnimation()静态方法。

（17）动画准备就绪后，只需调用 setState()方法将 currentAnimation 设置为随机返回的动画。getRandomAnimation()方法返回 Set1、Set2 等。对应代码如下。

```
void callResult() async {
    Map<int, String> animation = Dice.getRandomAnimation();
    setState(() {
        currentAnimation = animation.values.first;
    });
}
```

（18）在应用程序中尝试动画之前的最后一步是调用 main.dart 文件中 MyApp 类的屏幕。对此，需要导入 single.dart，并将 Single 类设置为 MaterialApp 的主类，代码如下。

```
import 'single.dart';
import 'package:flutter/material.dart';

void main() => runApp(MyApp());

class MyApp extends StatelessWidget {
  @override
  Widget build(BuildContext context) {
    return MaterialApp(
      title: 'Flutter Demo',
      theme: ThemeData(
        brightness: Brightness.dark,
        primarySwatch: Colors.blue,
      ),
      home: Single(),
    );
  }
}
```

打开应用程序时，可在屏幕上方看到骰子图案。当单击 Play 按钮时，滚动动画将显示 3s，随后显示一个随机数。在当前屏幕上，我们添加了一个 Flare 动画并与之交互。接下来将创建 Knockout 游戏的屏幕和逻辑。

9.6.3　创建 Knockout 游戏

当前项目的最后一个屏幕将包含 Knockout 游戏。在该屏幕中，玩家将与设备对战。游戏中将有两个骰子，而不是一个骰子，这两个骰子将使用与 single 屏幕类中相同的动画效果。

用户下注时，两颗骰子的总和将计入他们的得分，除非骰子的总和是 7。在这种情况下，得分不会计入任何内容。当玩家或 AI 达到至少 50 分时，得分最高的玩家获胜。具体操作步骤如下。

（1）向应用程序中添加新屏幕，即 knockout.dart。

（2）在该文件开始处，添加所需的导入内容，即动画使用的 flare_actor.dart 库、逻辑使用的 dice.dart、material.dart 以及应用程序的另一个屏幕 single.dart，并以此在 Knockout 屏幕和 Single Dice 屏幕之间导航。对应代码如下。

```
import 'single.dart';
import 'package:flare_flutter/flare_actor.dart';
import 'package:flutter/material.dart';
import 'dice.dart';
```

（3）利用 stful 快捷方式创建一个名为 KnockOutScreen 的有状态微件，代码如下。

```
class KnockOutScreen extends StatefulWidget {
    @override
    _KnockOutScreenState createState() => _KnockOutScreenState();
}
class _KnockOutScreenState extends State<KnockOutScreen> {
    @override
    Widget build(BuildContext context) {
        return Container();
    }
}
```

（4）在_KnockOutScreenState 类的顶部创建几个变量，其中，两个整数表示玩家和 AI 的得分，两个字符串表示两个骰子的动画，一个名为_message 的 String 用于在游戏结束时向玩家发送信息。此外还将创建一个 GlobalKey，稍后用来检索正确的上下文，以便在游戏结束时使用 SnackBar 发送消息。对应代码如下。

```
int _playerScore = 0;
int _aiScore = 0;
String _animation1;
String _animation2;
String _message;
var _scaffoldKey = new GlobalKey<ScaffoldState>();
```

☞ 注意：

GlobalKey 用于唯一标识元素。GlobalKey 允许访问与这些元素相关的其他对象，包括 BuildContext。

（5）重载 initState()方法，并将初始动画设置为之前在 Flare 中创建的 Start 动画，代码如下。

```
@override
void initState() {
    _animation1='Start';
    _animation2='Start';
```

```
    super.initState();
}
```

（6）通过 MediaQuery.of(context).size 检索当前屏幕的宽度和高度，并返回一个
Scaffold。

（7）在 Scaffold 的 appBar 中，只需将 Knockout Game 标题放置在一个 Text 微件中。
至于 body，可在 SingleChildScrollView 中插入一个 Column 微件，其中将包含该屏幕的用
户界面微件，代码如下。

```
@override
Widget build(BuildContext context) {
    double width = MediaQuery.of(context).size.width;
    double height = MediaQuery.of(context).size.height;
    return Scaffold(
        key: _scaffoldKey,
        appBar: AppBar(
        title: Text('Knockout Game'),
    ),
    body: SingleChildScrollView(
        child: Container(
            alignment: Alignment.center,
            padding: EdgeInsets.all(24),
            child: Column(
                children: []
            )
    ))))};
```

（8）Column 内的第一个微件将是两个包含 Flare 动画的骰子。这两个骰子将相邻放
置在同一行中。

（9）在 Column 内创建一个 Row 微件，其子元素为两个 Container。每个 Container
的高度为屏幕高度的 1/3，宽度为可用屏幕宽度除以 2.5。

（10）每个 Container 将包含一个加载 dice.flr 数据资源的 FlareActor，其中，第一个
骰子的动画为_animation1；类似地，第二个骰子的动画为_animation2，代码如下。

```
child: Column(
    children: [
    Row(
        mainAxisAlignment: MainAxisAlignment.spaceEvenly,
        children: <Widget>[
            Container(
```

```
        height: height / 3,
        width: width / 2.5,
        child: FlareActor(
            'assets/dice.flr',
            fit: BoxFit.contain,
            animation: _animation1,
    )),
    Container(
        height: height / 3,
        width: width / 2.5,
        child: FlareActor(
            'assets/dice.flr',
            fit: BoxFit.contain,
            animation: _animation2,
    )),
    ],),
```

在包含两个骰子的 Row 下放置几个 Text 微件，用于显示玩家和 AI 的分数。由于这些微件需要多次重复显示，专门为此创建一个新微件，步骤如下。

（1）在文件底部，利用 stless 快捷方式创建名为 GameText 的无状态微件。

（2）在该类中，创建两个 final 属性，即名为 Text 的 String 类型属性，以及一个名为 color 的 Color 类型属性。两者均在构造方法中设置。

（3）在 build()方法中，返回一个 Container，其子元素将是一个 Text 微件，包含传递给微件的文本，其样式将字体大小设为 24，颜色设置为传递的颜色。

在执行了上述步骤后，对应代码如下。

```
class GameText extends StatelessWidget {
    final String text;
    final Color color;
    GameText(this.text, this.color);
    @override
    Widget build(BuildContext context) {
        return Container(
            child: Text(text,
            style: TextStyle(
                fontSize: 24,
                color: color
    ),),);}
}
```

（4）在_KnockOutScreenState 类的 build()方法 Scaffold 主体部分的 Column 中，添加两行新内容，分别显示玩家和 AI 的得分。每一行都将包含一个标签 Player 或 AI 以及分数本身，并且这两个微件将使用 Row 微件的 mainAxisAlignment 属性保持均匀间距。

（5）在两行之间和第二行之后，添加一个 Padding 微件，将屏幕高度除以 24。这将在行与行之间创建一些空间，对应代码如下。

```
Row(
    mainAxisAlignment: MainAxisAlignment.spaceEvenly,
    children: <Widget>[
        GameText('Player: ', Colors.deepOrange, false),
        GameText(_playerScore.toString(), Colors.white, true),
    ],),
    Padding(padding: EdgeInsets.all(height / 24),),
    Row(
        mainAxisAlignment: MainAxisAlignment.spaceEvenly,
        children: <Widget>[
            GameText('AI: ', Colors.lightBlue, false),
            GameText(_aiScore.toString(), Colors.white, true),
    ],),
    Padding(
        padding: EdgeInsets.all(height / 12),
    ),
```

该列的最后一行包含两个按钮：一个用于播放，另一个用于重置游戏。这次使用 SizedBox 代替 Container。

💡 提示：

Container 和 SizedBox 的区别很小。使用 SizedBox 时，应指定宽度或高度，或同时指定宽度和高度。要了解有关 SizedBox 的更多信息，可访问 https://www.youtube.com/watch?v= EHPu_DzRfqAvl= it。

（6）在每个 SizedBox 微件中插入一个 RaisedButton。第一个按钮的子元素包含'play' 文本，颜色为 green；第二个按钮包含'Restart'文本，颜色为 gray。这两个按钮的边角都是圆角，因此对应形状包含一个 RoundedRectangleBorder（半径为 24 的圆形 borderRadius）。

（7）单击第一个按钮将调用 play()方法，单击第二个按钮将调用 reset()方法。稍后将创建这两个方法。

针对上述步骤，对应代码如下。

```
Row(
```

```
    mainAxisAlignment: MainAxisAlignment.spaceEvenly,
    children: <Widget>[
        SizedBox(
            width: width / 3,
            height: height / 10,
            child:RaisedButton(
            child: Text('Play'),
                color: Colors.green,
                shape: RoundedRectangleBorder(
                    borderRadius: BorderRadius.circular(24)
                ),
                onPressed: () {
                    play(context);
                },
        )),
        SizedBox(
            width: width / 3,
            height: height / 10,
            child:RaisedButton(
                color: Colors.gray,
                child: Text('Restart'),
                shape: RoundedRectangleBorder(
                borderRadius: BorderRadius.circular(24)
            ),
            onPressed: () {
                reset();
            },
        )),
    ],),
],),
```

（8）reset()方法较为简单，该方法仅需调用 setState()方法将动画字符串设置为'Start'，并将玩家和 AI 的分数设置为 0。向_KnockOutScreenState 类中添加下列代码。

```
void reset() {
    setState(() {
        _animation1 = 'Start';
        _animation2 = 'Start';
        _aiScore = 0;
        _playerScore = 0;
    });
}
```

play()方法包含游戏的逻辑。该方法负责投掷骰子、调用结果的相关动画、向玩家和 AI 添加分数，并利用相应的结果更新屏幕。此外还将调用一个方法，在游戏结束时向用户显示一条消息。

（9）在_KnockOutScreenState 类中添加新方法 play()。由于该方法将调用几秒的动画，因而 play()方法是异步的。另外，该方法还将接收 BuildContext 参数，并向用户显示 SnackBar，代码如下。

```
Future play(BuildContext context) async {}
```

（10）在 play()方法中，创建一个名为 message 的 String，并将其初始值设置为空字符串，代码如下。

```
String message = '';
```

（11）调用 setState()方法，将动画设置为之前 Flare 中创建的'Roll'动画，代码如下。

```
setState(() {
    _animation1 = 'Roll';
    _animation2 = 'Roll';
});
```

（12）通过调用 Dice 类中的静态 wait3seconds()方法，让滚动动画持续 3s，进而为游戏增添一些悬念。3s 过后，可以使用 then()函数调用 Dice 类中的 getRandomAnimation() 方法生成一个随机数（和动画）：此处将为动画 1 和动画 2 调用该方法，代码如下。

```
Dice.wait3seconds().then((_) {
    Map<int, String> animation1 = Dice.getRandomAnimation();
    Map<int, String> animation2 = Dice.getRandomAnimation();
}
```

（13）在 then()函数中，将两个骰子的结果相加（由于 List 是基于 0 的，需要在 List 的位置上加 1），然后将总和置入一个名为 result 的新变量中，代码如下。

```
int result = animation1.keys.first +1 + animation2.keys.first+1;
```

（14）在 then()函数中，AI 也进行游戏：只需调用两次 Dice 类的 getRandomNumber() 方法，并对结果求和即可。此处声明的变量名为 aiResult，代码如下。

```
int aiResult = Dice.getRandomNumber() + Dice.getRandomNumber();
```

（15）淘汰（knockout）数字是 7：因此，如果两颗骰子的总和等于 7，玩家或 AI 的总分都不会增加。在 then()方法中的上一条指令下添加下列代码。

```
if (result == 7) result = 0;
if (aiResult == 7) aiResult = 0;
```

💡 提示:

　　两颗骰子掷出 7 的概率是 16.67%, 即 1/6, 这是所有可能结果中的最高概率。概率最低的是掷出 2 或 12: 它们的概率均为 2.78%, 即 1/36。

　　(16) 在 then()方法中, 调用 setState()方法更新玩家和 AI 分数以及骰子的动画, 代码如下。

```
setState(() {
   _playerScore += result;
   _aiScore += aiResult;
   _animation1 = animation1.values.first;
   _animation2 = animation2.values.first;
});
```

　　(17) 更新分数后, 还需检查玩家或 AI 是否达到了 50 分。当他们达到 50 分时, 信息就会更新, 并调用一个新方法 showMessage(), 接下来将创建该方法。同时, 在 play()方法的底部添加下列代码。

```
if (_playerScore >= 50 || _aiScore >= 50) {
   if (_playerScore > _aiScore) {message = 'You win!';}
   else if (_playerScore == _aiScore) {message = 'Draw!'; }
   else {message = 'You lose!';}
   showMessage(message);
}
```

　　(18) 应用程序的最后一个方法是 showMessage() 。它只是创建一个 SnackBar, 告诉玩家是赢了、输了还是平局。注意, 使用_scaffoldKey 作为 SnackBar 的上下文。在_KnockOutScreenState 类中添加下列代码。

```
void showMessage (String message) {
   SnackBar snackBar = SnackBar(content: Text(message),);
   _scaffoldKey.currentState.showSnackBar(snackBar);
}
```

　　为了完成应用程序, 还需要添加导航功能, 让用户可以从 Single Dice 屏幕导航到 Knockout 游戏, 反之亦然。

　　(1) 在 single.dart 文件中, 添加所需的导入内容, 代码如下。

```
import 'knockout.dart';
```

（2）在 build()方法的 Appbar 中添加 IconButton，单击该按钮后将调用 Navigator.push()
方法打开 Knockout 屏幕，代码如下。

```
appBar: AppBar(
    actions: <Widget>[
      IconButton(
          icon: Icon(Icons.fitness_center),
          onPressed: () {
            MaterialPageRoute route =
            MaterialPageRoute(builder:
            (context)=>
            KnockOutScreen());
            Navigator.push(context, route);
          },
      )
    ],
```

（3）在 knockout.dart 文件中执行相同的操作，但这一次需要调用 single.dart 屏幕，
代码如下。

```
appBar: AppBar(
    actions: <Widget>[
      IconButton(
        icon: Icon(Icons.repeat_one),
        onPressed: () {
            MaterialPageRoute route =
            MaterialPageRoute(builder: (context)=>
                    Single());
            Navigator.push(context, route);
        },
      )
    ],
```

至此，我们完成了当前的应用程序，读者需要多玩几次 Knockout 检查是否一切正常。
在本书中，我们还有几个项目需要完成。

9.7　本　章　小　结

Flare 是一款矢量设计和动画工具，可直接导出到 Flutter。在 Flutter 应用程序中使用

Flare 有诸多优势，其中之一就是可以在运行时更改 Flutter 代码中使用 Flare 创建的动画。读者可以创建数据资源并制作动画，然后将对象直接封装到 Flutter 中。Flare 可在浏览器中使用，且无须安装。只需同意分享作品，就可以免费使用 Flare。

我们已经了解了如何与 Stage 互动，Stage 是创建设计的工作区，也是放置 Artboard 的地方，而 Artboard 则是 Flare 层次结构的顶层节点。我们使用了设计和动画两种模式。在设计模式下，为应用程序创建了骰子，而在动画模式下，创建了应用程序中使用的骰子动画。

在 rive.app 网站导出并下载.flr 文件后，就可以按照要求的步骤在 Flutter 项目中使用 Flare 数据资源了。

将骰子集成到应用程序后，可开始在应用程序中与它们进行交互。特别地，我们利用了 FlareActor 微件，它允许指定要使用的数据资源、要显示的动画以及动画与屏幕的匹配方式。

通过在应用程序中添加一些逻辑与 Flare 动画进行交互。另外，本章还介绍了如何使用随机数来改变骰子结果，以及如何根据骰子结果以编程方式设置动画。最后，我们在应用程序中添加了 Knockout 游戏逻辑。

在第 10 章中，我们将看到 Google 开发人员为 Flutter 应用程序推荐的一种设计模式：业务逻辑组件（BLoC）模式。

9.8　本章练习

（1）在 pubspec.yaml 文件中，应该将从 Flare 导出的.flr 文件放在哪里？

（2）在 Flare 中，Design 模式和 Animate 模式有什么区别？

（3）Flare 项目需要多少个 Artboard？

（4）Flare 中时间轴有什么作用？

（5）Flare 中的层次结构是什么？

（6）在 Flutter 项目中使用 Flare 数据资源时，何时以及为何要使用动画名称？

（7）在 Flutter 中可以使用哪个微件来显示 Flare 动画？

（8）如何在 Flutter 应用程序中生成 1～6 的随机数？

（9）什么时候会在应用程序中使用 Flare 动画而不是内置动画？

（10）在下面的代码中，作为第一个参数你会放什么？

```
FlareActor([YOUR ANSWER HERE],
```

```
    fit: BoxFit.contain,
    animation: _animation1,
)
```

9.9　进一步阅读

学习一项新技术最快的方法就是使用它,第二种方法则是查看经验丰富的开发人员和设计师已经创建的项目。有关 Flare 的一些优秀示例,可访问 https://github.com/2d-inc/Flare-Flutter/tree/master/example。

在本章中,我们使用 Flare 制作了一个简单的游戏。如果读者对使用 Flutter 开发游戏感兴趣, 还有一个游戏引擎可以让工作变得更轻松。对此, 可访问 Flame (https://flame-engine.org) 了解更多信息。

有关在应用程序中使用内置动画的内容, 参阅 Flutter 官方指南, 读者可访问 https://flutter.dev/docs/development/ui/animations。

如果读者痴迷于游戏开发,无论你使用哪种语言或平台,都有一个很好的免费资源可以提供一些基本原理。相应地,可访问 https://www.freecodecamp.org/news/learn-game-development-from-harvard/获取更多信息。

第 10 章　ToDo 应用程序——使用 BLoC 模式和 Sembast

设计应用程序的结构或架构通常是开发人员在创建或升级应用程序时需要解决的最重要问题之一，尤其是当项目的复杂性和规模不断扩大时。每种语言都有自己"钟爱"的模式，如模型-视图-控制器（MVC）或模型-视图-视图模型（MVVM）。Flutter 也不例外，谷歌开发人员目前建议使用的模式是 BLoC（业务逻辑组件）模式。使用 BLoC 有很多优点，其中之一就是不需要任何插件，因为它们已经集成到 Flutter 中。

在前几章中，我们已经了解了在应用程序中持久化数据的不同方法，如 SQFlite 和 Firebase Firestore 数据库。本项目将介绍另一种工具，即简单嵌入式应用程序存储数据库（简称 sembast），以便在不同情况下选择最佳解决方案。使用这个工具远比记住它的名字要容易得多。

此外，我们还将使用 BLoC 模式，而不是使用 setState() 来处理应用程序的状态。这将利用 Flutter 中的流功能来管理状态变化。使用 BLoC 模式有助于将业务逻辑与 UI 分离开来。

在本项目结束时，读者将能够使用简单的嵌入式应用程序存储数据库和 BLoC 模式来持久化应用程序中的数据和状态。我们将使用 BLoC 模式作为用户界面和数据之间的接口。

本章主要涉及下列主题。
- 使用简单的嵌入式应用程序存储数据库或 sembast。
- 介绍 BLoC 模式。
- 使用 BLoC 和流更新 UI。

10.1　技　术　需　求

读者可访问本书的 GitHub 存储库查看完整的应用程序代码，对应网址为 https://github.com/PacktPublishing/Flutter-Projects。

为了理解书中的示例代码，应在 Windows、Mac、Linux 或 Chrome OS 设备上安装下列软件。

- Flutter 软件开发工具包（SDK）。
- 当进行 Android 开发时，需要安装 Android SDK。Android SDK 可通过 Android Studio 方便地进行安装。
- 当进行 iOS 开发时，需要安装 MacOS 和 Xcode。
- 模拟器（Android）、仿真器（iOS）、连接的 iOS 或 Android 设备，以供调试使用。
- 编辑器：建议安装 Visual Studio Code (VS Code)、Android Studio 或 IntelliJ IDEA。

10.2　项目概览

本章中创建的应用程序是一个简单的"待办事项"管理应用程序。它由两个屏幕组成：第一个屏幕包含需要完成的待办事项列表，其中，用户可以通过向左或向右滑动来删除列表中的任何项目，并通过调用应用程序的第二个屏幕来添加新的待办事项或编辑现有的待办事项，如图 10.1 所示。

应用程序的第二个屏幕是单个待办事项的详细信息。这里，用户可以插入待办事项的详细信息，并将其保存到 sembast 数据库中。待办事项所需的字段包括待办事项名称、描述、优先级和日期。

单击 Save 按钮，所有更改将被保留；单击 Back 按钮，更改将被放弃，如图 10.2 所示。

图 10.1

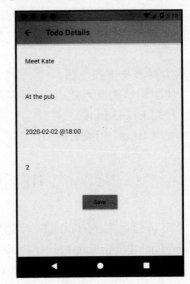

图 10.2

本章中的项目代码量较大，因为在应用程序中实现 BLoC 模式需要几个步骤，但本章完成后，读者就可以在其他项目中轻松地重用这些代码。

10.3　使用 sembast 存储数据

在许多情况下，当需要在应用程序中存储结构化数据时，会选择 SQL 数据库，例如 SQFLite，我们在第 6 章中曾使用过 SQFLite。但是，在有些情况下，数据并不是结构化的，或者非常简单，且不需要 SQL 数据库。对于这些情况，Flutter 有一个非常有效的解决方案，即简单的嵌入式应用程序存储数据库。

sembast 是一个基于文档的数据库，只存在一个文件中。当从应用程序中打开该文件时，它会加载到内存中，而且效率非常高，因为文件会在需要时自动压缩。数据以 JSON 格式和键值对存储。如果应用程序需要，甚至可以对数据进行加密。该库由 Dart 编写，使用 sembast 的唯一要求是在 pubspec.yaml 文件中添加依赖关系。

用编辑器创建一个新的应用程序，然后打开 pubspec.yaml 文件。在依赖项节点中，添加代码以添加 sembast 和 path_provider 库。像往常一样，建议在 Dart 软件包网站 https://pub.dev/上查看最新版本。

```
sembast: ^2.3.0
path_provider: ^1.6.5
```

使用 path_provider 可以确保应用程序同时兼容 iOS 和 Android。

项目的第一步是为待办事项本身创建类。

（1）在应用程序的 lib 文件夹中，创建 data 文件夹。

（2）在 data 文件夹中，创建名为 todo.dart 的新文件。

（3）在该文件中，添加一个名为 Todo 的类，其中包含将在数据库中使用的字段：id、name、description、包含任务完成日期的 completeBy 字符串以及表示 priority 的整数。

```
class Todo {
    int id;
    String name;
    String description;
    String completeBy;
    int priority;
}
```

（4）为了简化待办事项的创建，可以创建一个构造函数，该构造函数将包含待办事项对象的所有字段（ID 除外）。

```
Todo(this.name, this.description, this.completeBy, this priority);
```

💡 提示：

在 sembast 中，ID 是由数据库自动生成的，对每个存储/文档来说都是唯一的，这与 SQLite 的情况类似。

由于数据在 sembast 中是以 JSON 格式存储的，因此需要一种方法来将 Todo 对象转换为 Map。然后，sembast 引擎自动将 Map 转换为 JSON 格式。

（5）在 Todo 类中创建一个名为 toMap() 的函数，该函数将返回一个包含 Todo 字段的 String、dynamic 类型的 Map。添加下列代码以创建 toMap() 方法。

```
Map<String, dynamic> toMap() {
  return {
    'name': name,
    'description': description,
    'completeBy': completeBy,
    'priority': priority,
  };
}
```

（6）Todo 类的最后一个方法的作用正好相反：当传递 Map 时，函数将返回一个新的 Todo 实例。该方法是静态的，因为它不需要一个实例即可生成 Todo 对象。添加下列代码以创建 fromMap() 函数。

```
static Todo fromMap(Map<String, dynamic> map) {
  return Todo(map['name'], map['description'],
    map['completeBy'],map['priority']);
}
```

至此，我们完成了 Todo 类。接下来将处理数据。

10.3.1　sembast：处理数据

此处将生成一个类以创建数据库，随后打开该数据库并添加方法以执行 CRUD 操作。

（1）在应用程序的 data 文件夹中，创建一个名为 todo_db.dart 的新文件。

（2）在 todo_db.dart 文件开始处，置入下列所需的导入语句。

```
import 'dart:async';
```

```
import 'package:path_provider/path_provider.dart';
import 'package:path/path.dart';
import 'package:sembast/sembast.dart';
import 'package:sembast/sembast_io.dart';
import 'todo.dart';
```

（3）TodoDb 类需要设计为一个单例，因为多次打开数据库是没有意义的。因此，在创建 TodoDb 类后，添加一个名为_internal 的构造函数，然后创建一个名为_singleton 的静态私有 TodoDb 对象，每当调用一个新的 TodoDb 实例时，都将返回该对象。

```
class TodoDb {
  // this needs to be a singleton
  static final TodoDb _singleton = TodoDb._internal();
  // private internal constructor
  TodoDb._internal();
}
```

（4）创建返回_singleton 对象的 factory()构造方法。

```
factory TodoDb() {
return _singleton;
}
```

☑ **注意:**

普通构造函数返回当前类的一个新实例。工厂构造函数只能返回当前类的单一实例：这就是为什么工厂构造函数经常在需要实现单例模式时使用。

接下来添加与数据库交互的对象和方法。

10.3.2　打开 sembast 数据库

我们将使用的第一个对象是 DatabaseFactory。数据库工厂允许我们打开一个 sembast 数据库。这里，每个数据库是一个文件。考察下列各项步骤。

（1）在构造方法下方添加下列代码以创建 DatabaseFactory。

```
DatabaseFactory dbFactory = databaseFactoryIo;
```

（2）打开数据库后，需要指定保存文件的位置。存储可视为数据库中的"文件夹"：它们是持久映射，其值就是 Todo 对象。添加下列代码，并为读/写操作指定存储空间。

```
final store = intMapStoreFactory.store('todos');
```

（3）打开数据库：首先声明一个名为_database 的 Database 对象。

```
Database _database;
```

（4）添加一个 getter，用于检查_database 是否已被设置：如果已被设置，getter 将返回现有的_database。否则，它将调用_openDb()异步方法，我们将在下一步创建该方法。只要在代码中需要单例，就可以使用这种模式。

```
Future<Database> get database async {
   if (_database == null) {
     await _openDb().then((db) {
       _database = db;
       });
   }
   return _database;
}
```

（5）编写_openDb()异步方法，该方法将打开 sembast 数据库。

```
Future _openDb() async {}
```

（6）在 openDb()方法中，将获取存储数据的具体目录：这与平台有关，但由于我们使用的是 path 库，因此无须担心操作系统存储数据的方式。添加下列代码获取系统的文档目录。

```
final docsPath = await getApplicationDocumentsDirectory();
```

（7）调用 join()方法，使用当前平台的分隔符将 docsPath 和数据库名（可将其称为todos.db）合并为一个路径。这里，".db" 扩展名是可选的。

```
final dbPath = join(docsPath.path, 'todos.db');
```

（8）使用 dbFactory，调用 openDatabase()方法打开并返回 sembast 数据库。

```
final db = await dbFactory.openDatabase(dbPath);
   return db;
```

在打开数据库后，接下来需要编写相关方法以创建、读取、更新和删除任务。

10.3.3　利用 sembast 创建 CRUD 方法

sembast 中的 CRUD 方法与本书之前项目中看到的其他数据库中的 CRUD 方法类似，具体语法如表 10.1 所示。

表 10.1

任　　务	方　　法
插入新文档	add()
更新现有文档	update()
删除一个文档	delete()
检索一个或多个文档	find()

项目中的相关方法如下。

（1）要在 sembast 数据库中插入一个新项目，只需在 Store 上调用 add()方法，并传递数据库和要插入对象的 Map。不出所料，sembast 数据库中的读写操作是异步的。

（2）向 insertTodo()方法添加下列代码。

```
Future insertTodo(Todo todo) async {
    await store.add(_database, todo.toMap());
}
```

（3）同样，要更新数据库中的现有项目，可以调用 Store 的 update()方法。这里的区别在于还需要另一个对象：Finder。Finder 是一个辅助工具，可以用来在存储内部进行搜索。使用 update()方法时，需要在更新 Todo 之前检索它，因此在更新文档之前需要使用 Finder。Finder 接收一个名为 filter 的参数，可以用它来指定如何过滤文档。在本例中，将使用 Todo 的 ID 进行搜索，因此将使用过滤器的 byKey()方法。

（4）向 updateTodo()方法添加下列代码。

```
Future updateTodo(Todo todo) async {
    // Finder is a helper for searching a given store
    final finder = Finder(filter: Filter.byKey(todo.id));
    await store.update(_database, todo.toMap(), finder: finder);
}
```

此外还需要使用 Finder 删除一个现有项目。这一次，在 Store 中调用的方法是 delete()，它只需要数据库和 Finder。

（5）向 deleteTodo()方法添加下列代码。

```
Future deleteTodo(Todo todo) async {
    final finder = Finder(filter: Filter.byKey(todo.id));
    await store.delete(_database, finder: finder);
}
```

（6）创建一个可以删除存储中所有记录的方法也很有用。对此，添加下列代码来实现 deleteAll()方法。

```
Future deleteAll() async {
   // Clear all records from the store
   await store.delete(_database);
}
```

除此之外，还需要一种方法来检索可用的 Todos。在这种情况下，仍然使用 Finder，但可以指定列表的排序顺序，而不是过滤数据。按 priority 和 id 对项目排序。

该函数返回一个 Todo 列表，并且像往常一样是异步的。

（7）添加下列代码以创建 getTodos()函数。

```
Future<List<Todo>> getTodos() async {
  await database;
  final finder = Finder(sortOrders: [
    SortOrder('priority'),
    SortOrder('id'),
  ]);
}
```

现在，Finder 已经设置好了。从 sembast 存储中检索数据的方法是 find()，它同样需要一个数据库和一个 Finder。

✔ **注意：**

find()方法返回一个 Future<List<RecordSnapshot>>，而非 List<Todo>。

（8）在设置了 Finder 后，在 getTodos()函数中添加下列代码。

```
final todosSnapshot = await store.find(_database, finder: finder);
```

（9）由于 find()方法返回的是 Snapshot，因而需要使用 map()方法将 Snapshot 转换为 Todo。相应地，可以在任何列表上调用 map()函数，将列表中的值从一种类型转换为另一种类型。添加下列代码，在 todosSnapshot 对象上调用 map()方法，并将 Snapshot 转换为 Todo 对象的 List。

```
return todosSnapshot.map((snapshot){
   final todo = Todo.fromMap(snapshot.value);
   // the id is automatically generated
   todo.id = snapshot.key;
   return todo;
   }).toList();
```

Todo 应用程序的数据部分已经完成。下面测试一下是否一切正常。

10.3.4　使用 sembast

现在，我们可以测试这些方法，检查是否一切正常，并添加一些示例数据，随后进入项目的下一部分。

（1）打开 main.dart 文件，删除已有代码并添加所需的导入内容。

```
import 'package:flutter/material.dart';
import 'data/todo_db.dart';
import 'data/todo.dart';
```

（2）添加 main()方法，该方法调用一个无状态微件，此处可以将其称为 MyApp。此外，通过在 MaterialApp 中添加 debugShowCheckedModeBanner: false，移除屏幕顶部的调试标志。

```
void main() => runApp(MyApp());

class MyApp extends StatelessWidget {
  @override
  Widget build(BuildContext context) {
    return MaterialApp(
      title: 'Todos BLoC',
      debugShowCheckedModeBanner: false,
      theme: ThemeData(
        primarySwatch: Colors.orange,
      ),
      home: HomePage(),
    );
  }
}
```

（3）创建一个名为 HomePage()的有状态微件。这是应用程序的主屏幕，将包含待办事项列表。目前，仅将其用于测试目的。

```
class HomePage extends StatefulWidget {
  @override
  _HomePageState createState() => _HomePageState();
}

class _HomePageState extends State<HomePage> {
```

```
@override
Widget build(BuildContext context) {
  return Container();
}
}
```

（4）在_HomePageState 类中，添加名为_testData()的异步方法，该方法将调用和测试在 todo_db.dart 文件中编写的 CRUD 方法。

（5）在_testData()方法中，创建 TodoDb 类的实例。

（6）调用一次 getTodos()方法，打开数据库。

（7）调用 deleteAll()方法删除数据库中的所有记录。如果需要多次调用_testData()，这将确保不会有以前测试的数据残留。

步骤（4）～（7）的对应代码如下。

```
Future _testData() async {
  TodoDb db = TodoDb();
  await db.database;
  List<Todo> todos = await db.getTodos();
  await db.deleteAll();
  todos = await db.getTodos();
}
```

（8）完成初始设置后，当我们还在_testData()方法中时，测试一下 insertTodo()方法。对此，将创建 3 个简单的 Todo 对象，并分别调用 insertTodo()方法。

（9）再次更新 todos 列表并调用 getTodos()方法。

```
await db.insertTodo(Todo('Call Donald', 'And tell him about Daisy',
'02/02/2020', 1));
await db.insertTodo(Todo('Buy Sugar', '1 Kg, brown', '02/02/2020', 2));
await db.insertTodo(Todo('Go Running', '@12.00, with neighbours',
'02/02/2020', 3));
todos = await db.getTodos();
```

（10）在向数据库中插入了 3 条记录后，可通过调试控制台检查是否一切工作正常。

```
debugPrint('First insert');
todos.forEach((Todo todo){
  debugPrint(todo.name);
});
```

（11）测试 updateTodo()方法，将第一条记录从'Call Donald'更改为'Call Tim'，代码

如下。

```
Todo todoToUpdate = todos[0];
todoToUpdate.name = 'Call Tim';
await db.updateTodo(todoToUpdate);
```

（12）通过删除'Buy sugar'待办事项测试 deleteTodo()方法：毕竟糖对健康不利。

```
Todo todoToDelete = todos[1];
await db.deleteTodo(todoToDelete);
```

（13）再次读取数据。我们希望只有两条记录，而不是最初的 3 条，第一条记录应该是'Call Tim'。

```
debugPrint('After Updates');
   todos = await db.getTodos();
     todos.forEach((Todo todo){
       debugPrint(todo.name);
     });
```

（14）在_HomePageState 类的 build()方法中，调用_testData()方法。

```
@override
 Widget build(BuildContext context) {
   _testData();
   return Container();
}
```

（15）运行应用程序，几秒后能在调试控制台中看到如图 10.3 所示的结果。

如果调试控制台正确显示了数据，这将意味着可以在 sembast 数据库中读写数据。稍后将使用 BLoC 模式与数据库进行交互。

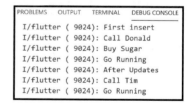

图 10.3

10.4　BLoC 模式

在迄今为止构建的大多数项目中，我们都是使用有状态微件来处理状态的。虽然这种方法非常适合原型设计或简单的应用程序，但当应用程序的复杂度增加时就不太理想了。

这包含几个原因。可以说，最重要的原因是至少会将应用程序的部分逻辑与布局放在同一个类中。相应地，应该避免将布局和代码混在一起，因为在不同的情况下很难维护和重用相同的代码。此外，如果将逻辑和用户界面明确分开，还能让小组中的开发人员更容易在同一个代码库中工作。

此外，如果应用程序中的数据发生变化，且需要更新不同屏幕上的多个微件，那么这将导致不必要的代码重复。维护应用程序的成本可能变得非常高昂，而且保持软件的质量也可能变得具有挑战性。

☞ 注意：

在 Flutter 中有多种管理状态的方法。目前推荐使用 BloC，但值得一提的还有继承微件方法（允许将数据传播到其子微件）、范围模型方法（建立在继承微件之上的外部包）和 Redux，如果你曾使用过 React，可能对它比较熟悉。有关维护状态的不同选项的更多信息，可参阅 https://flutter.dev/docs/ development/data-and-backend/state-mgmt/options。

10.4.1　使用 BLoC 模式

使用 BLoC 模式时，一切都被视为事件流。BLoC 是应用程序中数据源和需要数据的微件之间的一个层。例如，数据源可能是 Web API 的 HTTP 响应或数据库的查询结果，而微件可能是接收数据的 ListView。

BLoC 接收来自源的事件流或数据流，处理业务逻辑，并向监听或订阅它们的微件返回或发布一个或多个数据流。

图 10.4 为简单的 BLoC 示意图。

☞ 注意：

在 Dart 中，Future 和流是处理异步编程的两种方法。它们的区别在于 Future 只有一次请求和响应，而流则是对单一请求的一系列连续响应。

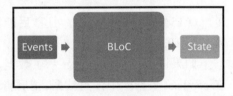

图 10.4

BLoC 有两个组件，即 sink 和流，它们都是 StreamController 的一部分。

我们可以把流想象成一条管道。管道包含两端，即入口和出口。这是一个"单向"管道。当向管道中插入相应内容时，它从 sink 进入，并可能在内部进行转换（如果你想的话），然后从流中流出。

在 Flutter 中使用 BLoC 模式时，应牢记以下事实。

● 管道被称为 Stream。

● 要控制流，需要使用 StreamController。

- 进入流的通道是 StreamController 的 sink 属性。
- 流的出口是 StreamController 的 stream 属性。

☀ 提示：

对于属性和类命名的选择，Stream（大写 S）是提供异步数据序列的类，而 stream（小写 s）是 StreamController 的属性，数据从这里流出。

为了使用 Stream 并在 Stream 中产生内容时收到通知，就需要监听 Stream。对此，可以使用 StreamSubscription 对象定义一个监听器。

每当触发与 Stream 相关的事件时，例如流中流出数据或出现错误时，StreamSubscription 就会收到通知。

☀ 提示：

还可以通过名为 StreamTransformer 的对象转换 Stream 内的数据。例如，过滤或修改数据。

在应用程序中实施 BLoC 有几个步骤，这里将重点介绍这些步骤，以便为接下来的操作指明方向。

（1）创建一个作为 BLoC 的类。

（2）在该类中，声明应用程序中需要更新的数据（本例中为 Todo 对象列表）。

（3）设置 StreamControllers。

（4）为流和 sink 创建 getter。

（5）添加 BLoC 的逻辑。

（6）添加一个构造函数，并在其中设置数据及监听变化。

（7）设置 dispose()方法。

（8）从用户界面创建 BLoC 实例。

（9）使用 StreamBuilder 创建将使用 BLoC 数据的微件。

（10）向 sink 添加事件处理数据变更。

（11）调用 dispose()方法。

我们将把上述步骤作为本章剩余部分的指导方向。

1. 创建 BLoC 类

为了在应用程序中实现 BLoC 模式，需要在应用程序的 lib 文件夹中创建名为 bloc 的新文件夹。在 bloc 文件夹中，创建名为 todo_bloc.dart 的新文件。

StreamControllers 可通过'dart:async'库进行访问。因此，在导入内容中，应添加

dart:async、todo.dart 文件和 todo_db.dart 以连接数据库。对于导入内容，添加下列代码。

```
import 'dart:async';
import '../data/todo.dart';
import '../data/todo_db.dart';
```

该文件将包含 TodoBloc 类，即 UI 和应用程序数据之间的接口。

```
class TodoBloc {}
```

2. 声明变化的数据

在该类中，声明一个 TodoDb 类和一个 Todo 项目 List。

```
TodoDb db;
List<Todo> todoList;
```

3. 设置 StreamControllers

创建 StreamControllers：一个用于管理 Todo 列表，另外 3 个用于插入、更新和删除任务。StreamController 是泛型的，因此还需要指定 StreamController 将管理的数据类型：用于更新的单个 Todo 和用于_todosStreamController 的 Todo 类型的列表。

相应地，存在两种流类型：单一订阅流和广播流。单一订阅流在整个流的生命周期内只允许一个监听器。而广播流允许随时添加多个监听器：每个监听器从开始监听流的那一刻起就会接收数据。在当前项目中，将使用允许多个监听器的广播流。

```
final _todosStreamController =
StreamController<List<Todo>>.broadcast();
// for updates
final _todoInsertController = StreamController<Todo>();
final _todoUpdateController = StreamController<Todo>();
final _todoDeleteController = StreamController<Todo>();
```

4. 创建流和 sink 的 getter

接下来创建 Stream 的 getter。在数据流中，使用 sink 属性添加属性，并使用 stream 属性获取数据。

```
Stream<List<Todo>> get todos => _todosStreamController.stream;
StreamSink<List<Todo>> get todosSink =>
_todosStreamController.sink;
StreamSink<Todo> get todoInsertSink => _todoInsertController.sink;
StreamSink<Todo> get todoUpdateSink => _todoUpdateController.sink;
```

```
StreamSink<Todo> get todoDeleteSink => _todoDeleteController.sink;
```

5. 添加 BLoC 的逻辑

在 TodoBloc 类中，创建实现数据流所需的函数，首先是从 sembast 数据库中获取 todos 的方法。getTodos()返回一个 Future，将在更新 todos 列表之前等待 db.Todos 的结果。

```
Future getTodos() async {
   List<Todo> todos = await db.getTodos();
   todoList = todos;
   todosSink.add(todos);
}
```

除此之外，还需创建一个返回 todos 列表的函数，并将其命名为 returnTodos()。

```
List<Todo> returnTodos(todos) {
return todos;
}
```

创建删除、更新和添加 Todo 所需的 3 个数据库方法。调用每个数据库函数后，还需要调用 getTodos()方法更新数据流。

```
void _deleteTodo(Todo todo) {
   db.deleteTodo(todo).then((result){
      getTodos();
   });
}
void _updateTodo(Todo todo) {
   db.updateTodo(todo).then((result){
      getTodos();
   });
}
void _addTodo(Todo todo) {
   db.insertTodo(todo).then((result) {
      getTodos();
   });
});
```

6. 创建构造函数

接下来需要向 TodoBloc 类中添加一个构造函数。

```
TodoBloc() {}
```

在该构造函数中，实例化 TodoDb 类并调用 getTodos()方法。

```
db = TodoDb();
getTodos();
```

仍然在构造函数中，监听创建的每个方法的变化。

```
// listen to changes:
_todosStreamController.stream.listen(returnTodos);
_todoInsertController.stream.listen(_addTodo);
_todoUpdateController.stream.listen(_updateTodo);
_todoDeleteController.stream.listen(_deleteTodo);
```

7. 设置 dispose()方法

添加一个 dispose()方法，关闭 4 个 StreamController 对象。这样可以避免内存泄漏或出现难以调试的错误。

```
// in the dispose method we need to close the stream controllers.
void dispose() {
_todosStreamController.close();
_todoInsertController.close();
_todoUpdateController.close();
_todoDeleteController.close();
}
```

现在已经完成 BLoC。最后一步需要使用 BLoC 模式实现用户界面，以处理应用程序中的状态。

10.4.2　使用 BLoC 和流更新 UI

现在，应用程序的所有基础架构都已完成。我们只需添加用户界面，以便与 BLoC 互动并向用户显示数据。

应用程序的主屏幕将包含 ListView 中的 todos 列表，如图 10.5 所示。

本节将完成从用户界面与 BLoC 交互所需的其余步骤。

（1）创建一个 BLoC 实例。

（2）在 StreamBuilder 中加入用户界面，这是显示流时使用的对象。

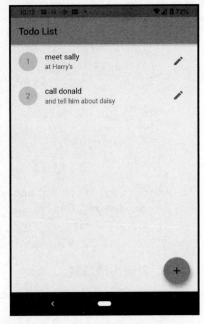

图 10.5

（3）针对数据变化向 sink 中添加事件。

（4）重载 dispose()方法，然后调用 BLoC 的 dispose()方法，以防止内存泄漏，因为内存泄漏很难调试；这也是推荐使用有状态微件的原因，尽管不需要使用 setState()方法来更新界面状态。

10.4.3　HomePage 屏幕用户界面

HomePage 屏幕将从 BLoC 读取数据，并向用户显示一个包含 Todo 对象的 ListView。用户还可以从该界面向 BLoC 写入内容，方法是滑动 ListView 中的元素时删除一个对象。

（1）在 main.dart 文件中，编辑导入内容，使其包含对 todoo_bloc.dart 文件的引用，以及即将添加的名为 todoo_screen.dart 的文件，并删除所有其他导入内容。

```
import 'package:flutter/material.dart';
import 'todo_screen.dart';
import 'data/todo.dart';
import 'bloc/todo_bloc.dart';
```

（2）在_HomePageState 类的开始处，为将在屏幕上显示的 TodoBloc 实例和 Todo 列表创建一个字段，并删除已有的代码。

```
class HomePage extends StatefulWidget {
  @override
  _HomePageState createState() => _HomePageState();
}

class _HomePageState extends State<HomePage> {
  TodoBloc todoBloc;
  List<Todo> todos;
}
```

（3）重载 initState()方法，并在函数中将 todoBloc 字段设置为 TodoBLoc 类的实例。这样就创建了一个 BLoC 实例。

```
@override
  void initState() {
    todoBloc = TodoBloc();
    super.initState();
}
```

（4）同时重载 dispose()方法。这里只调用 todoBloc 对象的 dispose()方法。

```
@override
void dispose() {
    todoBloc.dispose();
    super.dispose();
}
```

（5）在 build()方法中，添加代码以创建一个新的空白 todo，并填充称为 todos 的 Todo 对象列表。BLoC 的 todoList 属性包含从数据库中获取的对象。

```
@override
Widget build(BuildContext context) {
  Todo todo = Todo('', '', '', 0);
  todos = todoBloc.todoList;
}
```

（6）在 build()方法中，返回一个 Scaffold，其 AppBar 的标题是'Todo List'，body 部分包含一个 Container。

```
return Scaffold(
    appBar: AppBar(
        title: Text('Todo List'),
    ),
    body: Container()
);
```

最后，在为应用程序构建了所有基础架构后，可以使用 Streambuilder 微件。它将监听来自 Stream 的事件，并使用 Stream 中的最新数据重建其所有后代。通过 stream 属性，它可以与 Stream 建立关联，并包含需要更新的用户界面的 builder。此外还可以设置 initialData 属性，确保在接收任何事件之前，能够控制开始时显示的内容。

（7）在 Container 中，添加一个 StreamBuilder 作为子元素，并连接到 todoBloc 实例的 todos 流，同时将 todos 列表作为初始数据。回忆一下，我们曾使用 StreamBuilder 构建将使用 BLoC 数据的微件。

```
child: StreamBuilder<List<Todo>>(
  stream: todoBloc.todos,
  initialData: todos,
)
```

（8）设置 builder()方法，该方法接收上下文和快照，其中包含从流接收到的数据。

```
builder: (BuildContext context, AsyncSnapshot snapshot) {}
```

（9）在 StreamBuilder 的 builder()方法中，添加一个 ListView.builder。对于 itemCount 参数，使用三元运算符。如果 snapshot.hasData 属性为 true，使用快照中包含的数据长度；否则使用 0。随后为 ListView 设置一个空的 itembuilder。

```
return ListView.builder(
    itemCount: (snapshot.hasData) ? snapshot.data.length : 0,
    itemBuilder: (context, index) {}
);
```

（10）在 ListView 的 builder()函数中，返回一个 Dismissible，这样用户就能滑动项目并从 sembast 数据库中删除 Todo。这将通过应用程序调用 todoDeleteSink 并在 index 位置添加 Todo 来实现。

```
return Dismissible(
    key: Key(snapshot.data[index].id.toString()),
    onDismissed: (_) =>
    todoBloc.todoDeleteSink.add(snapshot.data[index])
);
```

（11）Dismissible 微件的子元素是一个 ListTile，它在 CircleAvatar 中显示优先级，然后以 Todo 的名称作为 title，并以 description 作为副标题。添加下列代码，在 Dismissible 微件中设置 ListTile。

```
child: ListTile(
    leading: CircleAvatar(
        backgroundColor: Theme.of(context).highlightColor,
        child: Text("${snapshot.data[index].priority}"),
    ),
    title: Text("${snapshot.data[index].name}"),
    subtitle: Text("${snapshot.data[index].description}"),
)
```

在 ListTile 中添加一个 trailing 图标。当用户按下该图标时，应用程序会将他们带到应用的第二个屏幕，该屏幕显示待办事项的详细信息，并允许用户编辑和保存所选的待办事项。由于这是用于编辑的界面，选择 Icons.edit 图标，并在 onPressed()函数中使用 Navigator.push()方法导航到 TodoScreen，完成此屏幕后立即创建 TodoScreen。向即将创建的屏幕传递所选的待办事项和一个布尔值（false），通知屏幕这不是一个新的待办事项，而是一个已有的待办事项。

（12）添加下列代码以创建 trailing IconButton，并导航至应用程序的第二个屏幕。

```
trailing: IconButton(
    icon: Icon(Icons.edit),
    onPressed: () {
        Navigator.push(
            context,
            MaterialPageRoute(
                builder: (context) => TodoScreen(
                    snapshot.data[index], false)),
            );
    },
),
```

（13）在 Scaffold 中的 appBar 下，设置一个 FloatingActionButton，用户单击该按钮即可创建一个新的 Todo。这将导航到应用程序的第二个屏幕，但这次传递的布尔值为 true，因为这是一个新的待办事项。

（14）在 Scaffold 中添加下列代码以添加 FloatingActionButon。

```
floatingActionButton: FloatingActionButton(
    child: Icon(Icons.add),
    onPressed: () {
        Navigator.push(
            context,
            MaterialPageRoute(builder: (context) =>
                TodoScreen(todo, true)),
        );
    },
),
```

至此，HomePage 屏幕已经准备就绪，接下来将添加 TodoScreen。

10.4.4 TodoScreen 用户界面

应用程序需要创建的最后一部分是待办事项详细信息屏幕，用户可以在 sembast 数据库中查看、编辑或添加一个待办事项。

（1）在 lib 文件夹中，添加名为 todo_screen.dart 的新文件。在该文件开始处，添加所需的导入语句。

```
import 'package:flutter/material.dart';
import 'bloc/todo_bloc.dart';
import 'data/todo.dart';
```

```
import 'main.dart';
```

（2）添加名为 TodoScreen 的无状态微件。

```
class TodoScreen extends StatelessWidget {
  @override
  Widget build(BuildContext context) {
    return Container(
    );
  }
}
```

（3）在类的开始处，声明几个 final 变量：一个变量是由用户显示和编辑的 Todo 对象，一个布尔值表明该待办事项是新的还是已存在的，以及一个 TextEditingController，用于在屏幕上放置的 TextField 微件。

```
final Todo todo;
final bool isNew;
final TextEditingController txtName = TextEditingController();
final TextEditingController txtDescription = TextEditingController();
final TextEditingController txtCompleteBy = TextEditingController();
final TextEditingController txtPriority = TextEditingController();
```

（4）添加一个名为 bloc 的 TodoBloc，并创建一个构造函数，该构造函数根据传递的 Todo 设置 Todo，并使用布尔变量以确定 Todo 是否为新创建的。

（5）在该构造函数中，创建 TodoBloc 类的一个实例。

```
final TodoBloc bloc;
TodoScreen(this.todo, this.isNew) : bloc = TodoBloc();
```

☑ 注意：

TodoScreen 构造函数中冒号后的部分是初始化器列表，这是一个以逗号分隔的列表，并以此使用计算表达式初始化 final 字段。

在该屏幕中，只需要一个方法，即 save()方法，当用户单击屏幕上的 Save 按钮时，该方法就会被调用。该方法的目的是读取表单中的数据，并使用 BLoC 更新流的事件。如果 Todo 对象是新对象，它调用 BLoC 中 todoInsertSink 的 add()方法；否则调用 todoUpdateSink 中的相同方法。

（6）添加下列代码以创建 save()方法。

```
Future save() async {
```

```
    todo.name=txtName.text;
    todo.description = txtDescription.text;
    todo.completeBy = txtCompleteBy.text;
    todo.priority = int.tryParse(txtPriority.text);
    if (isNew) {
        bloc.todoInsertSink.add(todo);
    }
    else {
        bloc.todoUpdateSink.add(todo);
    }
}
```

（7）在 build()方法的开始处，根据传入的 Todo 对象的值设置 TextField 微件的内容，并创建一个常量在微件之间添加一些间距。

```
final double padding = 20.0;
txtName.text = todo.name;
txtDescription.text = todo.description;
txtCompleteBy.text = todo.completeBy;
txtPriority.text = todo.priority.toString();
```

（8）返回一个 Scaffold，其 appBar 包含一个带有'Todo Details'的文本，其 body 包含一个 SingleChildScrollView，以防止微件超出可用空间。

```
return Scaffold(
    appBar: AppBar(
        title: Text('Todo Details'),
    ),
    body: SingleChildScrollView()
)
```

（9）作为 SingleChildScrollView 的子元素，此处放置一个 Column，其子元素将包含 Todo 的 TextField：为了在表单微件之间创建一些空间，每个 TextFields 都包含在一个 Padding 微件中。第一个 TextField 用于获取待办事项的名称属性；为了帮助用户，还将添加'Name'的 hintText。

```
body: SingleChildScrollView(
    child: Column(
        children: <Widget>[
            Padding(
                padding: EdgeInsets.all(padding),
                child: TextField(
```

```
        controller: txtName,
        decoration: InputDecoration(
          border: InputBorder.none,
          hintText: 'Name'
        ),
      )),
```

（10）Column 中的第二个 TextField 微件用于 Todo 的描述，其 hintText 为' Description '。

```
Padding(
    padding: EdgeInsets.all(padding),
    child: TextField(
      controller: txtDescription,
      decoration: InputDecoration(
        border: InputBorder.none,
        hintText: 'Description'
        ),
)),
```

（11）在描述下再添加一个 TextField，这次是'Complete by'字段，并设置相应的 hintText。

```
Padding(
      padding: EdgeInsets.all(padding),
      child: TextField(
        controller: txtCompleteBy,
        decoration: InputDecoration(
          border: InputBorder.none,
          hintText: 'Complete by'
        ),
)),
```

（12）最后一个 TextField 是优先级。由于这是一个数字，将 keyboardType 设置为 numeric。

```
Padding(
  padding: EdgeInsets.all(padding),
  child: TextField(
    controller: txtPriority,
    keyboardType: TextInputType.number,
    decoration: InputDecoration(
      border: InputBorder.none,
```

```
    hintText: 'Priority',
  ),
)),
```

（13）该屏幕的最后一个微件是 Save MaterialButton。单击该按钮后，它调用 save() 异步方法，执行完毕后，用户将返回主屏幕。在这种情况下，我们并未使用导航器上简单的 push()方法，而是使用了 pushAndRemoveUnit()方法删除导航堆栈，从而在主屏幕上不显示返回按钮。

```
Padding(
    padding: EdgeInsets.all(padding),
    child: MaterialButton(
      color: Colors.green,
      child: Text('Save'),
      onPressed: () {
        save().then((_)=> Navigator.pushAndRemoveUntil(
          context,
          MaterialPageRoute(builder: (context) => HomePage()),
            (Route<dynamic> route) => false,
          ));
      },
    )),
```

至此，本章的项目完成。读者可以试用该应用程序，并开始使用 BLoC 模式在 sembast 数据库中添加、编辑和删除项目。

10.5 本 章 小 结

本章中创建此项目的重点不在于应用功能本身，我们可以用更简单的方法创建一个待办事项应用。这里的重点是在实际应用中看到的架构：使用异步数据流来更新应用程序的状态是一种模式，它可以帮助你将项目扩展到企业级水平。

本章首先介绍了如何使用简单嵌入式应用程序存储数据库（或称 sembast），这是一种基于文档的数据库，数据存储在单一文件中，并以 JSON 格式保存。在 sembast 中，DatabaseFactory 允许用户打开一个数据库，其中每个数据库都是一个文件，而存储则是数据库中可以保存和检索数据的位置。

要在 sembast 数据库中插入一个新项目，需要调用存储空间的 add()方法，并传递数据库和要插入对象的映射。查找器（finder）是一种辅助工具，用于将数据过滤并排序到给定的存储空间中。

要删除现有项目，需要调用存储上的 delete()方法，该方法将数据库和查找器作为参数。

要更新现有项目，需要调用存储上的 update()方法：该方法需要数据库、更新对象的映射和查找器。为了检索数据，则需要使用查找器和 find()方法。

接下来，本章考察了如何利用 BLoC 模式管理应用程序的状态。

使用 BLoC 时，一切都是事件流：BLoC 从源接收事件/数据流，处理任何所需的业务逻辑，并发布数据流。BLoC 有两个组件：Sink 和 Stream，两者都是 StreamController 的一部分。

为了使用流并在流中出现内容时收到通知，就需要监听流。因此，需要定义一个带有 StreamSubscription 对象的监听器，在每次触发与 Stream 相关的事件时，该监听器都会收到通知。StreamBuilder 微件监听来自 Stream 的事件，并使用 Stream 中的最新数据重建其后代。

在第 11 章中，读者将看到如何使用 Flutter 创建响应式 Web 应用程序。

10.6　本章练习

（1）在应用程序中，什么情况下更愿意使用 sembast 而不是 SQLite？

（2）如何从 sembast 数据库的存储中检索所有文档？

（3）如何删除 sembast 数据库存储区中的所有文档？

（4）如何用下面的方法更新 sembast 数据库中的一个现有对象？

```
Future updateTodo(Todo todo) async {
    // add your code here
}
```

（5）Future 和流的主要区别是什么？

（6）何时在应用程序中使用 BLoC 模式？

（7）在 StreamController 中，stream 和 sink 的作用是什么？

（8）哪个对象允许监听来自 Stream 的事件并重建其所有后代？

（9）如何监听 Stream 中的变化？

（10）为什么在处理 BLoC 时，即使从未调用 setState()方法，也要使用有状态微件？

10.7　进一步阅读

目前，BLoC 模式是推荐的状态管理模式，但在使用 Flutter 时，我们还有其他选择：在 Flutter 中维护状态的不同选项在 https://flutter.dev/docs/development/data-and-backend/state-mgmt/options 的官方文档中有所解释。

特别地，读者应留意下列内容。

- 继承微件。这将把数据传播到其子微件：https://api.flutter.dev/flutter/widgets/InheritedWidget-class.html。
- 范围模型。简化状态管理的软件包：https://pub.dev/packages/scoped_ model。
- Redux。另一个软件包，如果读者使用过 React，它将是你的好帮手：https://pub.dev/packages/flutter_redux。

与状态管理一样，在 Flutter 中存储数据时也有多种工具可供选择。如需查看选项列表，可访问 https://flutter.dev/docs/cookbook/persistence。

一开始使用 Streams 可能会很困难：完全理解在 Dart 中使用 Streams 的主要概念，可查看 https://dart.dev/tutorials/language/streams 的精彩教程。

第 11 章 构建 Flutter Web 应用程序

创造通用应用的梦想并不新鲜，但如今，创造一款可以在多种形式上运行的应用的挑战更加紧迫。想想人们每天使用的许多设备：智能手机、平板电脑、智能手表、笔记本电脑、智能电视、游戏机和台式电脑，这些都可以作为开发人员可能部署软件的平台。

Flutter 从一开始就支持 iOS 和 Android，这已经解决了开发者的巨大需求，但它正朝着每个开发者的梦想迈出巨大的一步：拥有一个真正的通用平台，开发可在任何地方运行的应用程序。

用于 Web 的 Flutter 实现已在 Flutter Interact 2019 上发布，名为 Flutter for Web。

在本书编写时，Flutter 的 beta 版本支持 Web 开发，其 alpha 版本支持 MacOS 的桌面开发。本章将重点介绍使用 Flutter 进行 Web 开发，但同样的设计原则也适用于桌面开发。

本章主要涉及下列主题。

● 构建可在浏览器上运行的 Flutter 应用程序。

● 创建响应式用户界面（UI）。

● 在 Android、iOS 和 Web 中使用 shared_preferences 保存数据。

● 向 Web 服务器发布 Flutter 应用程序。

11.1 技 术 需 求

读者可访问本书的 GitHub 存储库查看完整的应用程序代码，对应网址为 https://github.com/PacktPublishing/Flutter-Projects。

为了理解书中的示例代码，应在 Windows、Mac、Linux 或 Chrome OS 设备上安装下列软件。

● Flutter 软件开发工具包（SDK）。

● 当进行 Android 开发时，需要安装 Android SDK。Android SDK 可通过 Android Studio 方便地进行安装。

● 当进行 iOS 开发时，需要安装 MacOS 和 Xcode。

● 模拟器（Android）、仿真器（iOS）、连接的 iOS 或 Android 设备，以供调试使用。

- 编辑器：建议安装 Visual Studio Code (VS Code)、Android Studio 或 IntelliJ IDEA。
- 在计算机上安装 Chrome 浏览器。

11.2　基础理论和上下文

读者已经知道如何使用 Flutter 构建移动应用程序，也知道如何开发美观的交互式网站，因为使用 Flutter 开发 Web 应用程序的原理基本相同。读者仍然可以使用 Dart、微件、库，并以相同的方式管理应用程序的状态。虽然还缺少一些功能（如热重载）和一些特定于 Web 的限制（如在磁盘上写入文件），但使用 Flutter 的大多数理由在 Web 上也同样适用。

实际上将 Flutter 用于 Web 有多个优势：易于部署、允许快速迭代应用程序，最重要的是允许在移动平台和 Web 平台上使用相同的代码库。

现在的浏览器只支持 HTML、JavaScript 和 CSS。有了 Flutter for Web，代码就可以用这些语言编译，因此不需要任何浏览器插件，也不需要任何特定的 Web 服务器。

在 Flutter 1.14 版本中，网络支持已经在 beta 频道中可用，调试 Flutter 应用程序需要使用 Chrome 浏览器。

"Flutter for Web"的另一大亮点是插件的使用。目前已有多个库也支持 Flutter for Web。更新列表可在以下页面获取：https://pub.dev/flutter/packages?platform= web。

在本章的项目中，我们将使用可在 iOS、Android 和 Web 上运行的 shared_preferences 库。

11.3　项 目 概 览

在本章中将创建的应用程序包含两个页面。在主页上，用户将看到一个搜索图书的文本框。单击搜索按钮后，如果找到了图书，用户将看到一个包含书名和描述的图书列表。每个列表都有一个按钮，允许用户将一本书添加到收藏夹。相应地，收藏的书籍保存在本地。

面对不同的外形尺寸，其中一个挑战就是如何使用屏幕上的空间。因此，对应用程序进行一个小调整。如果屏幕比较"小"，如智能手机，用户将看到一个 ListView；否则，他们将看到一个表格。这里，读者可以看到较大屏幕第一页的截图，其中包含一个表格，如图 11.1 所示。

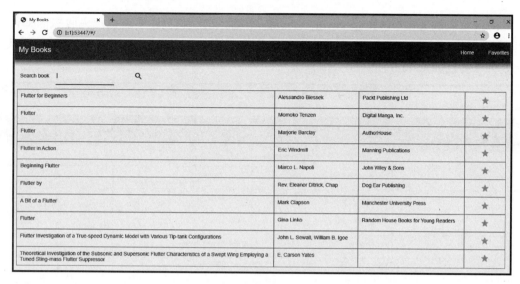

图 11.1

如图 11.2 所示可以看到小屏幕显示的第一页截图。这是一个带有 ListTiles 的 ListView。注意，appBar 显示的是更改路由的图标，而不是完整的文本。

图 11.2

　　应用程序的第二个屏幕是 Favorite Books 页面。这里将列出所有标记为收藏的书籍，用户可以将一本书从收藏夹中删除。同样，根据屏幕大小应用程序使用的控件也会改变。此处可以看到如图 11.3 所示的大屏幕截图。

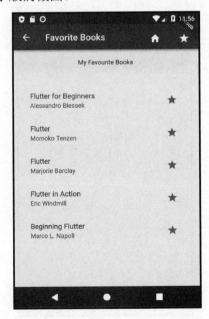

图 11.3

　　图 11.4 是同一屏幕缩小版的截图。

图 11.4

11.4　构建运行于浏览器上的 Flutter 应用程序

当前应用程序的需求总结如下。

（1）应用程序必须适用于 iOS、安卓和网页平台。

（2）用户收藏的书籍需要保存在本地。

（3）根据屏幕大小，我们将向用户显示不同的布局。

从 Flutter 1.14 版开始，Flutter 的 Web 开发可在测试频道中使用，需要设置环境以明确启用 Web 支持。具体信息可查看官方文档页面，对应网址为 https://flutter. dev/web 。

为环境添加 Web 支持所需的 cli 命令如下。

（1）打开终端/命令提示符，输入下列命令以启用测试频道和 Web 开发。

```
flutter channel beta
flutter config --enable-web
```

（2）运行 flutter devices 命令，代码如下。

```
flutter devices
```

如果 Web 已启用，会看到一个 Chrome 设备，如图 11.5 所示。

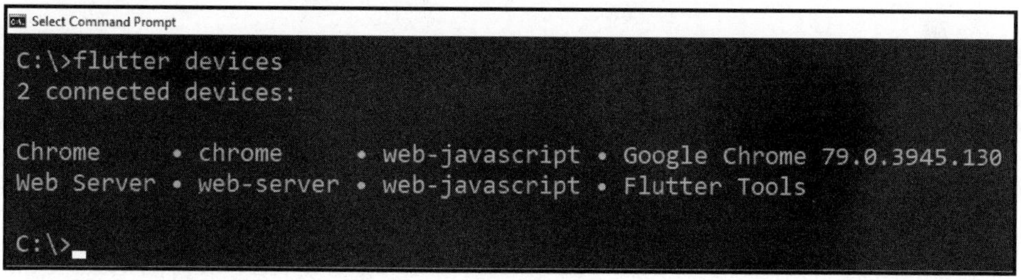
Select Command Prompt
C:\>flutter devices
2 connected devices:
Chrome • chrome • web-javascript • Google Chrome 79.0.3945.130
Web Server • web-server • web-javascript • Flutter Tools
C:\>

图 11.5

（3）使用编辑器创建一个新的 Flutter 应用程序，然后移至保存新项目的文件夹。

（4）运行应用程序，指定 Chrome 浏览器为设备，代码如下。

```
flutter run -d chrome
```

这将打开带有 Flutter 应用程序的 Chrome 浏览器，以及为应用程序提供服务的本地 Web 服务器。也许这是开始阅读本书以来第一次看到 Flutter 示例应用程序在 Chrome 浏览器中运行，如图 11.6 所示。

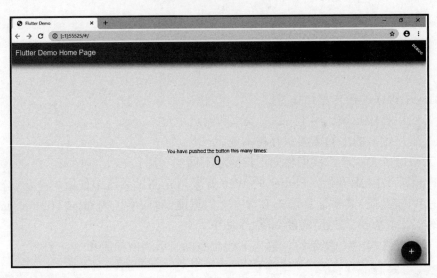

图 11.6

当第一次在浏览器中看到示例应用程序时，就会发现需要处理的空间非常大。这是设计一个既能在移动设备上运行又能在 Web（或桌面）上运行的应用程序时必须考虑的挑战之一。在本章中，我们将看到一些建议，它们会帮助你制作出支持不同形式因素的响应式应用程序。

11.4.1　连接 Google Books API 服务

为了在应用程序中搜索图书，我们将连接 Google Books API。这是一项令人难以置信的网络服务，其目的是共享全球范围内出版的大多数书籍的信息。通过 Google Books API 服务，在本章中构建的网络应用程序将包含数百万种图书的数据。

为了获取所需的信息，必须通过一个统一资源定位器（URL）来访问 Google API。该 URL 由以下几个部分组成。

● 方案：本例中为 HTTPS。
● 授权：www.googleapis.com。
● 书籍 API 专用路径：books/v1/volumes。
● 查询字符串：问号、"q"、等号和要查找的标题。例如，?q=flutter。

完整的 URL 为 https://www. googleapis.com/books/v1/volumes?q= flutter。如果将此 URL 放入浏览器，就会发现确实在连接 Google Books AP 并接收 JSON 格式的数据。此处可以看到从服务中获取的 JSON 数据的截图，如图 11.7 所示。

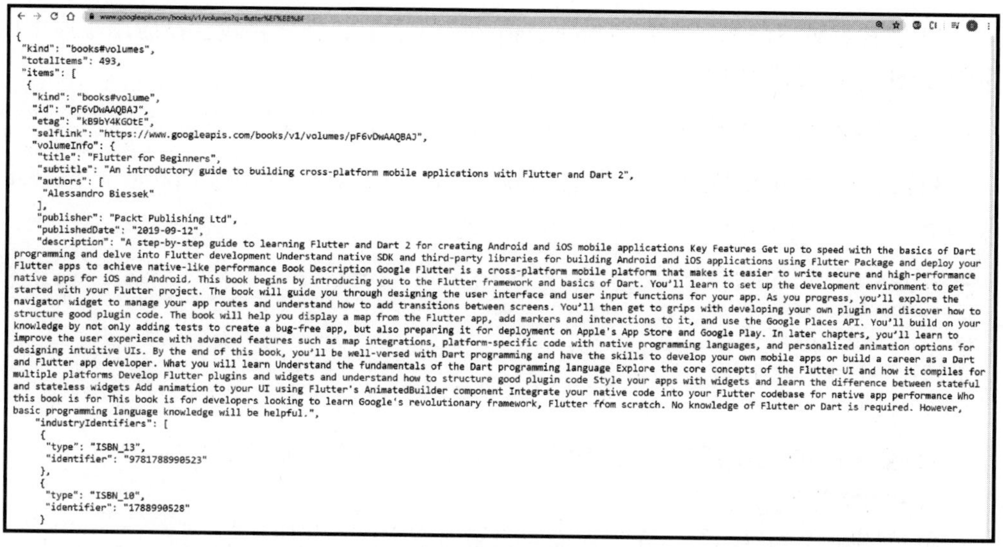

图 11.7

与大多数网络服务一样，Google Books API 需要一个密钥才能连接到网络服务。要获取添加到服务的密钥，访问 https://developers.google.com/books/docs/v1/using#APIKey。

💡 提示：

获得 API 密钥后，确保为 Books API 启用了该 API 密钥。

在浏览器中看到的数据就是我们要放入网络应用程序第一页的数据。从包含卷数组的 items 节点中，只需获取需要的字段：ID、来自 volumeInfo 节点的标题、作者和描述。

💡 提示：

在此，我们不讨论解析 JSON 数据的细节。有关连接 Web 服务和使用 JSON 方面的内容，参见第 5 章。

稍后将从解析后的 JSON 中创建模型类。

11.4.2　创建 Book 模型类

下面创建一个模型类，其中包含从 Google Books API 获取的部分 JSON 数据，这些数据将作为应用程序的内容，步骤如下。

（1）在应用程序的 lib 文件夹中新建一个名为 data 的目录。

（2）在该目录下添加一个名为 book.dart 的新文件。该文件将包含在应用程序中用作模型的 Book 类，代码如下。

```
class Book {}
```

（3）在 Book 类中添加应用程序所需的属性：id、title、authors、description 和 publisher，代码如下。

```
String id;
String title;
String authors;
String description;
String publisher;
```

从 Google Books API 获取的 JSON 中，authors 是以数组形式返回的，但我们将其视为一个简单的字符串来处理。

（4）创建一个构造函数，在创建类时设置所有字段，代码如下。

```
Book(this.id, this.title, this.authors, this.description,
this.publisher);
```

此外还需要一个命名构造函数，它接收一个映射并返回一个 Book 对象。这在解析 JSON 数据并将其转换为 Book 对象的列表时非常有用。

（5）添加下列代码创建 fromJson 命名构造函数。

```
factory Book.fromJson(Map<String, dynamic> parsedJson) {
  final String id = parsedJson['id'];
  final String title = parsedJson['volumeInfo']['title'];
  String authors = (parsedJson['volumeInfo']
    ['authors'] == null) ? '' : parsedJson[
    'volumeInfo']['authors'].toString();
  authors = authors.replaceAll('[', '');
  authors = authors.replaceAll(']', '');
  final String description =
  (parsedJson['volumeInfo']['description']
    ==null) ? '' : parsedJson['volumeInfo']['description'];
  final String publisher = (parsedJson['volumeInfo']
    ['publisher'] == null) ? '':
      parsedJson['volumeInfo']['publisher'];
  return Book(
    id,
    title,
```

```
   authors,
   description,
   publisher,
 );
}
```

注意，对于 authors 来说，在代码中使用 toString()方法将 JSON 数组转换为字符串，然后使用 replaceAll()方法删除方括号。其间多次使用三元运算符来检查值是否为 null，以防出错。在构造函数的最后，通过调用默认构造函数返回一个 Book 对象。

为了完成 Book 类，需要创建一个 toJson()方法，并以 JSON 格式返回类实例的值，代码如下。

```
Map <String, dynamic> toJson() {
   return {
      'id': id,
      'title': title,
      'authors': authors,
      'description': description,
      'publisher': publisher
   };
}
```

在创建了模型类后，接下来将介绍如何利用 HTTP 服务检索图书。

11.4.3　利用 HTTP 服务检索图书

应用程序需要通过 HTTP 连接到服务，因此需要执行的第一步是在 pubspec.yaml 文件中添加最新版本的 http 包。在编辑该文件时，还要添加对 shared_preferences 的支持，本章稍后将会用到。确保在 https://pub.dev 网站上查看最新版本。

在 pubspec.yaml 文件的 dependencies 节点中添加 HTTP 和 shared_preferences 方面的支持，代码如下。

```
http: ^0.12.0+4
shared_preferences: ^0.5.6+1
```

在应用程序的 lib/data 文件夹中，创建一个名为 books_helper.dart 的新文件，该文件将包含构建 Google Books API 查询的类。

☀ 提示：

关于如何连接 Web 服务和使用 JSON，参见第 5 章。

在该文件中，我们需要 http 包（用于建立连接）、dart:convert 包（用于解码 JSON 数据）、dart:async 库（用于使用异步方法）、material.dart（用于导航）、shared_preferences（用于本地保存数据，稍后详述），当然还有 Book 类。

下面开始构建 books_helper.dart 文件，步骤如下。

（1）添加下列代码以添加所需的导入内容。

```
import 'package:http/http.dart' as http;
import 'package:flutter/material.dart';
import 'dart:convert';
import 'dart:async';
import 'package:http/http.dart';
import 'package:shared_preferences/shared_preferences.dart';
import 'book.dart';
```

（2）在 bookshelper.dart 文件中，创建 BooksHelper 类，代码如下。

```
class BooksHelper { }
```

（3）在 BooksHelper 类中，创建几个常量来构建查询的 URL。urlKey 包含 Google Books API 密钥，urlQuery 包含用户查询，urlBase 是固定部分，用于从 Web 服务中获取信息，代码如下。

```
final String urlKey = '&key=[ADD YOUR KEY HERE]';
final String urlQuery = 'volumes?q=';
final String urlBase = 'https://www.googleapis.com/books/v1/';
```

（4）创建一个名为 getBooks()的新方法。该方法将接收一个包含用户正在查找的图书名的字符串，并返回一个 dynamic 项目列表的 Future，代码如下。

```
Future<List<dynamic>> getBooks(String query) async {}
```

（5）在 getBooks()方法中，创建包含查询和密钥的完整 url，代码如下。

```
final String url = urlBase + urlQuery + query + urlKey;
```

（6）一旦 url 字符串准备就绪，就可以利用 http 库调用 get()方法来获取 book 数据。该方法是异步的，并返回一个 Response 对象，因此使用 await 语句来获取结果，代码如下。

```
Response result = await http.get(url);
```

（7）如果响应状态是成功的（statusCode 为 200），把结果的 body 解码到一个名为 jsonResponse 的变量中。特别是，需要从 body 中提取一个名为 items 的节点，其中包含卷的信息。检索到 items 节点后，只需在其上调用 map()方法，然后针对 items 节点中的每一卷，从 json 对象中创建一个 Book，然后返回已创建书籍的 List。

（8）如果响应的状态不成功，则该方法返回 null。在 getBooks()方法中添加以下代码，以便从 Google Books API 获取数据。

```
if (result.statusCode == 200) {
  final jsonResponse = json.decode(result.body);
  final booksMap = jsonResponse['items'];
  List<dynamic> books = booksMap.map((i) =>
  Book.fromJson(i)).toList(
);
    return books;
}
else {
  return null;
}
```

现在，我们已经编写了从 Google Books API 搜索图书的方法，接下来添加一个用户界面（UI），以便向用户显示一些结果。

11.5　创建响应式 UI

在应用程序的主页上，我们希望向用户显示一个文本框，用于搜索 Google Books API 库中的任何书籍。搜索结果将显示在搜索框下方，搜索结果的外观将取决于屏幕。这里，用户可以将图书添加到收藏夹。具体步骤如下。

（1）利用下列代码替换 main.dart 文件中的默认示例代码。

```
import 'package:flutter/material.dart';
import './data/bookshelper.dart';

void main() => runApp(MyApp());

class MyApp extends StatelessWidget {
  @override
  Widget build(BuildContext context) {
    return MaterialApp(
      title: 'My Books',
      theme: ThemeData(
```

```
    primarySwatch: Colors.blueGrey,
   ),
   home: MyHomePage(),
  ); } }
```

注意，在上述代码中，导入 bookshelper.dart 文件，并修改 MaterialApp 的主题颜色和标题。

（2）利用 stful 快捷方式创建名为 MyHomePage 的 StatefulWidget，代码如下。

```
class MyHomePage extends StatefulWidget {
 @override
 _MyHomePageState createState() => _MyHomePageState();
}

class _MyHomePageState extends State<MyHomePage> {
 @override
 Widget build(BuildContext context) {
   return Container( );
} }
```

（3）在 _MyHomePageState 类中，创建几个字段。第一个字段是 BooksHelper 类的实例，然后是一个将显示在屏幕上的图书 List 字段、一个表示检索图书数量的 integer 字段以及一个表示搜索文本字段的 TextEditingController，代码如下。

```
BooksHelper helper;
List<dynamic> books = List<dynamic>();
int booksCount;
TextEditingController txtSearchController;
```

（4）加载该屏幕时，设置 BooksHelper 实例和 txtSearchController 对象，然后检索图书列表。对于最后一个操作，创建一个名为 initialize()的新方法，代码如下。

```
@override
 void initState() {
   helper = BooksHelper();
   txtSearchController = TextEditingController();
   initialize();
   super.initState();
}
```

initialize()方法是异步的，并将返回一个 Future。在该方法中，将调用 BooksHelper 中的 getBooks()方法。

本例只检索包含"Flutter"的图书。在现实世界的应用程序中，你可能会选择一个更流畅的初始界面，引导用户进行新的搜索，但对于当前项目来说，这已完全足够了。

（5）检索书籍后，调用 setState() 方法更新书籍列表和 booksCount 字段。在 _MyHomePageState 类末尾添加下列代码。

```
Future initialize() async {
  books = await helper.getBooks('Flutter');
  setState(() {
    booksCount = books.length;
    books = books;
  });
}
```

接下来将更新 build() 方法，并在此添加第一段代码，以帮助我们构建响应式应用程序。

（6）在 build() 方法中，创建一个名为 isSmall 的布尔值，并将其设置为 false，代码如下。

```
bool isSmall = false;
```

将宽度小于 600 单位的屏幕视为"小"屏幕。为了获取屏幕尺寸，我们将使用 MediaQuery 微件。

☑ 注意：

Flutter 使用"逻辑像素"来测量大小，这与 Android 的设备独立像素（dips）基本相同。这样，你的应用程序在每台设备上看起来都大致相同。有关逻辑像素与物理像素之间关系的更多信息，参阅以下网址：https://api.flutter.dev/flutter/dart-ui/Window/devicePixelRatio.html。

（7）添加代码以检查设备是否为"小型"设备，代码如下。

```
if (MediaQuery.of(context).size.width < 600) {
  isSmall = true;
}
```

像往常一样，我们将在这里返回一个 Scaffold。Scaffold 包含一个 AppBar，标题为"My Books"。此外还添加一个 actions 数组。通过用户的操作，我们可以更改页面，并在这里为当前应用程序添加第一个响应式微件。

（8）添加下列代码，并在 build() 方法中返回一个 Scaffold。

```
return Scaffold(
  appBar: AppBar(
```

```
    title: Text('My Books'),
    actions: <Widget>[]
) );
```

在 AppBar 的操作中，将添加两个 InkWell 微件，它们是简单的矩形区域，可以对触摸（或桌面上的点击操作）做出反应。

（9）为 InkWell 微件的第一个子元素添加一个 Padding，每边的 padding 值为 20。Padding 微件的子元素将取决于屏幕的大小。在较小的屏幕上，用户将看到图标枚举器中的 home 图标。对于较大的屏幕，用户将看到带有 Home 的文本，代码如下。

```
InkWell(
    child: Padding(
        padding: EdgeInsets.all(20.0),
        child: (isSmall) ? Icon(Icons.home) : Text('Home')),
),
```

（10）第二个 InkWell 将遵循相同的逻辑，但不显示 home 图标，而是显示星形图标，文本将是'Favorites'，代码如下。

```
InkWell(
    child: Padding(
        padding: EdgeInsets.all(20.0),
        child: (isSmall) ? Icon(Icons.star) : Text('Favorites')),
),
```

（11）在 Scaffold 的 body 中，放置一个 SingleChildScrollView，以防止屏幕内容溢出可用空间。它的子元素是一个 Column，代码如下。

```
body: SingleChildScrollView(
    child: Column(children: [ ]),
```

（12）Column 中的第一个微件是 Padding，因此允许用户搜索图书的小表单在所有方向上都有 20 个逻辑像素的空间。Padding 的子元素是 Row，代码如下。

```
Padding(
    padding: EdgeInsets.all(20),
    child: Row(children: []),
)
```

（13）在 Row 中，放置一个包含'Search book'字符串的 Text，代码如下。

```
Text('Search book'),
```

（14）仍然在 Row 中，添加一个具有相同的 20 个逻辑像素的 padding 和 200 宽度的 Container。它的子元素是一个 TextField，代码如下。

```
Container(
    padding: EdgeInsets.all(20),
    width: 200,
    child: TextField()
)
```

（15）设置 TextField。它的控制器是在类的顶部创建的 txtSearchController。对于具有虚拟键盘的移动设备，keyboardType 的类型是 text，textInputAction 的类型是 search，代码如下。

```
controller: txtSearchController,
keyboardType: TextInputType.text,
textInputAction: TextInputAction.search,
```

不过，只有在虚拟键盘上，我们才希望在用户单击搜索按钮时提交搜索查询。

（16）添加一个 onSubmitted()方法，该方法调用 getBooks()辅助异步方法，当查询值返回时，调用 setState()方法更新书籍列表，代码如下。

```
onSubmitted: (text) {
    helper.getBooks(text).then((value) {
        setState(() {
            books = value;
        });
    });
},
```

（17）Row 中的最后一个微件是搜索图标按钮，这对于没有虚拟键盘的设备都是必要的，但在所有设备中都是可见的。随后将其置入另一个 Padding（20）中，代码如下。

```
Container(
    padding: EdgeInsets.all(20),
    child: IconButton(
        icon: Icon(Icons.search),
        onPressed: () =>
            helper.getBooks(txtSearchController.text)
)),
```

（18）现在，Row 包含搜索文本、TextField 和 IconButton。在该行下，需要放置查询的实际结果。只需在列中添加一个 Padding，其子元素是一个空的 Container，代码如下。

```
Padding(
    padding: EdgeInsets.all(20),
    child: Container(),
),
```

Padding 的子元素应包含使用 helper.getBooks()方法获取的图书列表，稍后将对此加以讨论。

11.5.1　响应式微件：ListView 或 Table

应用程序的主页（或主屏幕）包含卷列表。在本书之前的项目中，每当要向用户显示数据列表时，都会使用可垂直滚动的 ListView 微件。这在智能手机上非常理想，因为设备的高度通常大于宽度，而且用户认为滚动是查看数据的默认方式。

在笔记本电脑或台式机上，屏幕的宽度通常大于高度，大量数据通常被放置在表格中，表格会充分利用可用空间，将多个数据分成行和列。考虑到平板电脑的各种尺寸、分辨率和方向，情况就会变得更加复杂。

这里的问题是，应该把数据放在哪里：滚动的 ListView 还是 Table？答案是都可以：如果屏幕很小，我们就显示 ListView；否则就显示 Table。

在设计用户界面之前，还有一个问题需要考虑。我们的应用程序包含两个页面：一个用于查找图书，另一个用于显示收藏夹。仔细想想，这两个页面都有相同的内容：图书列表。不同的是数据来源（Web 或内部存储）和用户可以执行的操作。在主页上，用户可以将一本书添加到收藏夹中；而在收藏夹页面上，情况恰恰相反：用户可以从收藏夹列表中删除图书。书籍的来源不会改变布局，但操作会改变布局。

我们可以尝试在两个页面中使用相同的布局，只更改表格或列表中的操作按钮，稍后将对此加以讨论。

11.5.2　针对较大设备创建 Table

接下来针对较大的设备设计表格布局，步骤如下。

（1）新建名为 ui.dart 的文件，并在该文件开始处添加两个导入语句，分别用于导入 material.dart 库和 bookshelper.dart 文件，代码如下。

```
import 'package:flutter/material.dart';
import 'data/bookshelper.dart';
```

（2）创建一个名为 BooksTable 的无状态微件。当被调用时，该类将接收图书列表和一个布尔值，该布尔值用于指定调用者是主页还是收藏夹页面（仍需创建收藏夹页面）。此外它还将创建 BooksHelper 类的实例。添加下列代码以创建 BooksTable 无状态微件。

```
class BooksTable extends StatelessWidget {
   final List<dynamic> books;
   final bool isFavorite;
   BooksTable(this.books, this.isFavorite);
   final BooksHelper helper = BooksHelper();

   @override
   Widget build(BuildContext context) {
      return Container( );
   }
}
```

（3）在 build()方法中不返回 Container，而是返回一个 Table，这样就可以在网格中放置微件。使用 Table 相当简单；只需创建一个 Table 微件，然后向其中添加 TableRow 微件即可。

此外还可以决定每个 Column 的宽度。在这种情况下，使用 FlexColumnWidth 微件来确保每一列在 Table 中占据相对的空间。例如，如果创建一个有两列的 Table，其中一列的宽度为 FlexColumnWidth(1)，第二列的宽度为 FlexColumnWidth(2)，那么第二列所占的空间将是第一列的两倍。

☑ 注意：

此外还可以用绝对值指定表格列的宽度。读者可访问 https://api.flutter.dev/flutter/widgets/Table-class.html 上的官方指南以了解更多信息。

（4）表格需要 4 列，即标题、作者、出版社和操作图标按钮。添加下列代码来指定每一列的相对大小。

```
return Table(
   columnWidths: {
      0: FlexColumnWidth(3),
      1: FlexColumnWidth(2),
      2: FlexColumnWidth(2),
      3: FlexColumnWidth(1),
   },
```

（5）Table 微件的另一个特性是能够指定 border。添加下列代码并设置 Table 的 border。

```
border: TableBorder.all(color: Colors.blueGrey),
```

（6）现在我们终于准备好填充表格的内容了，可以使用其 children 属性来实现。在这种情况下，只需在书籍列表中调用 map()方法来遍历书籍，代码如下。

```
children: books.map((book) {}
```

（7）我们希望为表格中的文本添加一些样式，因此将创建一个名为 TableText 的无状态微件，该微件接收希望向用户显示的字符串，并为表格中显示的图书的每个值添加一些样式和内边距。在 ui.dart 文件底部添加下列代码。

```
class TableText extends StatelessWidget {
    final String text;
    TableText(this.text);

    @override
    Widget build(BuildContext context) {
        return Container(
            padding: EdgeInsets.all(10),
            child: Text(text,
                style: TextStyle(color:
                Theme.of(context).primaryColorDark),),
            );
    }
}
```

在 BooksTable 类 build()方法的 map()方法中，返回一个 TableRow。表格中的每一行都必须有相同数量的子元素。

TableRow 包含一个或多个 TableCell 微件，它们是表格的单个单元格。在每个单元格中，放置通过 map()方法传递的书籍的值，即标题、作者和出版社。最后一列将包含一个 IconButton，根据 isFavourite 的值，用户可以将一本图书从收藏夹中添加或删除。此处还没有编写将值保存到本地的方法，稍后将对此加以讨论。

（8）添加下列代码以完成 BooksTable 类。

```
books.map((book) {
    return TableRow(
        children: [
            TableCell(child:TableText(book.title)),
            TableCell(child:TableText(book.authors)),
```

```
          TableCell(child:TableText(book.publisher)),
          TableCell(
              child: IconButton(
                  color: (isFavorite) ? Colors.red : Colors.amber,
                  tooltip: (isFavorite) ? 'Remove from favorites' :
                  'Add to favorites',
                  icon: Icon(Icons.star),
                  onPressed: () {}))
          ]);
      }).toList(),
```

尝试表格布局前的最后一步是从应用程序的主页调用该类。

（9）返回 main.dart 文件，在_MyHomePageState 类的 build()方法里最后一个 Padding
中，添加 BooksTable 类调用，代码如下。

```
Padding(
    padding: EdgeInsets.all(20),
    child: BooksTable(books, false)
),
```

现在可以在 Chrome 浏览器中试用该表格了。最终结果如图 11.8 所示。

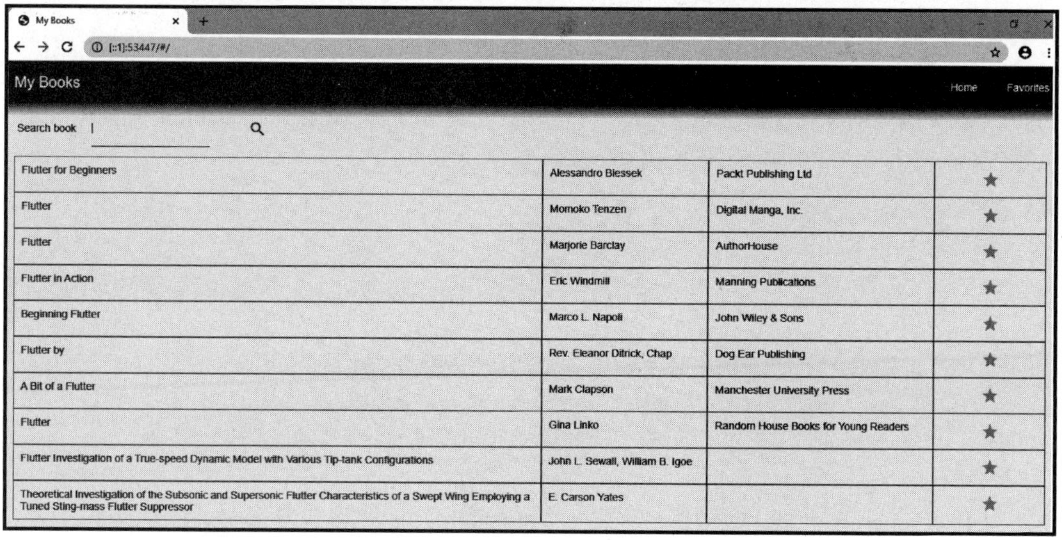

图 11.8

接下来将设计较小设备的布局。

11.5.3　针对较小设备创建 ListView

Table 布局非常适合大屏幕，而 ListView 则适合小设备。建立用户界面的逻辑与表格非常相似。我们只需遍历图书列表并向用户显示值，但此处将使用 ListView 和 ListTile 微件来替代 Table、TableRow 和 TableCell 微件。具体步骤如下。

（1）在 ui.dart 文件中，添加另一个名为 BooksList 的无状态微件，并创建一个构造函数，接收 books 列表和 isFavorite 布尔值。调用该类时，它将创建 BooksHelper 类的实例，代码如下。

```
class BooksList extends StatelessWidget {
    final List<dynamic> books;
    final bool isFavorite;
    BooksList(this.books, this.isFavorite);
    final BooksHelper helper = BooksHelper();

    @override
    Widget build(BuildContext context) {
        return Container(
    ); } }
```

（2）在 BooksList 的 build()方法中，创建一个存储书籍数量的整数变量，在 Container 中将高度设置为屏幕高度除以 1.4（约为屏幕高度的 60%）。

（3）Container 微件的子元素是一个 ListView。调用 ListView.builder 构造函数创建 ListView 实例。对于 itemCount 参数，可使用三元运算符。如果 booksCount 变量为 null，itemCount 将为 0；否则将使用 booksCount 值，代码如下。

```
@override
Widget build(BuildContext context) {
    final int booksCount = books.length;
    return Container(
        height: MediaQuery.of(context).size.height /1.4,
        child: ListView.builder(
            itemCount: (booksCount==null) ? 0: booksCount,
            itemBuilder: (BuildContext context, int position) {}
} ));
```

（4）在 itemBuilder 参数中，返回一个 ListTile。标题将包含书名、副标题和作者。在此，我们将省略出版社信息，但在尾部添加收藏/取消收藏夹的操作，代码如下。

```
return ListTile(
```

```
title: Text(books[position].title),
subtitle: Text(books[position].authors),
trailing: IconButton(
  color: (isFavorite) ? Colors.red : Colors.amber,
  tooltip: (isFavorite) ? 'Remove from favorites' :
    'Add to favorites',
  icon: Icon(Icons.star),
  onPressed: () {}
));
```

（5）当应用程序在较小的屏幕上运行时，我们希望显示 BooksList 而不是 BooksTable 微件。返回 main.dart 文件，在_MyHomePageState 类的 build()方法的最后一个 Padding 中编辑如下代码。

```
Padding(
    padding: EdgeInsets.all(20),
    child: (isSmall) ? BooksList(books, false) : BooksTable(books,
      false)),
```

现在，用户可以在较小的屏幕上试用该应用程序。如果使用的是浏览器，只需缩小浏览器的宽度即可，直到看到 ListView 而不是表格出现。如果在智能手机或模拟/模拟器上试用，用户应该已经看到了 ListView。

有了第一个响应式布局，现在让我们开始实现在设备上本地保存收藏夹数据的通用功能。

11.6　使用 shared_preferences 保存数据

shared_preferences 插件支持本地异步持久化存储简单数据（键值对），目前适用于 Android、iOS 和 Flutter for Web。

之所以能做到这一点，是因为 shared_preferences 根据运行系统的不同而封装了不同的技术。在 iOS 中，它利用 NSUserDefaults；在 Android 中，它利用 SharedPreferences；在浏览器中，它利用 window.localStorage 对象。基本上，我们有了一种通用的方法来保存数据，不必担心为在不同设备上运行应用程序而重复任何代码。

☀ 提示：

shared_preferences 不适用于重要数据，因为存储于其中的数据没有加密，写入过程也不一定有保证。对于敏感数据或关键数据，我们在前几章中曾使用过其他技术，如 sembast

和 Firestore 数据库，且与 Flutter for Web 兼容。

目前，已经有几个库支持 Flutter for Web，但很多库并不支持。情况变化得非常快，当前，如果大多数非特定设备的库都能用于 Web（和桌面），笔者并不会感到惊讶。

☑ **注意：**

有关支持 Flutter for Web 库的最新列表，访问以下页面：https://pub.dev/flutter/packages? platform=web。

接下来，添加代码将数据保存到应用程序。

我们将使用现有的 bookshelper.dart 文件来添加读写 shared_preferences 的方法。此处需要 3 个方法：一个用于向收藏夹添加项目，一个用于删除项目，还有一个用于获取收藏夹列表。下面将收藏夹添加到 shared_preferences 中，步骤如下。

（1）在 BooksHelper 类中，添加名为 addToFavorites() 的异步方法，该方法接收一个 Book 对象并返回一个 Future，并在该方法中调用名为 preferences 的 SharedPreferences 实例。

（2）检查本地存储中是否已经存在图书：如果不存在，则调用 preferences 的 setString() 方法将其添加到存储中。

（3）SharedPreferences 只接收简单数据，因此需要将对象转换为字符串，这可通过调用 json.encode() 方法来实现。

```
Future addToFavorites(Book book) async {
    SharedPreferences preferences = await
SharedPreferences.getInstance();
    String id = preferences.getString(book.id);
    if (id != '') {
        await preferences.setString(book.id,
json.encode(book.toJson()));
    }
}
```

接下来将编写从收藏夹列表中删除现有图书的方法。该方法接收要删除的图书和当前的 BuildContext。这将重新加载 FavoriteScreen，使其得到更新。这可能不是最优雅的解决方案，因为我们可以使用不同的方法来保持应用程序的状态，但对于本示例来说，这已经足够了。

从 SharedPreferences 中删除数据的方法称为 remove()，并且只接收要删除的值的键。

（4）添加下列代码向应用程序中添加 removeFromFavorites() 方法。

```
Future removeFromFavorites(Book book, BuildContext context) async {
  SharedPreferences preferences = await
    SharedPreferences.getInstance();
  String id = preferences.getString(book.id);
  if (id != '') {
    await preferences.remove(book.id);
    Navigator.push(context, MaterialPageRoute(builder:
    (context)=> FavoriteScreen()));
  }
}
```

BooksHelper 类中添加的最后一个方法是 getFavorites()异步方法。它将返回从
SharedPreferences 中获取的图书列表。

（5）创建 SharedPreferences 实例并创建包含图书的列表后，使用 getKeys()方法检索
当前存储在 SharedPreferences 中的所有键。

（6）如果键的集合不为空，则使用 SharedPreferences 实例的 get()方法，为每个键检
索当前位置的值。这将是一个字符串，因此在将其转换为 json 后，可从 json 中创建一个
Book，并将其添加到书籍列表中。

（7）添加下列代码并完成 getFavorites()方法。

```
Future<List<dynamic>> getFavorites() async {
// returns the favorite books or an empty list
  final SharedPreferences prefs = await
    SharedPreferences.getInstance();
  List<dynamic> favBooks = List<dynamic>();
  Set allKeys = prefs.getKeys();
  if (allKeys.isNotEmpty) {
    for(int i = 0; i < allKeys.length; i++) {
        String key = (allKeys.elementAt(i).toString());
        String value = prefs.get(key);
        dynamic json = jsonDecode(value);
        Book book = Book(json['id'], json['title'],
        json['authors'], json['description'],
        json['publisher']);
      favBooks.add(book);
    }
  }
  return favBooks;
}
```

现在，应用程序中用于读取和写入收藏夹数据的方法已经准备就绪，我们需要从用户界面中调用它们，稍后将对此加以讨论。

在应用程序的主页上，已经有了一个 IconButton，用户可以单击它将一本书添加到收藏夹中。只需将其连接到 BooksHelper 类中的 addFavorites()方法即可使其工作。具体步骤如下。

（1）进入 ui.dart 文件，在 BooksTable 类的 build()方法最后一个 TableCell 中，编辑 IconButton，使其在 onPressed()方法中可以在收藏夹列表中添加（或删除）一本书，代码如下。

```
child: IconButton(
    color: (isFavorite) ? Colors.red : Colors.amber,
    tooltip: (isFavorite) ? 'Remove from favorites' :
    'Add to favorites',
    icon: Icon(Icons.star),
    onPressed: () {
        if (isFavorite) {
            helper.removeFromFavorites(book, context);
        } else {
            helper.addToFavorites(book);
        }
}))
```

（2）在 BookList 部件中执行同样的操作。在 build()方法的 IconButton 中，更新代码使其调用 BooksHelper 类的 addToFavorites()或 removeFromFavorites()方法，代码如下。

```
trailing: IconButton(
    color: (isFavorite) ? Colors.red : Colors.amber,
    tooltip: (isFavorite) ? 'Remove from favorites' :
      'Add to favorites',
    icon: Icon(Icons.star),
    onPressed: () {
        if (isFavorite) {
            helper.removeFromFavorites(books[position], context);
        } else {
            helper.addToFavorites(books[position]);
        }
} }),
```

最后一步是添加应用程序的第二个页面，即收藏夹屏幕，步骤如下。

（1）在 lib 文件夹中，添加名为 favorite_screen.dart 的新文件。

（2）在该文件的开始处，添加所需的导入内容，代码如下。

```
import 'package:flutter/material.dart';
import 'ui.dart';
import 'data/books_helper.dart';
import 'main.dart';
```

（3）创建名为 FavoriteScreen 的有状态微件。

```
class FavoriteScreen extends StatefulWidget {
@override
   _FavoriteScreenState createState() => _FavoriteScreenState();
}

class _FavoriteScreenState extends State<FavoriteScreen> {
@override
   Widget build(BuildContext context) {
       return Container();
}}
```

（4）在_FavoriteScreenState 类中，添加 BooksHelper 对象和创建状态的属性，即一个名为 books 的列表和一个名为 booksCount 的整数，代码如下。

```
BooksHelper helper;
List<dynamic> books = List<dynamic>();
int booksCount;
```

当调用该屏幕时，将加载当前存储在 SharedPreferences 中的收藏图书。

（5）创建一个名为 initialize()的新异步方法，该方法将更新屏幕状态，尤其是 books 列表和 bookCount 属性，代码如下。

```
Future initialize() async {
   books = await helper.getFavorites();
   setState(() {
      booksCount = books.length;
      books = books;
});  }
```

（6）重载 initState()方法，调用 BooksHelper 类的实例，并调用刚刚创建的 initialize()方法，代码如下。

```
@override
void initState() {
   helper = BooksHelper();
   initialize();
```

```
    super.initState();
}
```

build()方法与 MyHomePage 类中的 build()方法非常相似：它将共享相同的菜单，并将
检查屏幕大小，然后根据检查结果，选择显示收藏夹的 Table 还是 ListView。注意，从现
在起，BooksList 和 BooksTable 的 isFavorite 参数将设置为 true。

（7）下列代码段显示了收藏夹屏幕的 build()方法的代码，并将其添加到项目中。

```
@override
Widget build(BuildContext context) {
    bool isSmall = false;
    if (MediaQuery.of(context).size.width < 600) {
        isSmall = true;
    }
    return Scaffold(
        appBar: AppBar(title: Text('Favorite Books'),
        actions: <Widget>[
            InkWell(
                child: Padding(
                padding: EdgeInsets.all(20.0),
                child: (isSmall) ? Icon(Icons.home) : Text('Home')),
                onTap: () {
                    Navigator.push(context,
                    MaterialPageRoute(builder: (context) =>
                        MyHomePage())
            ); }, ),
            InkWell(
                child: Padding(
                padding: EdgeInsets.all(20.0),
                child:(isSmall) ? Icon(Icons.star) :
                Text('Favorites')),
    ) , ],),
        body: Column(children: <Widget>[
            Padding(
                padding: EdgeInsets.all(20),
                child: Text('My Favourite Books')
            ),
            Padding(
                padding: EdgeInsets.all(20),
                child: (isSmall) ? BooksList(books, true) :
```

```
            BooksTable(books, true)
        ),
    ],),),
    ); }
```

据此，可以很容易地导航到主页，但还需要一种从主页到收藏屏幕的方法。

（8）返回 main.dart 文件，在包含星形图标或'Favorites'文本的 InkWell 中，添加导航到 FavoriteScreen 的如下代码。

```
InkWell(
    child: Padding(
    padding: EdgeInsets.all(20.0),
    child: (isSmall) ? Icon(Icons.star) : Text('Favorites')),
    onTap: () {
        Navigator.push(context,
            MaterialPageRoute(builder: (context) =>
            FavoriteScreen()));
    },
),
```

在浏览器中试用该应用程序，将一些书籍添加到收藏列表中，改变窗口的大小以查看用户界面如何响应可用空间，并思考可以让该应用程序变得更好的方法，如建立一个包含图书描述的详情页，这部分信息虽然从 API 中获取了，但从未使用过。

11.7 向 Web 服务器发布 Flutter 应用程序

现在，我们的网络应用程序已经完成，读者可能想知道如何将它发布到网络服务器上。目前，浏览器只支持 HTML、CSS 和 JavaScript，因此不能像在调试过程中所做的那样，将代码发布到网络服务器上，然后期待它在浏览器上运行。

幸运的是，在 Flutter 中构建 Web 应用程序包括一个工具，可以将 Flutter 代码转换为 JavaScript。在开发机器的命令行界面中，运行下列命令。

```
flutter build web
```

运行该命令在应用程序目录下创建\build\web 文件夹。打开该文件夹，会看到一个 index.html 文件，即 Web 应用程序的主页。

　注意：

当构建网络发布版本时，框架会对文件进行缩减和混淆处理。有关该过程的更多信息，
参阅 https://flutter.dev/docs/deployment/web。

打开该文件，可以看到如下非常简单的 HTML 代码。

```
<!DOCTYPE html>
<html>
<head>
<meta charset="UTF-8">
<title>web_app</title>
</head>
<body>
<script src="main.dart.js" type="application/javascript"></script>
</body>
</html>
```

网页正文只包含一个名为 main.dart.js 的 JavaScript 文件。这是将 Dart 代码转换为
JavaScript 的过程。出于性能考虑，该文件已被最小化，因此如果打开 main.dart.js 文件，
将看不到任何有趣的内容。这里的关键是，当运行 flutter build web 命令时，Flutter 框架会
将代码翻译成完全兼容的 HTML、CSS 和 JavaScript 应用程序，可以将其发布到任何 Web
服务器上。发布后，应用程序将兼容任何浏览器，而不仅仅是 Chrome 浏览器。

由于编译后的 Web 版本为 HTML、CSS 和 JavaScript，因此可以使用文件传输协议客
户端向任何 Web 服务器发布。Linux 和 Windows 服务器都可以工作。这里，需要复制的
文件夹是项目的\build\web 目录。

11.8　本　章　小　结

Flutter 现在可以为移动设备、Web 和桌面创建应用程序，虽然在几种设备上使用相同
的代码对开发人员来说是一个巨大的优势，但在设计应用程序的用户界面时，不同的形式
因素可能会带来挑战。要为用户提供良好体验，一种可行的方法是使用响应式布局。在本
章的项目中，使用了 MediaQuery.of(context).size.width 根据屏幕中可用的逻辑像素数选择
不同的布局；Table 适用于较大的屏幕，ListView 适用于较小的屏幕。

Flutter for Web 允许使用 Chrome 浏览器调试 Flutter 应用程序。一旦发布，应用程序
将与任何最新浏览器兼容。

在不同系统上运行的应用程序面临的一个挑战是如何使用它们的特定功能。在 iOS、Android 或浏览器上保存数据的方式完全不同。Flutter 方法涉及创建不同平台特定技术的封装器。在创建的应用程序中，我们使用了 shared_preferences 库在本地保存数据，避免为每个平台编写自定义代码。相应地，一些库已经兼容移动和 Web 开发，而且这个列表还在快速增长。

现在的浏览器只支持 HTML、CSS 和 JavaScript。当为 Web 构建 Flutter 应用程序时，框架会将 Flutter 代码转换为 JavaScript，并自动执行缩减和混淆处理。要为网络构建 Flutter 应用程序，需要在终端窗口使用 flutter build web 命令。

感谢读者参与 Flutter 的学习之旅。笔者真心希望读者能从本书中寻找到价值。尽管有时可能具有挑战性，但编程是学习程序设计的唯一途径；因此，再次祝贺你能坚持到最后。如果读者想继续学习，网上有很多资源，因为 Flutter 越来越受欢迎。

11.9　本章练习

（1）在 Flutter 环境中进行 Web 开发需要哪些步骤？

（2）物理像素和逻辑像素有什么区别？

（3）如何知道用户设备的宽度？

（4）使用 Table 微件时，如何添加行和单元格？

（5）响应式设计的含义是什么？

（6）FlexColumnWidth 微件的作用是什么？

（7）shared_preferences 的作用是什么？

（8）你会使用 shared_preferences 来存储密码吗？为什么？

（9）浏览器如何运行 Flutter 应用程序？

（10）如何将 Flutter 应用程序发布到 Web 服务器？

11.10　进一步阅读

Google Books Library 项目既吸引人又雄心勃勃。想象一下，任何人都可以免费搜索数以百万计的书籍，包括珍本和绝版书。截至 2019 年 10 月，谷歌上扫描并提供的图书已超过 4000 万册。有关该项目的更多信息，访问以下页面：https://support.google.com/books/partner/answer/3398488?hl=enref_topic=3396243。

　　本书中使用的许多技术都是由谷歌提供的。这些技术包括 Flutter 本身、Dart、Android 和 Firebase 等。不过，还有一项技术是微软公司开发的：VS Code。作为一名开发人员，笔者大部分时间都在这个编辑器上工作，它不仅适用于 Flutter，而且还适用于大部分客户端开发。它快速、可靠、免费。Stack Overflow 在 2019 年开发者调查中发现，VS Code 是最受欢迎的开发者工具，成千上万的开发者中有 50%以上表示在使用它，而这距离它发布仅过去了 4 年多的时间。有关该编辑器的更多信息，访问官方页面：https://code.visualstudio.com/。

　　本章重点介绍了使用 Flutter 创建网络应用程序。另一个新增功能是对 MacOS、Windows 和 Linux 的桌面支持。虽然目前仍处于初期阶段，但这将是一个令人着迷的发展过程。如需了解桌面支持的最新情况，访问 https://flutter.dev/desktop。

练 习 答 案

第 1 章

（1）微件是对用户界面的描述。在创建对象时，该描述会"填充"到实际视图中。

（2）main()函数是每个 Dart 和 Flutter 应用程序的起点。

（3）在一个 Dart/Flutter 类中，可以有任意数量的命名构造函数，但只能有一个未命名构造函数。

（4）本章使用了 EdgeInsets.all、EdgeInsets.only 和 EdgeInsets.symmetric。

（5）Text 微件有一个样式属性。可以使用 TextStyle()设置字体大小、权重、颜色和其他属性。

（6）这是一个 CLI 工具，可以用来检查系统中 Flutter 的安装情况。

（7）Column 微件包含一个 children 属性，可将微件逐个放在下面。

（8）箭头语法是函数中返回值的一种简洁方式。箭头语法的示例如下。

```
bool convertToBool(int value) => (value == 0) ? false : true;
```

（9）Padding 微件可用于在其子元素与屏幕上所有其他微件之间创建空间。

（10）可以使用 Image 微件显示图像。Image 有一个 network 构造函数，只需一行代码就能自动从 URL 下载图像。

第 2 章

（1）在应用程序中，当微件需要保持状态（即在用户界面生命周期中可能发生变化的信息）时，就需要使用有状态部件。

（2）setState()方法用于更新状态。

（3）DropdownButton 微件允许创建一个用户可以选择的 DropdownMenuItem 微件列表。

（4）TextField 是一个允许用户输入文本的微件。

（5）通过 onChanged 事件，可以对 TextField 内容的变化做出反应。

（6）可以将微件封装到一个滚动微件中，如 SingleChildScrollView 微件。

（7）可以使用 MediaQuery.of(context).size.width 指令来获取屏幕的宽度。

（8）在 Flutter 中，Map 微件允许插入键值对，其中第一个元素是键，第二个元素是值。

（9）可以创建一个 TextStyle 微件，并将在多个微件中应用相同的文本样式。

（10）在 Flutter 中，有多种方法可以将逻辑与用户界面分开。最基本的方法是创建包含应用程序逻辑的类，并在适当的时候在用户界面中使用它们。

第 3 章

（1）如果主轴是垂直的，那么横轴就是水平的。

（2）创建 SharedPreferences 实例后，可以调用其中一个方法，如 getInt 或 getString 并传递键，这将获取其值。代码如下。

```
prefs = await SharedPreferences.getInstance();
int workTime = prefs.getInt(WORKTIME);
```

（3）可以使用 MediaQuery.of(context).size.width 指令来获取屏幕宽度。

（4）可以调用导航器的 push()方法将路由添加到导航堆栈中，代码如下。

```
Navigator.push(
   context, MaterialPageRoute(builder: (context)
=>SettingsScreen()));
}
```

（5）pubspec.yaml 文件包含应用程序的依赖项。

（6）Stream 是一个结果序列：Stream 可以返回任意数量的事件，而 Future 只返回一次。

（7）可以使用 TextEditingController 更改 TextField 中的值。

（8）Duration 是一个用于包含时间跨度的 Dart 类。为了创建一个 Duration，需要调用它的构造函数并指定持续时间的长度，代码如下。

```
Duration(seconds: 1)
```

（9）可以使用 PopupMenuButton 微件，将其添加到 Scaffold 的 AppBar 中，代码如下。

```
appBar: AppBar(
 title: Text('My Work Timer'),
   actions: [
    PopupMenuButton<String>(
      itemBuilder: (BuildContext context) {
        return menuItems.toList(); },
```

（10）在 pubspec.yaml 文件中添加依赖项，然后在文件开始处导入将使用该依赖项的
库，最后就可以在代码中使用它了。

第 4 章

（1）Positioned 微件可控制堆栈子元素的位置。

（2）在构建状态时，每个 State 对象都会调用一次 initState()方法。一般情况下，此
处将设置构建类时可能需要的初始值。build()方法在 initState 之后以及每次状态发生变化
时都会被调用。

（3）可以设置 AnimationController 的 duration 属性，此处可以使用 Duration 对象，
代码如下。

```
AnimationController(
    duration: const Duration(seconds: 3)
);
```

（4）Mixin 是一种包含方法的类，这些方法可被其他类使用，而无须成为其他类的
父类。在 Flutter 中，可以使用 with 子句在类中使用 Mixin，代码如下。

```
class _PongState extends State<Pong> with
SingleTickerProviderStateMixin {}
```

（5）Ticker 是一个以几乎固定的间隔发送信号的类，在 Flutter 中，约为每秒 60 次，
或每 16ms 一次（如果设备允许这种帧频）。

（6）AnimationController 控制一个或多个 Animation 对象。

（7）可以使用 AnimationController 中的 stop()方法停止正在运行的动画，并使用
dispose()方法释放资源。

（8）使用 Random 类并调用 nextInt()方法，可以生成 0～10 的随机数。nextInt()方法
会接收一个最大值。随机数从 0 开始，而最大值是排他的，因此要生成 0～10 的数字，
可以编写下列代码。

```
Random random = new Random();
int randomNumber = random.nextInt(11);
```

（9）GestureDetector 是一个可以检测手势（包括单击）的微件。因此，可以将 Container
封装到一个 GestureDetector 中，以便对用户的单击操作做出响应。

（10）AlertDialog 是一个微件，用于向用户提供反馈或询问一些信息。显示 AlertDialog

微件需要以下步骤。

- 调用 showDialog()方法。
- 设置上下文。
- 设置生成器。
- 返回 AlertDialog 属性。
- 设置 AlertDialog 属性。

在下列代码中，可以查看一个显示 AlertDialog()方法的示例。

```
void contactUs(BuildContext context) {
   showDialog(
      context: context,
      builder: (BuildContext context) {
         return AlertDialog(
            title: Text('Contact Us'),
            content: Text('Mail us at hello@world.com'),
               actions: <Widget>[
                  FlatButton(
                     child: Text('Close'),
                     onPressed: () => Navigator.of(context).pop(),
) ],); },); }
```

第 5 章

（1）代码不正确，因为 http 的 get()方法是异步的，因此返回的是 Future 而不是字符串。

（2）JSON 和 XML 是表示数据的文本格式。它们可以由 Web 服务返回，然后在客户端应用程序中使用。

（3）线程是单行执行的代码。

（4）一些需要使用异步编程的场景包括 http 请求、数据库写入以及一般情况下所有长期运行的任务。

（5）异步操作会返回 Future 对象，即稍后要完成的任务。要在 Future 完成之前暂停执行，可以在异步函数中使用 await。

（6）ListTile 是一种 Material 微件，可包含 1～3 行文本，开头和结尾可选择图标。ListView 是一种滚动微件，可水平或垂直逐个显示其子元素。可以在 ListView 中包含多个 ListTile 微件。

（7）map()方法会转换列表中的每个元素，并将转换结果以新列表的形式返回。例如，可以将一些 JSON 数据转换为对象，代码如下。

```
final moviesMap = jsonResponse['results'];
List movies = moviesMap.map((i) => Movie.fromJson(i)).toList();
```

（8）创建新路由时，需要在构建器中传递数据，代码如下。

```
MaterialPageRoute route = MaterialPageRoute(builder: (_) =>
YourScreen(yourData));
Navigator.push(context, route);
```

（9）可以使用 json.decode()方法将 Response 转换为应用程序中可用的数据形式，如自定义对象或字符串。

（10）CircleAvatar 是一个绘制圆的微件，圆中可以包含图片或文本。

第 6 章

（1）sqflite 库有一个 openDatabase()方法，可打开并返回一个已存在的数据库。该方法需要输入要打开的数据库的路径和数据库的版本。如果数据库不存在，将调用可选的 onCreate 参数。可以在此指定创建数据库的指令。

（2）两者都是从数据库中获取数据的方法。rawQuery()方法接收一条 SQL 指令，query() 方法是一个辅助方法，可以在其中指定表名、where 过滤器和 whereArgs 参数。下列代码块展示了这两种方法的示例。

```
List places = await db.rawQuery('select * from items where idList = 1');
List places = await db.query('items', where: 'idList = ?',
whereArgs: [1]);
```

（3）工厂构造函数重载类构造函数的默认行为，工厂构造函数不创建新实例，而是只返回类的单个实例。创建工厂构造函数的语法如下。

```
static final DbHelper _dbHelper = DbHelper._internal();
DbHelper._internal();
factory DbHelper() {
    return _dbHelper;
}
```

（4）Dismissible 微件可检测用户的左右滑动手势，并显示删除对象的动画。当删除一个项目时，使用 Dismissible 是最理想的选择。

（5）如果要过滤从 query()方法中获取的数据，就需要使用 where 和 whereArgs。where 参数包含字段名和比较运算符，whereArgs 包含值。下列代码块给出了一个示例。

```
List places = await db.query('items', where: 'idList = ?',
whereArgs: [1]);
```

（6）模型类创建的对象与数据库中的表格结构如出一辙：这会使代码更可靠、易读，并有助于防止数据不一致。

（7）SnackBar 是在应用程序底部显示消息的微件。一般可使用 SnackBar 通知用户已执行了某项操作。

（8）通过 insert()异步方法，可以指定要插入数据的表的名称和要插入的数据的 Map，还可以选择 conflictAlgorithm，该算法用于指定当两次插入具有相同 ID 的记录时应遵循的行为。它将返回新插入的记录的 ID，代码如下。

```
int id = await this.db.insert( 'lists',list.toMap(),
conflictAlgorithm: ConflictAlgorithm.replace, );
```

（9）Dismissible 微件中的键用于唯一标识将被删除的项目。

（10）FAB（浮动操作按钮）是一个圆形按钮，可用于屏幕上的主要操作。如果有一个项目列表，那么相应的主要操作可以是添加一个新项目。

第 7 章

（1）集合是用于存放一组文档的容器，其中文档本身是以键值对表示的数据。文档中可以包含集合。

（2）SQL 数据库使用 SQL 语言执行查询，使用 JOIN 表达表之间的关系，并且有固定的模式。NOSQL 存储包含自描述数据，不需要模式，也不允许使用 SQL 语言执行查询。

（3）getDocuments()异步方法从指定的集合（此处为收藏夹）中获取数据，其中 userId 等于变量 uid 的值。docs 将包含一个 QuerySnapshot 对象。

（4）在 Cloud Firestore 数据库中，通过设置规则可以只允许经过身份验证的用户访问数据。下面是一个例子。

```
application
service cloud.firestore {
match /databases/{database}/documents { match /{document=**} {
allow read, write: if request.auth.uid != null; } }}
```

（5）FirebaseAuth 是启用 Firebase 身份验证方法和属性的对象。可以通过以下指令创建 FirebaseAuth 类的实例。

```
final FirebaseAuth _firebaseAuth = FirebaseAuth.instance;
```

（6）一个新文档被添加到收藏夹集合中。如果任务成功，代码将在调试控制台中输出新文档的 documentId。如果出现错误，则会输出错误信息。

（7）getter 方法返回类实例的属性值，通过这种方式，可以在类中读取值之前对其进行检查或转换。可以在字段名前添加 get 关键字来指定 getter 方法。getter 将返回指定类型的值，代码如下。

```
int get price {
    return _price * 1.2;
}
```

（8）与 Cloud Firestore 数据库交互时，可以传递 Map 对象将数据写入集合。在检索数据时，还可以将查询结果解析为 Map 对象。

（9）可以对文档使用 delete()方法，代码如下。

```
await db.collection('favourites').document(favId).delete();
```

（10）创建新路由时，需要在 builder 中传递数据，代码如下。

```
MaterialPageRoute route = MaterialPageRoute(builder: (_) =>
YourScreen(yourData));
Navigator.push(context, route);
```

第 8 章

（1）path 包提供了处理路径的常用操作：连接、分割和规范化。可以使用 path_provider 检索 Android 和 iOS 文件系统中的常用位置，如数据文件夹。

（2）对于 Android，需要将信息添加到 android/app/src/main/AndroidManifest.xml 应用程序清单中。对于 iOS，需要更新 ios/Runner/AppDelegate.swift 中的 AppDelegate 文件。

（3）在将 initialCameraPosition 传递给 GoogleMap 微件时，我们传递了一个 CameraPosition，而这个 CameraPosition 又接收一个 LatLng 对象。相关示例如下。

```
CameraPosition( target: LatLng(41.9028, 12.4964),
    zoom: 12,
);
```

（4）可以使用 Geolocator 软件包：在 Geolocator 实例中，可以调用 getCurrentPosition()

方法，该方法返回一个 Position 对象，代码如下。

```
pos = await Geolocator().getCurrentPosition(desiredAccuracy:
LocationAccuracy.best);
```

（5）Marker 用于标记地图上的某个位置。可以使用标记显示用户的当前位置或应用程序上下文中的任何相关位置。

（6）Marker 在其位置属性中使用 LatLng 来确定其在地图上的位置。

```
final marker = Marker(
position: LatLng(pos.latitude, pos.longitude)),
```

（7）camera 包的 availableCameras()方法会返回设备上可用相机的列表。

（8）camera 包包含一个 CameraController。通过传递 CameraController，可以创建一个 CameraPreview 实例，然后将其显示在应用程序中。使用 CameraPreview 的示例如下。

```
cameraPreview = Center(child: CameraPreview(_controller));
```

（9）CameraController 是 camera 包的一部分，它能与设备的相机建立连接，并可以用它来实际拍摄照片。下列代码展示了一个创建示例。

```
_controller = CameraController(camera,
ResolutionPreset.medium,
);
```

（10）为了拍摄照片，需要获取一个 CameraController，然后调用 takePicture()方法，并传入要保存文件的路径，代码如下。

```
await _controller.takePicture(path);
```

第 9 章

（1）在 pubspec.yaml 文件中，必须将.flr 动画文件放在 assets 部分，代码如下。

```
assets:
- assets/dice.flr
```

（2）Flare 有两种操作模式：Design 和 Animate。在 Design 模式下，可以创建图形对象；在 Animate 模式下，可以将设计好的对象制作成动画。Flare 的界面和工具会根据工作模式而改变。

（3）Artboard 是 Flare 层次结构的顶层节点，是放置所有对象和动画的地方。每个

Flare 项目至少需要一个 Artboard，也可以创建任意数量的 Artboard。

（4）时间轴是控制动画进程的地方。在 Flare 中，还可以指定动画的持续时间和每秒帧数（FPS）。

（5）层次结构是一种树形视图，可显示 Stage 上各项目之间的父子关系。

（6）FlareActor 微件可指定要使用的数据资源、要显示的动画以及动画如何适应屏幕，可在此指定动画名称，代码如下。

```
FlareActor(animation: currentAnimation, […])
```

（7）可以使用 FlareActor 在 Flutter 中显示 Flare 动画。

（8）可以使用 Random 库，并调用 nextInt()方法，传递 maxlimit 并在第一个值为 0 时添加 1。对应代码如下。

```
var random = Random();
int num = random.nextInt(5) + 1;
```

（9）Flare 是一款矢量设计和动画工具，可直接导出到 Flutter，并允许在 Flutter 应用程序中使用的相同数据资源上进行工作。使用 Flare 创建的动画可以在运行时从 Flutter 代码中更改，因此非常适合需要用户交互的应用程序。

当利用设计工具创建数据资源及其动画时，即可使用 Flare，并于随后将设计工作的最终结果封装至 Flutter。

（10）第一个参数要求输入.flr 动画文件的文件名。

第 10 章

（1）如果数据不是结构化的，或者数据非常简单，不需要 SQL 数据库，那么简单的嵌入式应用程序存储数据库（sembast）就是理想的解决方案。

（2）通过 find()方法，可以从 sembast 数据库的存储空间中检索文档。如果想从一个存储区中检索所有文档，那么在调用 find()方法时就不需要指定任何过滤器，代码如下。

```
final todosSnapshot = await store.find(_database, finder: finder);
```

（3）可以在不使用任何过滤器的情况下调用 delete()方法来删除存储区中的所有文档，代码如下。

```
await store.delete(_database);
```

（4）可以在存储中调用 update()方法，并传递通过使用过滤器找到的文档。代码如下。

```
final finder = Finder(filter: Filter.byKey(todo.id));
await store.update(_database, todo.toMap(), finder: finder);
```

（5）流（Stream）是一个结果序列：流可以返回任意数量的事件，而 Future 只返回一次。

（6）BLoC 模式是谷歌开发人员推荐的 Flutter 状态管理系统。BLoC 可帮助管理状态和从项目中的共享类访问数据，当在一个与应用程序其他组件分离的类中集中管理应用程序的状态时，就可以使用它。

（7）在 StreamController 中，进入 Stream 的方式是 sink 属性，而流出方式是 stream。

（8）StreamBuilder 会在 Stream 发生变化后重建其子元素。

（9）StreamBuilder 微件监听 Stream 中的事件，并使用 Stream 中的最新数据重建其所有后代。通过 stream 属性，它可以与 Stream 建立关联，并包含需要更新的用户界面的 builder。

（10）有状态微件可重载 dispose()方法，该方法可用于释放在实现 BLoC 模式时使用的资源。

第 11 章

（1）从 Flutter 1.14 版开始，Flutter 的 Web 开发在 beta 版本中可用，需要设置环境以明确启用 Web 支持。此外还需要在终端/命令提示符下输入下列命令，以启用 beta 版本和 Web 开发。

```
flutter channel beta flutter config --enable-web
```

（2）物理像素是设备的实际像素数。在 Flutter 中，当提到像素时，实际上说的是逻辑像素，而不是物理像素。每个设备都有一个乘数，因此使用逻辑像素时，不必太在意屏幕的分辨率。

（3）可以使用 MediaQuery.of(context).size.width 指令来获取用户设备的宽度。

（4）在 Table 的 children 属性中，可以根据需要返回多个 TableRow 微件。TableRow 微件包含 TableCell 微件，而 TableCell 微件又包含将在 Table 中显示的数据。

（5）它是一种能响应用户设备的设计。在本章中，我们根据屏幕上可用的逻辑像素数选择了不同的布局。

（6）FlexColumnWidth 微件可使 Table 中的每一列占据相对的空间。例如，如果创建了一个有两列的 Table，其中一列的宽度为 FlexColumnWidth(1)，第二列的宽度为 FlexColumnWidth(2)，那么第二列占用的空间将是第一列的两倍。

（7）shared_preferences 是一种在磁盘上持久保存键值数据的简便方法。只能存储原始数据类型：int、double、bool、String 和 stringList。shared_preferences 数据保存在应用程序，并不适用于存储大量数据。

（8）不建议使用 shared_preferences 来存储密码：存储在这里的数据没有加密，写入操作也不一定有保证。

（9）现在的浏览器支持 HTML、JavaScript 和 CSS。使用 Flutter Web，代码将会被编译成这些语言，因此不需要任何浏览器插件，也不需要任何特定的 Web 服务器。

（10）在开发机器的控制台运行下列命令。

```
flutter build web
```

这将在应用程序目录下创建\build\web 文件夹，其中包含应用程序的 Web 版本。index.html 文件是 Web 应用的主页。

附录 A

A.1　设置环境构建 **Flutter** 项目

在本节中，我们将完成使用 Flutter 所需的全部安装步骤。读者将看到针对 Windows 和 Mac 的安装过程。如果读者使用的是 Linux 机器，那么也可以使用 Flutter。有关设置设备以使用 Flutter 的最新完整指南，访问 https://flutter.dev/docs/get-started/install。

在本附录 A 中，我们将介绍和使用的编辑器包括 Android Studio 和 Visual Studio Code（VS Code）。在本书的其余部分，大部分截图都来自 VS Code。

A.2　在 **Windows PC** 上安装 **Flutter**

为了在 Windows 上安装 Flutter，需要使用 Windows 7 Service Pack 1 (SP1)（64 位）或更高版本。

本节描述的安装步骤以 Windows 10 系统为例，但对于任何其他受支持的 Windows 系统，这些步骤也同样适用。

Flutter 需要 Windows PowerShell 5.0 或更新版本和 Windows 版 Git。如果读者使用的是 Windows 10，且已经安装了正确版本的 PowerShell，因此只需安装 Git 即可。

1. 安装 Git

Git 是一个版本控制系统（VCS）。它基本上可以跟踪源代码中的任何修改。除此之外，它还能让用户在犯错时后退一步，当多个开发人员一起工作并更新源代码的不同部分时，它就显得非常有价值，因为这往往会产生潜在的冲突，如果没有版本控制系统，要解决这些冲突简直就是一场噩梦。

读者可以从 https://git-scm.com/downloads 下载 Git。它适用于 Windows、MacOS 和 Linux。Git 安装向导非常简单直接，除非你有特殊需求采用不同的安装方式。除了默认编辑器，大部分界面都可以接受默认选项，建议读者选择自己喜欢的编辑器。笔者的选择和推荐是 VS Code。图 A.1 展示了如何选择 VS Code 作为 Git 使用的默认编辑器。

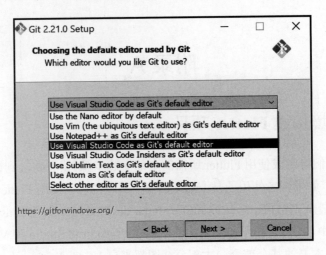

图 A.1

然后单击 Next 按钮，直至安装结束。

2. 安装 Flutter 软件开发工具包（SDK）

读者可以在 https://flutter.dev 上找到许多设置环境所需的工具。执行下列步骤安装 Flutter SDK。

（1）这里，读者可以看到页面上有一个明显的 Get Started 链接或按钮。单击该链接或按钮。

（2）选择操作系统（Windows），然后下载 Flutter SDK。

（3）Flutter SDK 是一个.zip 文件，读者需要为文件内容创建一个文件夹，如 C:\FlutterSDK。

（4）将压缩文件的内容解压到新文件夹中。整个过程结束后，会得到一个包含 flutter 文件夹及其文件的文件夹。

（5）更新 PATH 环境变量。为此，在开始菜单的搜索栏中输入 env。然后，单击 Edit the systemenvironment variables 图标，在 System Properties 窗口的 Advanced 选项卡，单击 Environment Variables 按钮，添加刚刚创建的 FlutterSDK 目录的 bin 文件夹路径，如图 A.2 所示。

（6）在 flutter 文件夹中，双击 flutter_console.bat 文件。

（7）在打开的控制台中，输入下列命令。

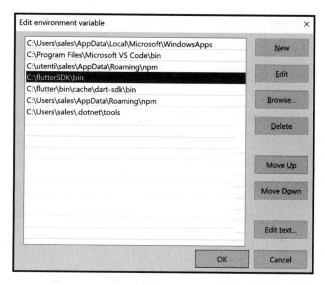

图 A.2

`flutter doctor`

（8）随后将看到如图 A.3 所示的 Doctor summary。

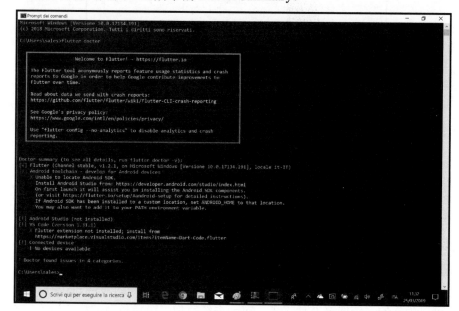

图 A.3

如果此时显示了需要修复的元素（如 Android 工具链），不必担心，因为我们还没有完成安装。flutter doctor 是一个简单的工具，可以用它来解决系统中 Flutter 安装的问题，稍后会再次使用它。

3. 安装 Android Studio

接下来将安装 Android Studio。这不一定是用来编写代码的编辑器，但却是安装 Android SDK 和模拟器最简单的方法。安装步骤如下。

（1）在以下链接找到 Android Studio：https://developer.android.com/studioD。

（2）在 Download Android Studio 页面，选中页面底部的复选框，然后单击 Download Android Studio for Windows。这是一个安装向导。在第一个屏幕上，确保选择 Android Virtual Device，然后单击 Next 按钮。此处可以保持默认选项不变。

（3）安装将在首次打开 Android Studio 时完成。图 A.4 显示了 Android Studio 在屏幕上的显示方式。

图 A.4

（4）在 Welcome to Android Studio 屏幕中，单击 Configure 按钮并选择 AVD Manager 选项。

（5）单击 Create Virtual Device 选项。在本书中，你将看到来自 Pixel Emulator 的截图，但也可以为你的系统选择其他设备。对于系统镜像，选择最新的稳定版本。本书中的示例是在 Android Pie（API level 28-Android 9.0）上测试的，如图 A.5 所示。

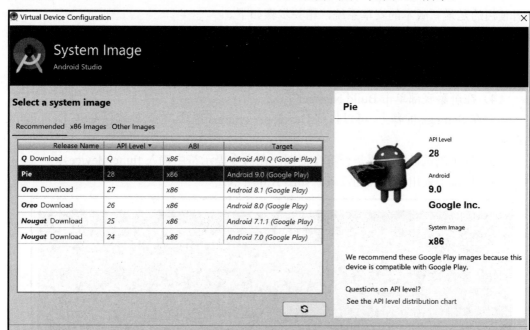

图 A.5

安装完 Android Virtual Device（AVD）后，即可单击操作栏上的 Launch 按钮进行测试。如果一切正常，用户就能看到模拟器在系统上运行。

4. 连接 Android 物理设备

读者也可以选择在实际物理设备上运行和测试应用程序，如果读者的电脑比较陈旧，特别推荐使用这个选项，因为模拟器会占用较多的系统内存和资源。

根据读者的安卓设备，可能需要下载一个驱动程序。

注意：

读者可访问 https://developer. android.com/studio/run/oem-usb 查看可用的第三方驱动程序列表。

如果读者使用的是 Nexus 设备，则需要安装 Google USB 驱动程序，访问 https://developer. android.com/studio/run/win-usb.html 以了解更多信息。

调试前，应启用设备上的开发者选项。具体过程可能取决于使用的安卓版本，但如果读者使用的是最新版本的安卓系统，相关步骤如下。

（1）打开 Settings 应用。

（2）选择 System。

（3）在屏幕底部选择 About Phone。

（4）在屏幕底部单击 Build Number 7 次。

（5）在 Settings 屏幕上，可以找到 Developer options 选项。在此处确保 USB Debugging 已启用。

（6）为了测试设备设置是否符合预期，在命令提示符中输入 flutter devices。

（7）屏幕上列出了相应的设备，如图 A.6 所示。

图 A.6

如果在设置过程中出现问题，务必回顾前面的步骤，并查看以下页面：https://flutter.dev/docs/get-started/install/windows。

创建第一个应用程序前需要完成的最后一步是选择编辑器。此处建议选择 Android Studio、IntelliJ IDEA 或 VS Code。

5. 配置 Android Studio

如果按照前面的操作，读者应该已经有了 Android Studio，因此只需安装 Flutter 和 Dart 插件即可。启动 Android Studio 后，可执行下列步骤。

（1）选择 File | Settings | Plugins。

（2）选择 Browse Repositories 并搜索 Flutter。

（3）安装 Flutter 插件。用户将收到一条信息，告知 Flutter 依赖于 Dart。单击击 Yes

接受该提示。

（4）重新启动 Android Studio。

现在，可以开始使用 Android Studio 开发 Flutter 应用程序了。

6. 安装并配置 VS Code

也可以使用 VS Code 进行 Flutter 开发。读者可访问 https://code.visualstudio.com/download 下载 VS Code。同样，安装也是向导式的，读者可以保留默认选项并完成安装。安装 VS Code 后，还需要执行以下步骤安装 Flutter 和 Dart 插件。

（1）在 View 菜单中，选择 Command Palette。

（2）输入 install 并选择 Extensions | Install Extensions。

（3）输入 flutter，为 VS Code 安装 Flutter 支持和调试器。

（4）在 View 菜单中，选择 Command Palette。

（5）输入 doctor 并单击 Flutter：运行 Flutter Doctor 选项。

（6）可能必须接受某些 Android 许可。如有需要，输入以下命令。

```
flutter doctor --android-licenses
```

（7）接受所需的许可。

现在，计算机应该可以开始使用 Android Studio 和 VS Code 进行 Flutter 开发了。

A.3　在 Mac 上安装 Flutter

为了在 Mac 上安装 Flutter，需要使用 64 位版本的 MacOS。此处强调的安装步骤适用于 MacOS Mojave。

在编写本书时，Mac 是唯一可以在 Android 和 iOS 上测试和运行应用程序的系统。

1. 安装 Flutter SDK

读者可以在 https://flutter.dev 上找到许多设置环境所需的工具。具体步骤如下。

（1）单击页面上的 Get Started 链接或按钮。

（2）选择操作系统（本例中为 MacOS），然后下载 Flutter SDK，这是一个.zip 文件。为文件内容创建一个文件夹，如~/flutterdev。

（3）为了在 Mac 根目录下创建新目录，打开终端窗口并输入以下命令。

```
mkdir ~/flutterdev
```

（4）将压缩文件的内容解压缩到新目录中。在终端输入下列代码。

```
cd ~/ flutterdev
$ unzip ~/Downloads/flutter_macos_v1.2.1-stable.zip
```

（5）可能需要更改 Flutter SDK 版本，具体取决于执行安装时的可用版本。

（6）安装过程结束后，将看到一个包含 flutterdev 文件夹及其文件的文件夹。

（7）需要更新 PATH 变量。这将允许在任何终端会话中运行 Flutter 命令。

（8）在终端窗口中，输入 cd ~/进入根文件夹。

（9）如果尚未创建.bash_profile 文件，输入下列命令。

```
touch .bash_profile
```

（10）创建新文件。编辑.bash_profile，或输入下列命令。

```
open -e .bash_profile
```

（11）在文件中输入 export PATH=/home/flutterdev/bin:$PATH，然后在终端运行源文件$HOME/.bash_profile。

（12）输入$ echo $PATH，检查 PATH 是否已正确更新。

最终，读者将看到终端上设置的路径。

2. 安装 Xcode

Xcode 是苹果公司为 Mac 和 iOS 提供的官方集成开发环境（IDE）。要使用 Flutter 开发 iOS 应用程序，需要使用 Xcode 9.0 或更新版本。读者可以从 Mac App Store 或 https://developer.apple.com/xcode/网址下载。

此外，也可以按照以下步骤从 Mac App Store 获取并安装Xcode。

（1）从启动程序中打开 App Store，在搜索框中输入Xcode。

（2）单击 get 按钮下载并安装应用程序。

（3）安装完成后，打开它以接受所有必要的许可证。

（4）在终端窗口中输入下列命令来打开模拟器。

```
Open -a Simulator
```

（5）读者可以从 Hardware | Devices Manage Devices 菜单中选择要使用的设备。此处应确保使用的是 iPhone 5s 或更高版本。图 A.7 显示的是 iPhone XR。

图 A.7

（6）为确保一切正常，在终端窗口中输入 flutter doctor，对应结果如图 A.8 所示。

```
● ● ●                    🏠 simoales — -bash — 80×24
Last login: Tue Apr  2 08:59:45 on console
[Air-di-Simone:~ simoales$ open -a Simulator
[Air-di-Simone:~ simoales$ flutter doctor
Doctor summary (to see all details, run flutter doctor -v):
[✓] Flutter (Channel beta, v1.1.8, on Mac OS X 10.14.3 18D109, locale en-IT)
[✗] Android toolchain - develop for Android devices
    ✗ Unable to locate Android SDK.
      Install Android Studio from:
      https://developer.android.com/studio/index.html
      On first launch it will assist you in installing the Android SDK
      components.
      (or visit https://flutter.io/setup/#android-setup for detailed
      instructions).
      If Android SDK has been installed to a custom location, set ANDROID_HOME
      to that location.
      You may also want to add it to your PATH environment variable.

[✓] iOS toolchain - develop for iOS devices (Xcode 10.1)
[!] Android Studio (not installed)
[✓] VS Code (version 1.32.1)
[✓] Connected device (1 available)

! Doctor found issues in 2 categories.
Air-di-Simone:~ simoales$
```

图 A.8

现在，iOS 工具链已经正确安装完毕。

☑ 注意:

如果想在物理设备（iPhone 或 iPad）上测试应用程序，读者需要拥有一个苹果账户并进行一些配置，这些配置会随着 libusbmuxd 的更新而发生变化。单击以下链接查看最新的安装指南：https://flutter.dev/docs/get-started/install/macos#deploy-to-iosdevices。

读者也可以使用 Mac 部署到 Android。为此，只需按照"安装 Android Studio"部分的说明进行操作即可。如果还想使用 VS Code 开发应用程序，参见"安装并配置 VS Code"部分。

质检5